Die Elektromotoren

in ihrer Wirkungsweise und Anwendung

Ein Hilfsbuch
für die Auswahl und Durchbildung
elektromotorischer Antriebe

Von

Karl Meller

Oberingenieur

Zweite
vermehrte und verbesserte Auflage

Mit 153 Textabbildungen

Berlin
Verlag von Julius Springer
1923

ISBN-13: 978-3-642-90094-5   e-ISBN-13: 978-3-642-91951-0
DOI: 10.1007/978-3-642-91951-0

Softcover reprint of the hardcover 2nd edition 1923

Vorwort zur ersten Auflage.

Die Forderung nach weitgehendster Wirtschaftlichkeit elektromotorischer Antriebe, die selbst bei kleinen Arbeitsmaschinen gestellt wird, zwingt immer weitere Kreise, der Auswahl des Motors und der Durchbildung des Antriebes erhöhte Aufmerksamkeit zu schenken. Denn nur bei Ausnutzung aller Vorteile, die sich durch den Elektromotor erzielen lassen, kann die höchste Wirtschaftlichkeit erreicht werden. Die richtige Auswahl des Motors und die richtige Durchbildung des Antriebes setzen aber eine ausreichende Kenntnis der Wirkungsweise und der Anwendungsmöglichkeit von Elektromotoren voraus.

Das vorliegende Hilfsbuch soll dem Nichtelektriker, vor allem dem Maschinentechniker die Möglichkeit geben, sich über alle grundlegenden Gesichtspunkte, die für die Durchbildung eines wirtschaftlichen Antriebes in Frage kommen, einen guten Überblick zu verschaffen. Es soll ihn sowohl beim Entwurf der Arbeitsmaschinen, als auch bei deren Aufstellung in sachgemäßer Weise beraten.

Als Einleitung des Hilfsbuches sind die allgemeinen Grundlagen der Elektrotechnik behandelt. Der zweite Abschnitt bringt das Wesentlichste über die Eigenart und den Aufbau der gebräuchlichsten Motoren. In den nachfolgenden Abschnitten wird die richtige Auswahl, Anwendung und Anordnung der Elektromotoren behandelt.

Die außerordentliche Mannigfaltigkeit von Arbeitsmaschinen zwang dazu, nur Beispiele von besonderer Eigenart zu behandeln. Doch wurde eine Darstellung angestrebt, die auch eine sinngemäße Übertragung auf andere Arbeitsmaschinen ermöglichen dürfte.

Der Verlagsbuchhandlung möchte ich auch an dieser Stelle für das freundliche Entgegenkommen hinsichtlich drucktechnischer Ausstattung meinen verbindlichsten Dank aussprechen.

Siemensstadt, im Februar 1922.

Karl Meller.

Vorwort zur zweiten Auflage.

Der rasche Absatz der 1. Auflage darf wohl als Beweis dafür gelten, daß die Frage nach der Wirtschaftlichkeit elektromotorischer Antriebe immer mehr Beachtung findet.

Die vorliegende 2. Auflage hat eine wesentliche Erweiterung erfahren. Von dem bisherigen Stoff wurden besonders die Abschnitte über die asynchronen Drehstrommotoren mit Kurzschlußanker wegen der zunehmenden Verwendung dieser Motorenart ergänzt.

Ferner wurden die Abschnitte über die Wirkungsweise und Anwendung der Apparate ganz wesentlich erweitert, ausgehend von der Überzeugung, daß für die Erzielung der höchsten Wirtschaftlichkeit auch die richtige Auswahl der Apparate von wesentlichem Einfluß ist.

Wegen der Sonderstellung, welche die Kranbetriebe in bezug auf die Anforderungen an den elektrischen Antrieb einnehmen, wurden die grundlegenden Kranschaltungen in einem besonderen Abschnitt neu aufgenommen.

Da über die Anlaß- und Umsteuerzeiten noch viel Unklarheit besteht, so wurde auch dieses Thema in einem besonderen Abschnitt behandelt.

Die vorliegende 2. Auflage dürfte daher mit ihrem erweiterten Inhalt nicht nur dem Maschinentechniker, sondern auch dem Elektrotechniker manche Anregung für die Auswahl und die Anwendung der elektromotorischen Antriebe und für die Verbesserung der Wirtschaftlichkeit bieten.

Allen denjenigen, die mich bei der mir gestellten Aufgabe unterstützt haben, möchte ich auch an dieser Stelle meinen verbindlichsten Dank aussprechen, ebenso der Verlagsbuchhandlung Julius Springer für das freundliche Entgegenkommen.

Siemensstadt, im März 1923.

Karl Meller.

Inhaltsverzeichnis.

D. Asynchroner Drehstrommotor.

E. Drehstrom-Synchronmotor.

F. Drehstrom-Kollektormotoren.

G. Einphasenmotoren.

H. Aufbau der Motoren.

III. Antriebe.

A. Transmissionsantriebe.

B. Einzelantriebe.

C. Apparate und Leitungen.

IV. Allgemeine Gesichtspunkte für die Projektierung.

I. Allgemeine Grundlagen der Elektrotechnik.

A. Gleichstrom.

1. Spannung und Strom.

Für den Ablauf eines elektrischen Vorganges (z. B. für das Aufleuchten einer Glühlampe oder den Anlauf eines Motors) ist das Vorhandensein eines elektrischen Unterschiedes Vorbedingung. Zum Vergeich kann auf den Wärmeunterschied zweier Körper, auf den Druckunterschied zweier unter verschiedenem Druck stehender Luftbehälter, auf den Höhenunterschied zweier verschieden hoch angebrachter Wasserbehälter hingewiesen werden. Der elektrische Unterschied wird als elektrische Spannung, oder kurzweg als Spannung bezeichnet und in Volt gemessen. Die Spannung kann auf elektrochemischem Wege (Elemente) oder auf mechanischem Wege (Dynamomaschine) erzeugt werden. Ähnlich wie bei der Wärme von dem wärmeren zu dem kälteren Stoff, bei dem Druckkessel von dem höheren zu dem niederen Druck, bei dem Wasserbehälter von dem höheren zu dem tieferen Wasserspiegel ein Ausgleich, ein Strömen stattfindet, sobald ein Verbindungs- oder Ausgleichsweg vorhanden ist, ebenso wird, sobald eine elektrische Spannung vorhanden ist, ein elektrischer Ausgleich stattfinden. Man sagt dann: Der elektrische Strom fließt von dem höheren Potential (dem positiven Pol) zum niederen (dem negativen Pol). Die Elektrizitätsmenge, die in der Zeiteinheit durch den Querschnitt des Verbindungsleiters fließt, wird Stromstärke genannt und in Ampère gemessen. Der Strom, der aus einer Silberlösung 1,118 mg Silber i. d. Sek. ausscheidet, hat laut den gesetzlichen Bestimmungen die Einheitsstärke von 1 Amp.

Die Stromstärke ist außer von der Höhe der Spannung noch von dem Widerstand des Ausgleichsweges abhängig. Zum Vergleich sei an die beiden Wasserbehälter erinnert, bei denen die in der Sekunde durch ein Verbindungsrohr hindurchfließende Wassermenge außer von dem Höhenunterschied noch von dem Widerstand dieser Rohrleitung abhängig ist. Als Maßeinheit für den elektrischen Widerstand ist das Ohm festgelegt, und zwar durch den Widerstand eines Quecksilberfadens von 106,3 cm Länge und 1 qmm Querschnitt. Für die Bestimmung der elektrischen Stromstärke gelten folgende Beziehungen:

Bezeichnet $\qquad$ $E = $ Spannung in Volt
$\qquad\qquad\qquad\qquad$ $J = $ Stromstärke in Amp.,
$\qquad\qquad\qquad\qquad$ $R = $ Widerstand in Ohm,

so ist

$$J = \frac{E}{R}.$$

Diese Gleichung wird das Ohmsche Gesetz genannt und ist ein Grundgesetz der Elektrotechnik. Da die Einheit für die Stromstärke und für den Widerstand festgelegt ist, so ist durch das Ohmsche Gesetz auch die Einheit für die Spannung bestimmt. Setzen wir in die vorstehende Gleichung für den Wert $J = 1$ und für den Wert $R = 1$, so wird auch $E = 1$, d. h. die Spannung, die bei einem Widerstand von 1 Ohm die Stromstärke von 1 Amp. erzeugt, hat die Größe von 1 Volt. Um einen Begriff von den praktisch vorkommenden Werten der Spannung und Stromstärke zu bekommen, seien fo'gende Beispiele erwähnt:

Die Spannung der gebräuchlichen Elemente beträgt je nach deren chemischen Zusammensetzung etwa 0,5—2 Volt.

Die gebräuchlichste Spannung für elektrische Beleuchtung ist meistens 110 und 220 Volt, die gebräuchlichste Spannung für Kraftbetriebe 110, 220 und 440 Volt, diejenige für Bahnbetriebe 500 bis 1200 Volt.

Höhere Spannungen sind bei Gleichstromanlagen nicht gebräuchlich. Werden solche erforderlich, so geht man zu Wechselstrom über (vgl. Abschnitt B). Die Größe der Stromstärke richtet sich nach der Größe der Anlage.

Eine Glühlampe von 25 Normalkerzen verbraucht bei 220 Volt etwa 0,2 Amp., eine Bogenlampe je nach Größe 4—10 Amp., ein Motor von 10 kW Leistung bei 220 Volt etwa 55 Amp.

Besonders große Stromstärke findet man in elektro-chemischen Anlagen. So kann z. B. eine von den Siemens-Schuckert-Werken in Chile gebaute Anlage, mit der auf elektrolytischem Wege Kupfer aus den Erzen gewonnen wird, insgesamt 10600 Amp. bei einer Spannung von 220 Volt abgeben.

2. Arbeit und Leistung.

Wird ein Gewicht gehoben, so wird eine Arbeit geleistet. Zur Verrichtung dieser Arbeit kann ein Elektromotor verwandt werden, indem z. B. eine Winde, ein Aufzug usw. durch einen Elektromotor angetrieben wird, dem eine gewisse Spannung und Stromstärke zugeführt werden muß. Demnach stellt das Produkt aus Spannung $\times$ Stromstärke $\times$ Zeit einen Wert für die Arbeit dar. In der Mechanik drückt man die Arbeit durch mkg oder PS-Sekunden aus. Die Einheit für die elektrische Arbeit ist das Joule, und zwar ist dies diejenige Arbeit, die geleistet wird, wenn bei einer Spannung von 1 Volt ein Strom von 1 Amp. eine Sekunde lang fließt.

Es ist dann $\qquad\qquad$ $A = E \cdot J \cdot t \cdot$ Joule.

In der Praxis bemißt man die elektrische Arbeit jedoch nicht nach Joule, sondern nach Wattsekunden; und zwar ist

$$1 \text{ Joule} = 1 \text{ Wattsekunde.}$$

Wir hätten also den Ausdruck

$$A = E \cdot J \cdot t \text{ Wattsekunden.}$$

Aus der Einheit für die elektrische Arbeit kann auch die für die elektrische Leistung abgeleitet werden, und zwar ist

$$N = \frac{A}{t} = E \cdot J \text{ Joule/sec. oder Watt.}$$

Die Einheit der elektrischen Leistung ist also dann gegeben, wenn bei einer Spannung von 1 Volt ein Strom von 1 Amp. fließt. Diese Einheit ist dann 1 Joule/sec. oder 1 Watt. Da diese Einheit für größere Werte zu klein ist, so hat man für Arbeit und Leistung noch folgende Einheiten:

1 Kilowatt (kW) = 1000 Watt,

1 Kilowattstunde (kWh) = 1000 Wattsekunden $\cdot$ 3600 = 3,6 $\cdot$ 10^6 Wattsekunden.

Da die Beziehung besteht

1 Joule = 0,102 mkg = 0,24 gkal.,

so sind

1 Watt = 0,102 mkg/sec.,

1 Kilowatt = 102 mkg/sec. = 1,36 PS,

1 Kilowattstunde = 1,36 PS-Stunden,

1 mkg/sec. = 9,81 Watt,

1 PS = 0,736 kW,

1 PSh = 0,736 kWh.

Ein Elektromotor soll z. B. an seinem Wellenstumpf eine gleichbleibende Leistung $N = 10$ PS 2 Stunden lang abgeben. Beträgt sein Wirkungsgrad bei dieser Belastung 80 v. H., so würde die aufgenommene Leistung

$$N_1 = \frac{N}{\eta} \, 0{,}736 = \frac{10}{0{,}8} \cdot 0{,}736 = 9{,}2 \text{ kW}$$

betragen.

Ist die Spannung an den Klemmen des Motors 220 Volt, so würde der Motor einen Strom von

$$J = \frac{N_1}{E} \cdot 1000 = \frac{9{,}2}{220} \cdot 1000 = 41{,}82 \text{ Amp.}$$

aufnehmen.

Die gesamte Energieaufnahme während einer zweistündigen Arbeitszeit würde dann ausmachen

$$A = 9{,}2 \cdot 2 = 18{,}4 \text{ kWh,}$$

oder

$$A = \frac{220 \cdot 41{,}82}{1000} \cdot 2 = 18{,}4 \text{ kWh.}$$

Kostet die kWh 100 M., so würden die reinen Betriebskosten des Motors für die 2 Stunden

$$18,4 \cdot 100 = 1840 \text{ M.}$$

betragen.

3. Widerstand des Leiters.

Der Widerstand des Leiters ist von seiner Länge, seinem Querschnitt und von seinem Material, in geringerem Maße auch von seiner Temperatur abhängig. Bedeutet:

l die gesamte Länge eines Leiters in m,
q den Querschnitt in qmm und
ϱ einen Festwert,

so ergibt der Versuch

$$R = \varrho \cdot \frac{l}{q} \text{ Ohm.}$$

Der Wert ϱ ändert sich bei den einzelnen Stoffen. Er wird ausgedrückt durch den Wert des Widerstandes eines Drahtes von der Einheit der Länge und der Einheit des Querschnittes und wird als spezifischer Widerstand bezeichnet. So haben nachstehende Metalle folgenden spezifischen Widerstand:

$$
\begin{aligned}
&\text{Kupfer} \ldots \ldots \ldots\; 0{,}017 \\
&\text{Aluminium} \ldots \ldots\; 0{,}029 \\
&\text{Eisen} \ldots \ldots \ldots\; 0{,}12 \\
&\text{Nikelin} \ldots \ldots \ldots\; 0{,}2\text{—}0{,}4.
\end{aligned}
$$

Um den elektrischen Strom ohne erhebliche Verluste übertragen zu können, verwendet man daher in solchen Fällen Leiter mit möglichst niedrigem spezifischen Widerstand, also aus Kupfer. Wo es jedoch darauf ankommt, die Spannung durch Vorschaltwiderstände zu erniedrigen, dort verwendet man Leiter mit hohem spezifischen Widerstand, besonders aus Nikelin.

Der spezifische Widerstand ist keine vollständig unveränderliche Größe; er nimmt fast bei allen Metallen mit steigender Temperatur zu. Diese Zunahme ist jedoch meistens sehr gering; sie beträgt bei Kupfer etwa 0,4 v. H. bei 1° Temperaturerhöhung. Bei der Berechnung des Widerstandes einer Leitung ist darauf zu achten, daß für den Wert l in der Gleichung die gesamte Länge der Zuleitung, also der doppelte Wert der einfachen Länge eingesetzt wird. Beträgt zum Beispiel die einfache Länge der Zuleitung zu einem Motor 20 m, der Querschnitt des runden Kupferdrahtes 10 qmm, die Energieaufnahme des Motors 11 kW bei 220 Volt Spannung, so würde sein

$$J = \frac{11}{220} \cdot 1000 = 50 \text{ Amp.}$$

und der Widerstand der Zuleitung

$$R = 0{,}017 \cdot \frac{2 \cdot 20}{10} = 0{,}068 \text{ Ohm.}$$

4. Erwärmung durch den Strom.

Werden die Klemmen einer stromerzeugenden Maschine, also einer Dynamomaschine, durch einen Draht von einem bestimmten Widerstand verbunden, so fließt ein von der Spannung und dem Widerstand abhängiger Strom durch den Leiter. Nehmen wir beispielsweise an, daß die Klemmen durch einen Draht, der einen Widerstand von 10 Ohm hat, verbunden werden und die Spannung 110 Volt beträgt, so wird ein Strom durchfließen, der sich errechnet zu

$$J = \frac{E}{R} = \frac{110}{10} = 11 \text{ Amp.}$$

Nun stellt der Wert $E \cdot J$ eine Leistung und der Begriff $E \cdot J \cdot t$ eine Arbeit dar. Die in unserem Falle von der Maschine hergegebene elektrische Leistung von $110 \cdot 11 = 1210$ Watt $= 1{,}21$ kW wird in Wärme umgesetzt, was deutlich auch an der Erwärmung des Drahtes festgestellt werden kann, und zwar wird (s. Abschn. 2) 1 kW-sec. 240 gkal. erzeugen. Bei 10 Min. Stromdauer werden demnach nach dem gewählten Beispiel $1{,}21 \cdot 10 \cdot 60 \cdot 240 = 17{,}424 \cdot 10^4$ gkal. Wärme erzeugt. Die Wärmeverluste in einem Leiter können aber auch aus der Stromstärke und aus der Größe seines Widerstandes berechnet werden. Setzt man in die Gleichung $A = E \cdot J \cdot t$ für $E = J \cdot R$, so werden die Wärmeverluste in Wattsekunden

$$A = J^2 \cdot R \cdot t.$$

Für das gewählte Beispiel würde sich ergeben

$$A = 11^2 \cdot 10 \cdot 10 \cdot 60 = 726\,000 \text{ Wattsec.}$$
$$= 726 \text{ kW-sec.}$$
$$= 726 \cdot 240 = 17{,}424 \cdot 10^4 \text{ gkal.}$$

Die Strom-Wärmeverluste müssen bei der Durchbildung der elektrischen Maschinen und Apparate berücksichtigt werden. Besonders muß bei Maschinen, bei denen fast immer viele Lagen Draht übereinander aufgewickelt werden, für gute Wärmeabfuhr durch Anordnung von großen Abkühlungsflächen und durch guten Luftumlauf gesorgt werden. Wo dies nicht der Fall ist, oder wo infolge großer andauernder Überlastung eine unzulässige Wärmeentwicklung auftritt, wird die Temperatur des Motors immer mehr ansteigen, bis eine Zerstörung der Wicklung eintritt.

5. Magnetismus.

Die Eigenschaft gewisser Eisenerze, in ihrer Nähe befindliche Eisenteile anzuziehen, wird als Magnetismus bezeichnet. Der Bereich dieser Kraftwirkung ist das magnetische Kraftfeld, das von magnetischen Feldlinien durchsetzt ist. Dabei besteht die Annahme, daß die Feldlinien außerhalb des Magneten vom Nordpol zum Südpol verlaufen.

Dieselben magnetischen Feldlinien entstehen auch um einen vom Strom durchflossenen Leiter; sie können dadurch kenntlich gemacht werden, daß auf eine Papierebene, durch die senkrecht ein vom Strom durchflossener Leiter hindurchgeführt wird, feine Eisenfeilspäne gestreut werden. Wird dabei das Papier leicht geschüttelt, so ordnen sich die Eisenfeilspäne in Form von konzentrischen Kreisen. Der Verlauf der Feldlinien ist in der Abb. 1 angedeutet. Naturgemäß

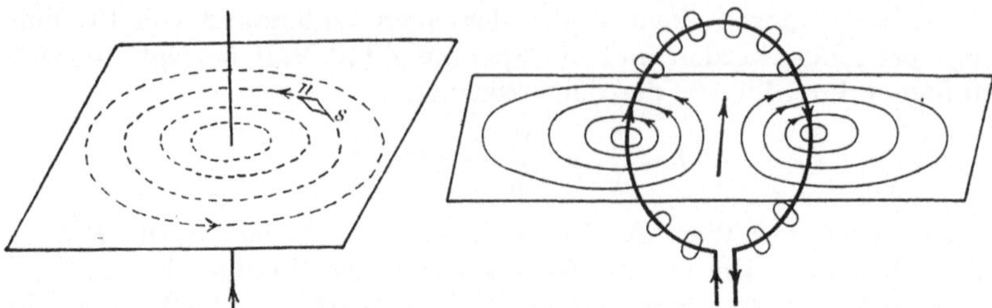

Abb. 1. Feldlinien eines Stromleiters.   Abb. 2. Feldlinien einer Schleife.

treten diese Feldlinien nicht nur an einer Stelle des Leiters auf, sondern sie sind über seine ganze Länge verteilt. Ihr Verlauf ist durch die Richtung des Stromes bestimmt, und zwar gibt die sog. Ampèresche Schwimmregel an: Denkt man sich in der Richtung des Stromes schwimmend und sieht nach einer im Bereich des magnetischen Feldes angebrachten Magnetnadel, so erscheint der Nordpol nach links abgelenkt.

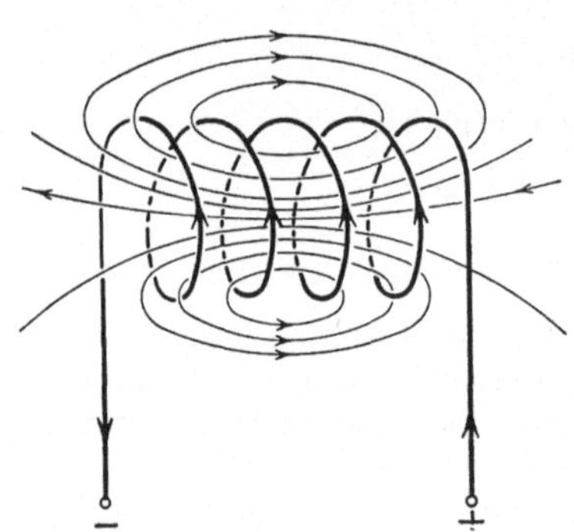

Abb. 3. Feldlinien einer Spule.

Biegt man den stromdurchflossenen Leiter zu einer Schleife (vgl. Abb. 2), so werden nunmehr durch die Schleife die magnetischen Feldlinien in einer Richtung durchgehen. Mehrere solcher Schleifen nebeneinander angeordnet (vgl. Abb. 3) geben eine Spule, und die Feldlinien der einzelnen Leiter verlaufen nunmehr hauptsächlich durch die Spule und schließen sich außen. Wird in eine solche Spule ein Eisenstab eingeschoben, so wird das Eisen die Eigenschaften eines Magneten annehmen. An dem Ende des Eisenstabes, an dem die Feldlinien aus dem Eisen austreten, ist dann ein Nordpol, an dem Ende, an dem sie wiederum von außen eintreten, ein Südpol. Solche Spulen zum Erzeugen eines magnetischen Feldes sind an allen elektrischen Maschinen vorhanden, beispielsweise als sog. Erreger- oder Feldspule.

6. Elektrodynamisches Prinzip.

Wird ein Leiter zwischen einem Nordpol und einem Südpol so bewegt, daß er die vom Nord- zum Südpol verlaufenden Feldlinien des magnetischen Feldes schneidet (vgl. Abb. 4), so wird in ihm eine elektrische Spannung erzeugt (induziert). Verbindet man die beiden Enden des Leiters durch einen Draht, so wird in diesem Stromkreis ein Strom fließen, dessen Größe von der erzeugten Spannung und von dem Widerstand des Stromkreises abhängig ist. Die Spannung zwischen den Drahtenden ist wiederum abhängig von der Stärke des magnetischen Feldes, von der Länge des Leiterstückes, das sich innerhalb des Feldes bewegt,

und von der Geschwindigkeit, mit der dieser Leiter in senkrechter Richtung das Feld schneidet. Auf dieser Wechselwirkung zwischen einem magnetischen Feld und einem Leiter beruht die Wirkungsweise aller Maschinen, bei denen mechanische Energie in elektrische Energie umgewandelt wird. Eine solche Maschine wird als Stromerzeuger, Generator oder Dynamo bezeichnet. Abb. 5 veranschaulicht den grundsätzlichen Aufbau einer solchen Maschine. Die wesentlichen Bestandteile sind das feststehende Magnet- oder Polgehäuse und der drehbare Anker. Der magnetische Kraftfluß

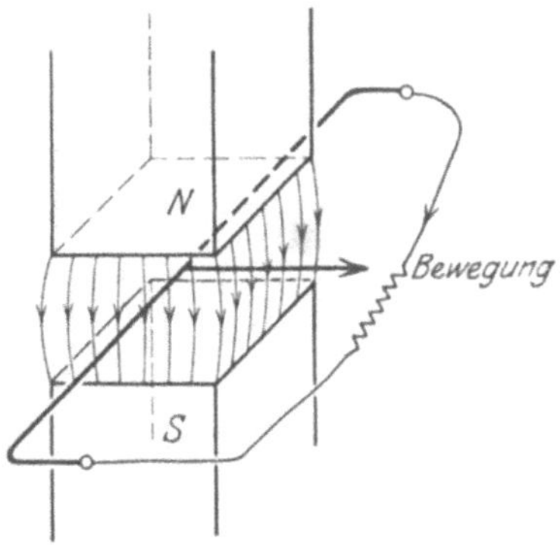

Abb. 4. Schematische Darstellung eines in einem magnetischen Felde bewegten Leiters.

wird von zwei Elektromagneten erzeugt. In dem magnetischen Feld bewegen sich die Leiter, die auf einem zylindrischen Körper, dem Anker, befestigt sind. Wird dieser Anker gedreht, so schneiden die Leiter das

Feld, wodurch in ihnen eine Spannung induziert wird. Da sich aber die Polarität der Drahtenden ändert, je nachdem, ob sich der Leiter unter dem Nordpol oder dem Südpol vorbei bewegt, so ist es erforderlich, die Enden des Leiters an einen sog. Stromwender (Kommutator, Kollektor) zu führen. Durch diesen Stromwender wird erreicht, daß die Stromrichtung des äußeren Stromkreises immer die gleiche bleibt, trotzdem sich die Stromrichtung im Anker ändert. Um eine genügend hohe Span-

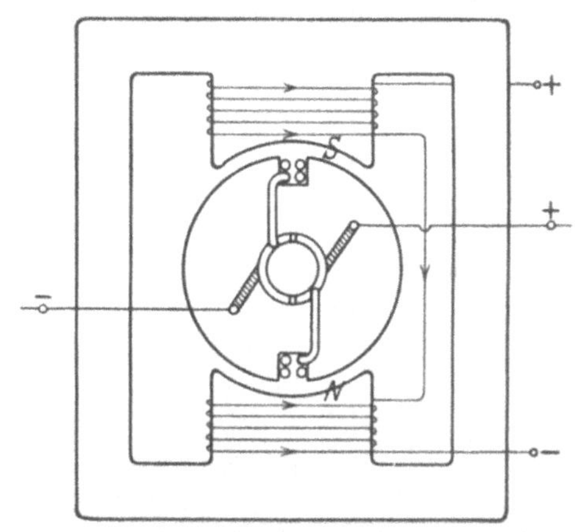

Abb. 5. Schematischer Aufbau einer elektrodynamischen Maschine.

nung an den Drahtenden zu erhalten, ist es mit Rücksicht auf die gebräuchlichen Spannungen erforderlich, den Draht in mehreren Lagen. und zwar über den ganzen Umfang des Ankers aufzuwickeln. Ebenso verwendet man meist nicht nur ein Polpaar, sondern mehrere Polpaare.

Das an den Klemmen der Maschine abgegebene Produkt aus Strom und Spannung entspricht der elektrischen Leistung. Um diese zu erzeugen, muß eine entsprechende mechanische Leistung aufgewendet werden. Bei einem Wirkungsgrad $= 1$ würde die zur Bewegung des Leiters in einem magnetischen Felde erforderliche Leistung durch den Wert $N = E \cdot J$ gegeben sein. Tatsächlich ist aber der Wirkungsgrad aller Dynamomaschinen stets kleiner als 1, so daß immer eine entsprechend größere Leistung zum Antrieb der Dynamomaschine aufgewendet werden muß, als dem Produkt aus Stromstärke $\times$ Spannung entspricht.

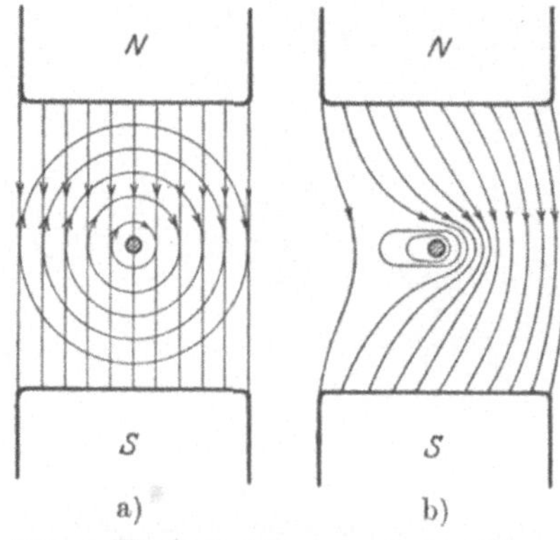

Abb. 6. Wechselwirkung zwischen Stromdurchflossenem Leiter und Magnetfeld.
  a) Feldlinien ohne gegenseitige Einwirkung.
  b) Resultierendes Feld.

In analoger Weise kann auf Grund des elektrodynamischen Prinzips elektrische Energie in mechanische umgewandelt werden. Hierbei wird der in einem magnetischen Felde ruhende Leiter an eine äußere Stromquelle angeschlossen. Dadurch entstehen um den Leiter magnetische Feldlinien, die mit denen des vorhandenen Feldes teils gleichgerichtet, teils entgegengesetzt verlaufen (Abb. 6 a). Aus dieser Wechselwirkung entsteht ein resultierendes ungleichförmiges Feld (Abb. 6 b), wodurch auf den Leiter eine Schubkraft in Richtung nach der geschwächten Seite des Feldes ausgeübt wird. Auf dieser gegenseitigen Einwirkung eines magnetischen Feldes und eines stromdurchflossenen Leiters beruht grundsätzlich die Wirkungsweise aller Maschinen, bei denen elektrische Energie in mechanische umgewandelt wird, also das Prinzip aller Elektromotoren. Als grundlegend für den Aufbau der Motoren kann auch das Schema der Abb. 5 angesehen werden, wie jede Gleichstromdynamo grundsätzlich auch als Elektromotor verwendet werden kann. Die Wechselwirkung zwischen den vom Strom durchflossenen Leitern auf dem Anker und dem magnetischen Felde äußert sich als Schubkraft

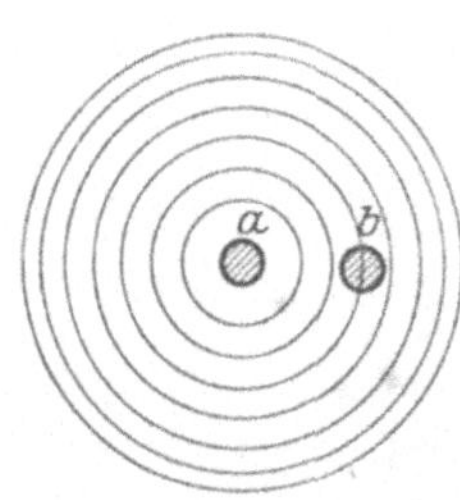

Abb. 7.
Gegenseitige Induktion.

am Umfang des Ankers, wodurch seine Drehung hervorgerufen wird. Der Stromwender ist hier gleichfalls erforderlich, um die Stromrichtung in den Leitern zu ändern.

7. Induktion.

Das Entstehen des magnetischen Feldes um einen vom Strom durchflossenen Leiter kann man sich so vorstellen, daß in dem Augenblick, in dem der Strom von 0 anwächst, sich magnetische Kraftlinien konzentrisch um den Leiter ausbreiten, wie etwa die Wellenlinien um die Einwurfstelle eines Steines im ruhenden Wasser. Nimmt die Stromstärke im Leiter ab, so findet ein konzentrisches Zusammenziehen der Kraftlinien statt, und zwar so lange, bis beim Strom 0 die Kraftlinien vollständig verschwunden sind. Befindet sich innerhalb des Feldes des vom Strom durchflossenen Leiters a (Abb. 7) ein zweiter Leiter, so schneiden die magnetischen Kraftlinien beim Entstehen und beim Verschwinden des Stromes diesen zweiten Leiter b. Da nun jede Relativbewegung zwischen einem Leiter und einem Magnetfeld eine Spannung in diesem Leiter erzeugt, so werden beim Ent-

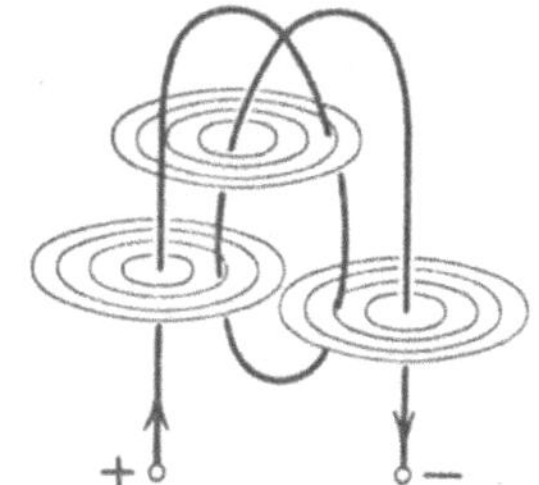

Abb. 8. Selbstinduktion.

stehen und Verschwinden der magnetischen Kraftlinien, die mit dem Anwachsen und Abnehmen des Stromes in dem Leiter a identisch sind, in dem Leiter b Spannungen induziert. Dieser Vorgang wird die gegenseitige Induktion genannt.

Wird nun der Leiter eines Stromkreises in mehreren Windungen nebeneinander, wie z. B. bei Magnetspulen, aufgewickelt, so findet beim Entstehen und Verschwinden des Stromes in dieser Spule ein gegenseitiges Schneiden der von den einzelnen Windungen erzeugten magnetischen Kraftlinien statt (vgl. Abb. 8). In der Zeichnung sind um einzelne Punkte des Leiters die Kraftlinien angedeutet. Tatsächlich bilden sich die Kraftlinien längs des ganzen Leiters. In den Windungen dieser Spule werden dann sinngemäß wie bei der gegenseitigen Induktion beim Entstehen und Verschwinden der Kraftlinien Spannungen induziert, die von der äußeren Stromquelle unabhängig sind. Dieser Vorgang heißt Selbstinduktion. Es ergibt sich nun, daß bei zunehmendem Strom die durch die Selbstinduktion erzeugte Spannung diesem entgegengerichtet, bei abnehmendem Strom gleichgerichtet ist. Der Einfluß der Selbstinduktion kommt bei Gleichstrom nur dann zur Geltung, wenn eine schnelle Änderung der Stromstärke erfolgt, also hauptsächlich beim Ein- und Ausschalten. Da die induzierte Spannung beim Einschalten der äußeren Spannung entgegenwirkt, so wird dadurch das Anwachsen des Stromes, also der Einschaltvorgang, verzögert.

B. Wechselstrom.

8. Spannung, Strom und Frequenz.

Beim Wechselstrom ist ebenso wie beim Gleichstrom für einen elektrischen Vorgang das Vorhandensein einer Spannung erforderlich. Der Wert der Span-

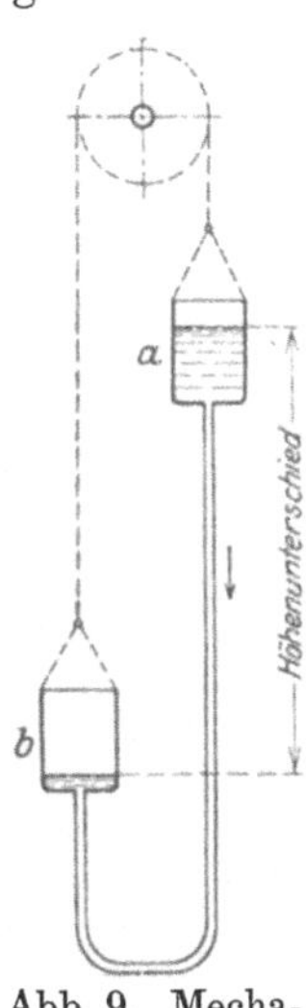

Abb. 9. Mechanische Darstellung des Wechselstromes.

nung ist aber bei Wechselstrom nicht gleichbleibend, sondern er ändert sich dauernd von 0 bis zu einem Höchstwert in positiver Richtung, hierauf bis zu seinem Höchstwert in negativer Richtung, um darauf wiederum auf 0 zurückzugehen. Zum besseren Vergleich möge die Vorstellung von 2 Wasserbehältern dienen (a und b der Abb. 9), die an einer über eine Rolle geführten Schnur hängen und durch einen Schlauch verbunden sind. Wird der Behälter a gehoben, so kann sein Potential als positives, das von b als negatives bezeichnet werden und es wird ein Fließen von a nach b stattfinden. Werden beide Behälter auf gleiche Höhe gebracht, so wird der Unterschied zwischen a und b gleich 0, unter der Annahme, daß der Wasserspiegel in beiden Behältern gleich hoch ist. Wird der Behälter b gehoben, so wird b positiv, a negativ und es findet ein Strömen von b nach a statt. Werden die Behälter abwechselnd gehoben und gesenkt, so ändert sich dauernd das Potential zwischen den beiden Behältern und die Strömungsrichtung in der Verbindungsleitung. Analog sind die Verhältnisse beim Wechselstrom, insofern, als sich die Spannung zwischen 2 Klemmen einer Wechselstromquelle periodisch in Richtung und Größe ändert. In der Wechselstromtechnik findet fast immer ein sinusförmiger Verlauf der Änderungen statt. Wird der Augenblickswert e der Spannung in einem beliebigen Maßstab über der Zeit t aufgetragen, so ergibt sich die in Abb. 10 wiedergegebene Kurve. Der Strom, der in einer Wechselstromleitung bei dem sinusförmigen Verlauf der Spannung fließt, hat, wenn der Widerstand des Leiters zwischen den beiden Klemmen keine Induktion aufweist, denselben Verlauf wie die Spannung (vgl. Abb. 10). Der Strom wechselt also in sinusförmiger Form seine Stärke und seine Richtung. Die Zeit, innerhalb welcher ein Wechsel von 0 bis zum positiven Maximum, dann durch 0 bis zum negativen Maximum und wiederum bis 0 erfolgt, heißt volle Periode (T). Die Anzahl der Perioden in der Sekunde wird als Frequenz bezeichnet. In Deutschland ist allgemein eine Frequenz von 50 gebräuchlich.

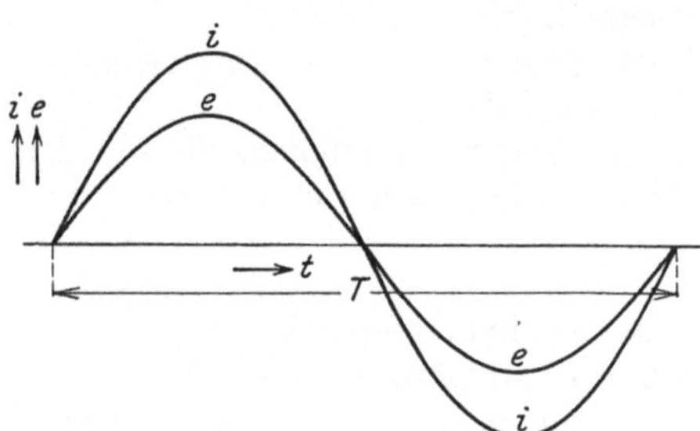

Abb. 10. Spannungs- und Stromkurve bei Wechselstrom.

9. Effektivwert.

Für die Bestimmung der Stromstärke bei Wechselstrom dient der Begriff des Effektivwertes. Der Effektivwert ist die Stromstärke, die gleichmäßig fließend die gleiche Stromwärme erzeugt wie der Wechselstrom. Da sich der Wert von i beim Wechselstrom ändert, so ist die

Stromwärme in dem Zeitraum T gegeben durch den Ausdruck $\int_0^T i^2 \cdot R \cdot dt$.

Nun soll die erzeugte Stromwärme bei dem Effektivwert J dieselbe sein. Es ist daher

$$J^2 \cdot R \cdot T = \int_0^T i^2 \cdot R \cdot dt.$$

Wird der Zeitwert i der Stromstärke entsprechend dem sinusförmigen Verlauf $= i_m \sin \alpha$ (i_m = Scheitelwert der Stromstärke), so ergibt sich

$$J = \sqrt{\frac{1}{2\pi} \int_0^{2\pi} \cdot i_m^2 \cdot \sin^2 \alpha \cdot d\alpha} = \frac{i_m}{\sqrt{2}} = 0,707\, i_m.$$

Der Effektivwert ist also bei sinusförmigem Verlauf das 0,707 fache des auftretenden Höchstwertes. Die gebräuchlichen Meßinstrumente zeigen unmittelbar den jeweiligen Effektivwert an.

10. Phasenverschiebung.

Die Selbstinduktion (vgl. Abschnitt 7) erzeugt eine Spannung, die beim Entstehen der Kraftlinien dem anwachsenden Strom entgegenwirkt. Die Wirkung dieser Selbstinduktion zeigt sich bei Wechselstrom darin, daß eine Verschiebung des zeitlichen Verlaufs von Strom und Spannung eintritt. Um sich einen ähnlichen Fall in der Mechanik vorstellen zu können, sei auf die Anordnung nach Abb. 9 verwiesen, wobei man sich vorstellen kann, daß infolge des Widerstandes in den Verbindungsleitungen und der Trägheit der Materie erst nach einem gewissen Zeitraum nach Heben des einen Behälters, also nach Erzeugung eines Höhenunterschiedes, ein Ausgleichstrom auftritt. Je größer

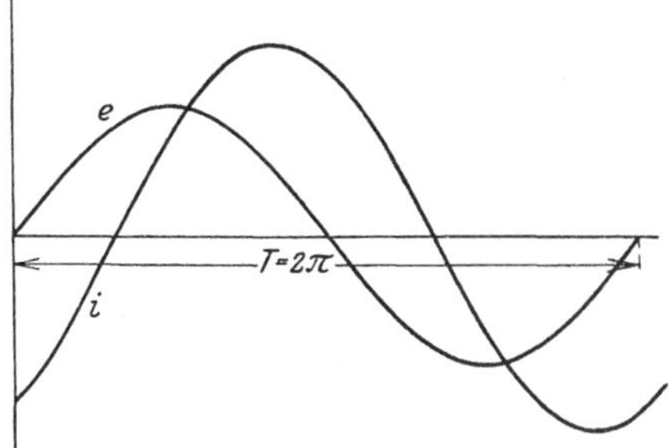

Abb. 11. Phasenverschiebung zwischen Spannung und Strom.

nun die Selbstinduktionswirkung, desto länger wird es dauern, bis nach Auftreten der Spannungsdifferenz ein Stromfluß zustande kommt. Bei vorliegender Selbstinduktion eilt also der Strom der Spannung nach (vgl. Abb. 11). Es ist dann eine sog. Phasenverschiebung vorhanden, die in Winkelgraden gemessen wird, wobei für die volle Periode ein Winkel von 360° angenommen wird. Die Größe der Phasenverschiebung richtet sich nach dem Verhältnis, das zwischen der Größe der Selbstinduktion und des Ohmschen Widerstandes in einem Stromkreis vorhanden ist. Ist nur Selbstinduktion vorhanden, dann ist der Winkel der Phasenverschiebung 90°. Ist nur Ohmscher Widerstand vorhanden, dann ist der Winkel 0°. In der Praxis ist fast immer Selbstinduktion und Ohmscher Widerstand gleichzeitig vorhanden, so daß sich ein Wert innerhalb dieser Grenzen ergibt.

Die Größe der Phasenverschiebung wird dabei in der Praxis nicht durch die Winkelgrade der Verschiebung, sondern durch den Kosinus des Winkels φ ausgedrückt. Man sagt also: Der cos φ beträgt 1. Hierbei würde der Winkel 0° sein, also keine Phasenverschiebung erfolgen; oder der cos φ ist 0,8, was einem Winkel von 36° entsprechen würde.

11. Arbeit und Leistung.

Das Produkt aus Strom und Spannung ist auch beim Wechselstrom ein Maß für die Leistung. Da sich die Größe des Stromes und der Spannung während einer Zeitperiode dauernd ändert, so wird dementsprechend auch der zeitliche Verlauf der Leistung nicht gleich bleiben. Um den Verlauf zu ermitteln, ist es erforderlich, für jeden Zeitpunkt den jeweiligen Zeitwert des Stromes mit dem jeweiligen Zeitwert der Spannung zu multiplizieren. Werden die so errechneten Werte über der Zeit in einem beliebigen Maßstab aufgetragen, so erhält man die Kurve für den Verlauf der Leistung. Abb. 12 zeigt die Leistungsskurve eines

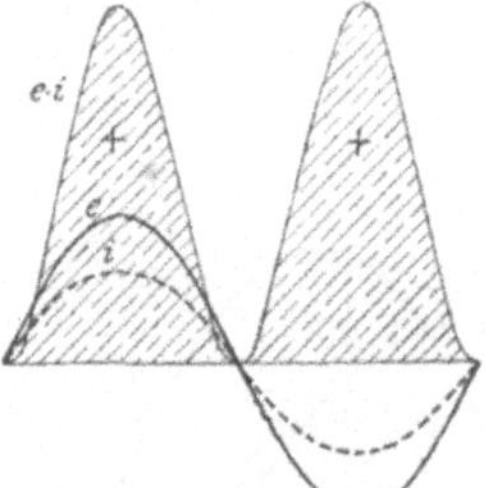

Abb. 12. Leistungskurve eines Wechselstromes ohne Phasenverschiebung.

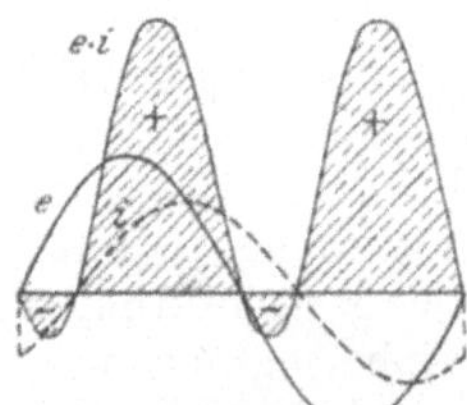

Abb. 13. Leistungskurve eines Wechselstromes mit Phasenverschiebung.

Wechselstromes, bei dem Strom und Spannung die gleiche Phase haben. Bezeichnet man die über der Nullinie liegenden Werte der Spannung und des Stromes als positiv, die unterhalb liegenden als negativ, so wird das Produkt der unterhalb der Nullinie liegenden negativen Werte, also die Leistung, nach dem Gesetz der Arithmetik positiv werden; die Kurve für die Leistung wird also, wenn Strom und Spannung gleichzeitig negativ sind, einen postiven Wert erhalten. Der Inhalt der schraffierten Fläche (Abb. 12) ist ein Maß für die Arbeit des Wechselstromes. Aus dieser Fläche kann die mittlere Leistung errechnet werden

durch den Wert $N = \dfrac{1}{T} \displaystyle\int_0^T e \cdot i \cdot dt$ Watt. Die Auswertung dieser Gleichung ergibt, wenn außerdem die Zeitwerte für Spannung und Strom durch die Effektivwerte ersetzt werden, für die mittlere Leistung $N = E \cdot J$. Diese mittlere Leistung wird vom Leistungszeiger angegeben, unabhängig von der Kurvenform.

Tritt eine Verschiebung zwischen Strom- und Spannungsverlauf ein, so wird sich dementsprechend auch der Verlauf der Leistungskurve ändern. Dort, wo Strom und Spannung verschiedene Vorzeichen haben, ergibt sich eine negative Leistung (vgl. Abb. 13). Um in diesem Falle die tatsächliche mittlere Leistung zu erhalten, müssen von den positiven Arbeitsflächen die negativen abgezogen werden. Die Ableitung ergibt, daß die tatsächliche Leistung abhängig ist von der Phasenverschiebung, und zwar ist

$$N = E \cdot J \cdot \cos \varphi.$$

Das Produkt $E \cdot J$ ohne Berücksichtigung der Phasenverschiebung wird als scheinbare Leistung bezeichnet und in Kilo-Volt-Ampère (kVA) gemessen. Das Verhältnis der wirklichen Leistung zur scheinbaren Leistung ist der Leistungsfaktor. Für Sinuskurven wird der Leistungsfaktor berechnet zu $\cos \varphi = \dfrac{N}{E \cdot J}$. Ist die Phasenverschiebung 0, so ist die scheinbare Leistung gleich der wirklichen; ist die Phasenverschiebung 90°, so wird die wirkliche Leistung gleich 0. Um die Verhältnisse zu verstehen, sei folgendes Beispiel gebracht:

Ein Motor soll bei Vollast eine Phasenverschiebung $\cos \varphi = 0{,}7$ haben. Die aufgenommene wirkliche Leistung würde, wenn der Motor dabei 10 kW abgibt und sein Wirkungsgrad 0,8 beträgt, sein $\dfrac{10}{0{,}8} = 12{,}5\,\text{kW}$.

Die scheinbare Leistung würde hingegen $\dfrac{12{,}5}{0{,}7} = 17{,}85\,\text{kVA}$ betragen, die Stromstärke bei einer Spannung von 500 Volt demnach $\dfrac{17{,}85}{500} \cdot 1000 = 35{,}7\,\text{Amp}.$

12. Drehstrom.

Der Drehstrom ist ein mehrphasiger Wechselstrom, und zwar ein Strom mit 3 Phasen. Seine Entstehung kann man sich in der Weise denken, daß 3 Einphasenströme, deren zeitlicher Umlauf um $^1/_3$ Periode

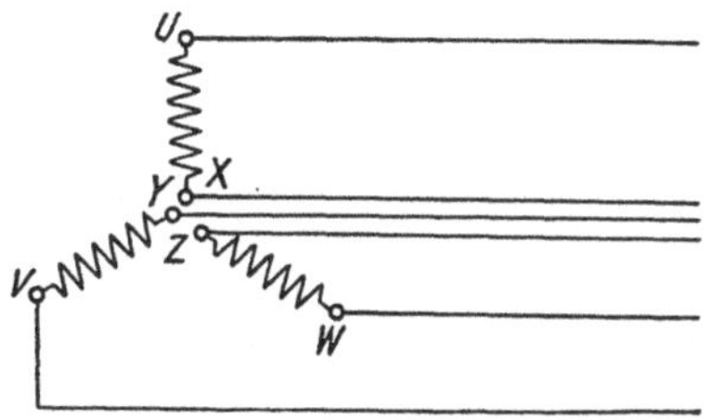

Abb. 14. Dreiphasen-Wechselstrom mit 6 Leitungen.

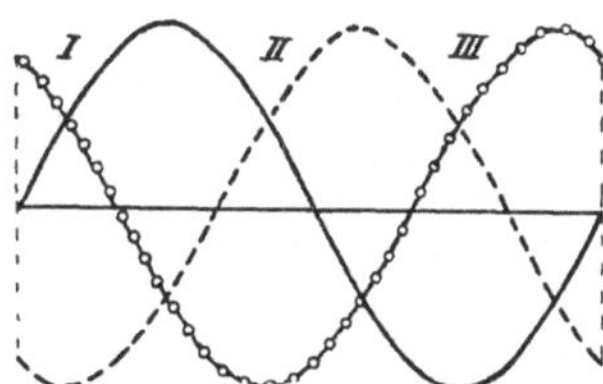

Abb. 15. Die drei Stromkurven bei Drehstrom.

verschoben ist, vereinigt werden. In Abb. 14 würden demnach die Wicklungen UX, VY und WZ jeweils die Wicklungen einer Phase eines Wechselstromes bedeuten. Trägt man die einzelnen Stromkurven, wie

Abb. 15 zeigt, für die 3 Phasen über der Zeit auf, so ergibt sich, daß in jedem Zeitpunkt die Summe sämtlicher Ströme Null ist. Es können daher die 3 mittleren Leiter fortgelassen und die 3 Punkte XYZ der Wicklungen vereinigt werden (vgl. Abb. 16). Den Punkt der Vereinigung der Phasen nennt man den Nullpunkt. Die zwischen dem Nullpunkt und dem Außenleiter herrschende Spannung (E_1) nennt man die Phasenspannung, die zwischen je 2 Leitern herrschende Spannung (E) die Netzspannung. Die Schaltung nach Abb. 16 wird als Sternschaltung bezeichnet. Hierbei verhält sich die Phasenspannung zur Netzspannung wie $1 : \sqrt{3}$ und der Phasenstrom zum Netzstrom wie $1 : 1$. Die 3 Phasen können aber auch in Dreieck geschaltet werden .

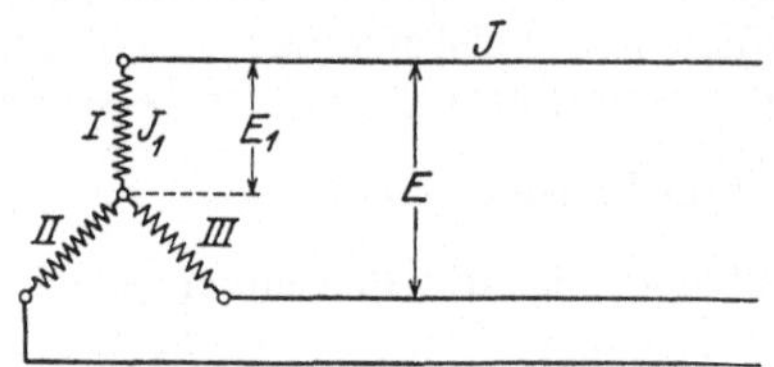
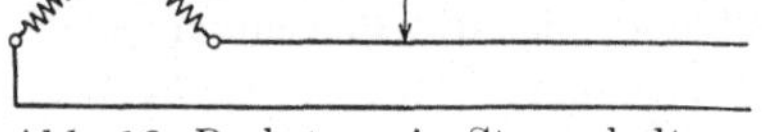

Abb. 16. Drehstrom in Sternschaltung.

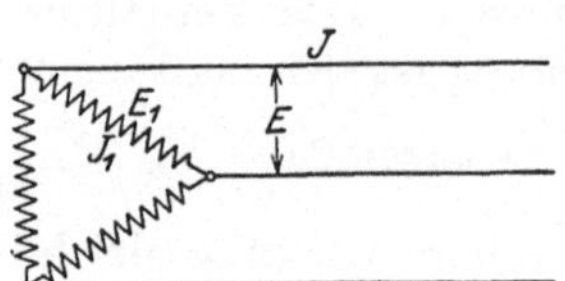

Abb. 17. Drehstrom in Dreieckschaltung.

(vgl. Abb. 17). Hierbei verhält sich die Netzspannung zur Phasenspannung wie $1 : 1$, der Phasenstrom zum Netzstrom wie $1 : \sqrt{3}$. Auch bei Drehstrom ist fast immer Phasenverschiebung vorhanden, insofern, als in jeder Phase eine Verschiebung zwischen dem Verlauf der Strom- und Spannungskurve stattfindet.

13. Leistung und Arbeit des Drehstromes.

Da sich der Drehstrom im wesentlichen aus 3 Phasen eines Wechselstromes zusammensetzt, so kann dessen Leistung in gleicher Weise wie beim Wechselstrom ermittelt werden, jedoch unter Berücksichtigung, daß nunmehr 3 Phasen vorhanden sind. Die Leistung des Drehstromes wird also bei gleicher Belastung den dreifachen Wert des Wechselstromes besitzen. Es wird also sein die Leistung

$$N = 3 \cdot E_1 \cdot J_1 \cdot \cos \varphi.$$

Da bei Dreieckschaltung $E_1 = E$ und $J_1 = \dfrac{J}{\sqrt{3}}$, oder bei Sternschaltung $E_1 = \dfrac{E}{\sqrt{3}}$ und $J_1 = J$ ist. so ist die mittlere Leistung eines Drehstromes

$$N = \sqrt{3} \cdot E \cdot J \cdot \cos \varphi.$$

Die Arbeit des Drehstromes errechnet sich dann unter Berücksichtigung der Zeit zu $A = N \cdot t$.

Auch bei Drehstrom ist die scheinbare Leistung das Produkt aus Strom $\times$ Spannung ohne Berücksichtigung der Phasenverschiebung.

Der Leistungsfaktor ist dann

$$\cos \varphi = \frac{N}{\sqrt{3} \cdot E \cdot J}$$

II. Elektromotoren.

A. Gleichstrom-Nebenschlußmotor.

14. Allgemeine Eigenschaften.

Bei einem Gleichstrommotor wird, wie aus Abschnitt 6 hervorgeht, ein Drehmoment dadurch erzeugt, daß durch einen in einem magnetischen Felde befindlichen Leiter ein Strom geleitet wird. Zum Erzeugen dieses Feldes dient die sogenannte Erreger- oder Feldwicklung.

Bei den Gleichstrom-Nebenschlußmotoren ist diese Erregerwicklung zu dem Anker parallel (im Nebenschluß) geschaltet (vgl. Abb. 18). Sie besteht aus einer großen Anzahl von Windungen dünnen Drahtes. Im Gegensatz zum Ankerstrom, dessen Größe vom Motordrehmoment abhängt, und der durch den auf dem Anker aufgewickelten und sich im magnetischen Feld drehenden Leiter fließt, ist die Erregerstromstärke bei dieser Schaltung von der Belastung des Motors unabhängig; daher ist die Stärke des magnetischen Feldes praktisch konstant. Da die Drehzahl eines Gleichstrommotors von der Feldstärke und von der Spannung abhängt, so wird sie bei einem Gleichstrom - Nebenschlußmotor von der Belastung praktisch unabhängig (Abb. 19). Der geringe Drehzahlabfall bei zunehmender Belastung wird durch den zunehmenden Spannungsabfall im Anker bedingt. Die Größe dieser Drehzahlverminderung (etwa 8—1 v. H.) ist von der Motorgröße abhängig, und zwar haben die kleinen Motoren einen größeren Drehzahlabfall als die größeren Motoren. Voraussetzung für diese Drehzahlkonstanz ist gleichbleibende Spannung an den Klemmen des Motors.

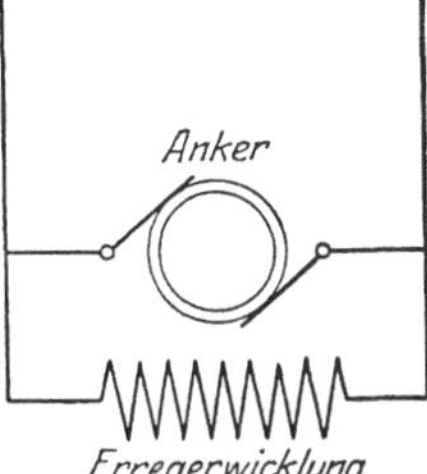

Abb. 18. Schaltbild eines Gleichstromnebenschlußmotors.

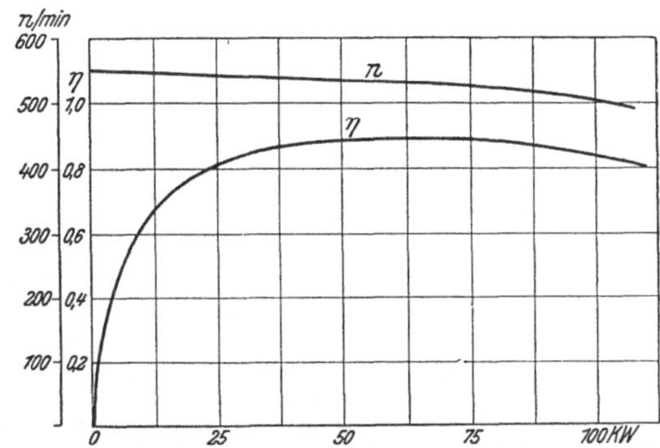

Abb. 19. Drehzahl und Wirkungsgrad eines Gleichstrom-Nebenschlußmotors in Abhängigkeit von der Belastung.

Gleichstromnebenschlußmotor.

Tabelle 1. Nennleistungen in kW. Drehzahl (n) in Umdr./Min. Wirkungsgrade (η) in v. H.

Größe	n etwa 3000				n etwa 2000				n etwa 1500				n etwa 1000			
	Nennleistung		n	η	Nennleistung		n	η	Nennleistung		n	η	Nennleistung		n	η
	kW	PS etwa			kW	PS etwa			kW	PS etwa			kW	PS etwa		
1	0,25	0,35	2800	69	0,2	0,27	2000	68	0,125	0,17	1400	65				
2	0,4	0,55	2800	71	0,3	0,4	2000	70	0,2	0,27	1400	67	0,125	0,17	910	60
3	0,7	1	2800	74	0,45	0,6	2000	72	0,33	0,45	1400	70	0,2	0,27	920	63
4	1	1,4	2800	76	0,7	1	2000	75	0,5	0,7	1400	72	0,3	0,4	920	66
5	1,5	2	2825	78	1,1	1,5	2000	77	0,8	1,1	1410	75	0,5	0,7	930	69
6	2,2	3	2825	79	1,5	2	2000	78	1,1	1,5	1410	76	0,7	1	920	71
7	3	4	2825	81	2,2	3	2000	80	1,5	2	1410	78	1	1,4	935	73
8	4	5,5	2850	82	3	4	2000	81,5	2,2	3	1420	79	1,4	1,9	935	75
9	5,5	7,5	2850	83	4	5,5	2000	82,5	3	4	1420	81	1,8	2,5	940	76
10					5,5	7,5	2000	83,5	4	5,5	1430	82	2,4	3,3	940	78
11					7,5	10	2000	84,5	5,5	7,5	1430	83	3,3	4,5	950	79
12					10	13,5	2000	85	7,5	10	1440	84	4,5	6	950	80,5
13									11	15	1440	85	7	9,5	950	82,5

Nimmt die Spannung ab, so geht die Drehzahl annähernd im halben Verhältnis herunter. Es ist daher darauf zu achten, daß die Zuleitungen zum Motor reichlich bemessen werden, damit bei zunehmender Belastung nicht infolge des Spannungsverlustes in der Zuleitung eine Spannungserniedrigung an den Klemmen des Motors und daher entsprechende Drehzahlverminderung erfolgt. Für die Spannungen sind nach den Richtlinien des Verbandes Deutscher Elektrotechniker (V.D.E.) die Abstufungen 110, 220 und 440 Volt gewählt. Hierbei sind kleinere Motoren nur für Spannungen von 110 und 220 Volt, 'mittlere Motoren für alle drei Spannungen und größere Motoren nach Möglichkeit nur für Spannungen von 220 und 440 Volt auszuführen. Nachstehende Tabellen enthalten hierüber nähere Festsetzungen, wobei für die Größen über der punktierten Stufenlinie die Spannungen von 110 und 220 Volt, zwischen der punktierten und ausgezogenen Stufenlinie alle drei Spannungen und unterhalb der ausgezogenen Stufenlinie die Spannungen von 220 und 440 Volt festgelegt sind. Aus den Tabellen ist ferner ersichtlich, daß eine einheitliche Abstufung in der Drehzahl und in der Leistung vorgeschrieben ist. Für den vorläufig umfaßten Bereich in bezug auf Leistung und Drehzahl kommen demnach insgesamt 23 Motortypen (Größen) in Frage. Bei der Projektierung von Antrieben ist es daher erforderlich, sich bei der Auswahl des Antriebsmotors in bezug auf Leistung und Drehzahl nach diesen Tabellen zu richten, da Zwischenwerte nach endgültiger Durchführung der Normung anormale Ausführungen darstellen, deren Lieferung unter Umständen abgelehnt oder nur unter entsprechendem Mehrpreis in Frage kommt.

Die Tabelle zeigt ferner, daß die Leistung ein und derselben Motortype um so größer wird, je höher die Drehzahl ist. So leistet z. B. der Motor Größe 14 zwar 17 kW bei 1500 Umdrehungen, aber nur 4,5 kW bei 500 Umdrehungen. Um einen möglichst billigen Motor zu erhalten, ist daher bei gegebener Motorleistung eine möglichst hohe Drehzahl anzustreben. Soll z. B. der Motor 17 kW leisten, so würde bei 500 Umdrehungen die Größe 17, bei 1500 Umdrehungen aber nur die Größe 14 in Frage kommen. Hierbei würde sich beispielsweise der Grundpreis des Motors für 500 Umdrehungen auf 7200 M., für 1500 Umdrehungen auf 3080 M. stellen. Für Motoren, die oberhalb der in der Tabelle angege-

Tabelle 2. Nennleistungen in kW. Drehzahl (n) in Umdr./Min. Wirkungsgrade (η) in v. H.

Größe	n etwa 1500				n etwa 1200				n etwa 1000				n etwa 750				n etwa 660				n etwa 500			
	Nennleistung				Nennleistung				Nennleistung				Nennleistung				Nennleistung				Nennleistung			
	kW	PS etwa	n	η	kW	PS etwa	n	η	kW	PS etwa	n	η	kW	PS etwa	n	η	kW	PS etwa	n	η	kW	PS etwa	n	η
14	17	23	1440	86,5	14	19	1150	85,5	11	15	950	84	7,5	10	700	82	6	8	550	79,5	4,5	6	460	76,5
15	23	31	1450	87,5	20	27	1150	87	15	20	950	85,5	11	15	700	83,5	8,5	11,5	550	81,5	6	8	460	78,5
16	32	43	1450	88,5	26	35	1160	88	22	30	960	87	15	20	710	85	12	16	560	83	8,5	11,5	460	80,5
17	45	61	1460	89	36	49	1160	89	30	40	960	88	22	30	710	86,5	16	21,5	560	84,5	12	16	465	82
18	64	87	1460	89,5	50	68	1160	89,5	40	55	965	89	30	40	715	87,5	22	30	565	86	17	23	470	83,5
19					64	87	1170	90	50	68	970	90	40	55	720	88,5	30	40	570	87	22	30	470	84,5
20					80	110	1170	90,5	64	87	970	90,5	50	68	720	89,5	40	55	570	88	30	40	470	86
21					100	136	1170	91	80	110	970	91	64	87	720	90	50	68	570	89	40	55	475	87
22									100	136	975	91,5	80	110	725	90,5	64	87	575	89,5	50	68	475	88
23									125	170	975	92	100	136	725	91	80	110	575	90	64	87	475	88,5

benen Leistungen liegen, sind vorläufig noch keine Richtlinien festgelegt. Für die größten Leistungen kämen etwa die Walzenzugmotoren
in Betracht. Abb. 20 zeigt einen solchen Motor mit einem Drehmoment
von etwa 30000 mkg.

Was den Wirkungsgrad der Gleichstrommotoren anbelangt, so
ändert sich dieser, wie Abb. 19 zeigt, in Abhängigkeit von der Belastung. Es ist daher mit Rücksicht auf eine möglichst hohe Wirtschaftlichkeit eine sorgfältige Auswahl der Motoren in bezug auf die
Größe erforderlich, damit unnötig große Motoren, die nur teilweise
belastet und daher mit einem ungünstigen Wirkungsgrad arbeiten, vermieden werden. Die absolute Höhe der Wirkungsgradkurve ist bei
sonst gleicher Ausführung von der Größe der Leistung und Drehzahl

Abb. 20. Walzenzugmotor.

abhängig. Je kleiner die Leistung bei gleicher Drehzahl, um so schlechter
der Wirkungsgrad. Andererseits wird bei gleicher Leistung der Wirkungsgrad mit zunehmender Drehzahl besser. In der vorstehenden Tabelle
sind die vom V.D.E. festgelegten Mindest-Wirkungsgrade für die einzelnen Motorgrößen bei den verschiedenen Drehzahlen und Leistungen
angegeben. Das Drehmoment, das der Gleichstrom-Nebenschlußmotor
dauernd hergeben kann, ist durch die Größe der Leistung und der
Drehzahl, für die der Motor gebaut ist, festgelegt. Beim Anlauf kann
der Motor etwa das Doppelte des normalen Drehmomentes hergeben.
Während des normalen Betriebes muß der Motor nach den Vorschriften
des V.D.E., nachdem er bereits seine betriebsmäßige Erwärmung erreicht hat, noch während 2 Minuten den 1,5fachen Dauerstrom aushalten.

15. Anlassen.

Wird ein stillstehender Motor unmittelbar an die volle Netzspannung
angeschlossen, so treten sehr hohe Anlaufströme auf, die den Motor
gefährden und sich in der gesamten Anlage sehr störend bemerkbar
machen. Es ist daher beim Anlassen eines Nebenschlußmotors erforder-

lich, allmählich die Spannung an dem Anker von 0 bis zum Höchstwert anwachsen zu lassen. Dies wird am einfachsten durch das Vorschalten eines Anlaßwiderstandes erreicht, der in Verbindung mit einem Anlasser während des Motoranlaufs allmählich bis auf 0 verringert wird. Diese Anlaßmethode ist fast allgemein gebräuchlich (vgl. Abb. 21). In dem Ankerstromkreis ist der Anlasser mit dem Widerstand einge- schaltet, der durch allmähliches Drehen der Kurbel stufenweise ver- ringert wird. Im Gegensatz hier- zu wird die Erregerwicklung beim Anlassen unmittelbar an die volle Netzspannung ange- schlossen, da sonst beim ge-

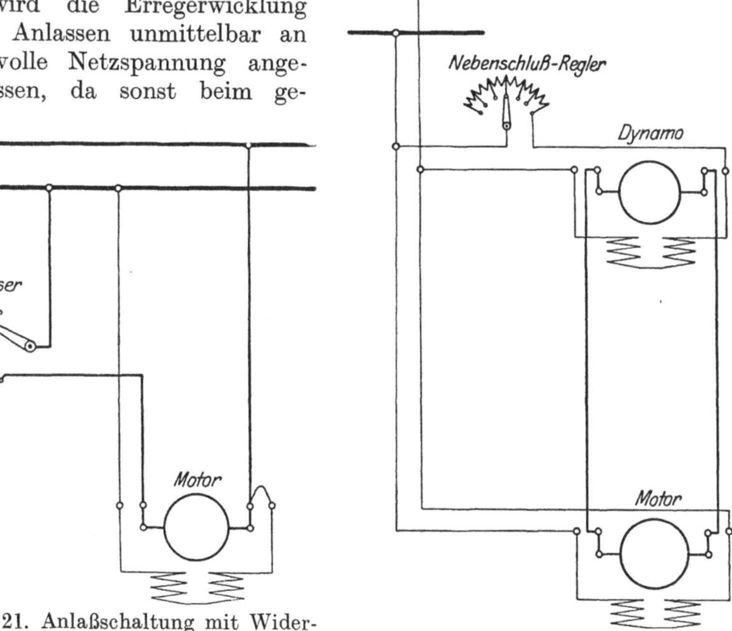

Abb. 21. Anlaßschaltung mit Wider- stand.

Abb. 22. Leonardschaltung.

schwächten Feld der Motor nicht sein volles Drehmoment während des Anlaufens entwickeln könnte. Eine andere Möglichkeit, die Span- nung an den Klemmen des Motors von 0 bis zum Höchstwert anwachsen zu lassen, besteht darin, die Spannung der die elektrische Energie liefernden Dynamo während des Anlassens von 0 bis zum Höchstwert möglichst in feinstufiger Weise zu erhöhen (vgl. Abb. 22). Bei dieser Schaltung ist dann nicht ein Anlasser erforderlich, sondern ein Neben- schlußregler für die Dynamo. Diese Schaltung, die sog. Leonard- schaltung, ist nur bei besonders großen Maschinen und auch dann nur gebräuchlich, wenn gleichzeitig weitgehendste Drehzahlregelung in Frage kommt, z. B. bei Papiermaschinen, Walzenstraßen und Förder- maschinen.

Eine Spannungsverminderung zum Zwecke des Anlassens kann auch dadurch erreicht werden, daß an Stelle des Anlaßwiderstandes eine besondere Zusatzmaschine zwischen Sammelschienen und Motor geschaltet wird (Näheres über die Wirkungsweise siehe nächsten Abschnitt). Auch diese Schaltung wird nur bei besonderen Anlagen, wo es sich um weitgehendste Drehzahlregelung handelt, als sog. Zu- und Gegenschaltung, besonders bei Papiermaschinenantrieben, angewendet.

16. Drehzahlregelung.

Die Drehzahl eines Nebenschlußmotors, dessen Erregung nicht geändert wird, ist praktisch verhältnisgleich der dem Anker zugeführten Spannung. Es kann dementsprechend auch, je nachdem die Spannung von 0 bis zu dem Höchstwert an dem Anker des Nebenschlußmotors eingestellt wird, jede beliebige Drehzahl zwischen 0 und dem Höchstwert, für den die Maschine berechnet ist, durch Spannungsänderung erreicht werden. Dies läßt sich, wie beim Anlassen, durch das Vorschalten eines die Spannung abdrosselnden Widerstandes erreichen. Diese Methode ist in ihrer Anordnung am einfachsten, doch ist sie unwirtschaftlich und hat noch den Nachteil, daß die eingestellte Drehzahl bei Belastungsänderung nicht gleich bleibt. Unwirtschaftlich ist der Antrieb, weil in dem Vorschaltwiderstand ein bestimmter Betrag der zugeführten Sammelschienenspannung abgedrosselt, also vernichtet wird. Das Produkt aus dieser vernichteten Spannung und dem Strom, der durch den Widerstand fließt, entspricht aber einer Leistung, die im Widerstand nutzlos in Wärme umgesetzt wird. Beträgt beispielsweise die Klemmenspannung 220 Volt und die Energieaufnahme eines Motors 22 kW, so müßte, falls der Motor nur mit der halben Drehzahl laufen soll, etwa die halbe Klemmenspannung, also etwa 110 Volt, durch den Vorschaltwiderstand abgedrosselt werden. Die Stromstärke würde bei 22 kW Leistungsaufnahme 100 Amp. betragen. In dem Vorschaltwiderstand würde demnach eine Leistung von 100 Amp. $\times$ 110 Volt $= 11000$ Watt $= 11$ kW vernichtet. Dieses einfache Beispiel zeigt, wie unwirtschaftlich eine solche Drehzahlregelung ist und ferner daß der Antrieb um so unwirtschaftlicher arbeitet, je größer der Regelbereich ist. Bei nur 10 v. H. Drehzahlregelung würden nur 10 v. H. der normalen Spannung abgedrosselt; die zusätzlichen Verluste im Widerstand würden also nur 10 v. H. der aufgenommenen Energie betragen.

Die Stromaufnahme eines Motors ist von dessen Belastung, unter Berücksichtigung des jeweiligen Wirkungsgrades, abhängig. Bei dem gewählten Beispiel war eine Belastung entsprechend 100 Amp. angenommen worden, wobei mit 50 v. H. Drehzahlregelung nach unten gerechnet wurde. Macht man die Annahme, daß sich infolge Änderung der Belastung des Motors die Stromstärke auf die Hälfte verringert, so würde sich auch der Spannungsverlust im Widerstand ändern. Da dieser durch die Gleichung $E = J \cdot R$ gegeben ist, so verringert sich, da R konstant bleibt bei Abnahme der Stromstärke um 50 v. H. auch der Spannungsverlust im Vorschaltwiderstand um 50 v. H. Es würden nunmehr statt 110 nur 55 Volt abgedrosselt, also die Spannung an den Klemmen nicht mehr 110 sondern $110 + 55 = 165$ Volt betragen. Dadurch würde sich die Drehzahl des Motors bei der angenommenen Entlastung um etwa 50 v. H. erhöhen.

Abb. 23 veranschaulicht die Verhältnisse bei dieser Regelart, und zwar ist der Verlauf der Drehzahl in Abhängigkeit von der Belastung (dem Drehmoment) gezeichnet. Die einzelnen Kurven (I—VI) entsprechen den Drehzahlen, die mit Hilfe des Vorschaltwiderstandes eingestellt werden. Die Zahl der Stufen kann naturgemäß beliebig gewählt werden, ebenso der Sprung zwischen den einzelnen Drehzahlabstufungen. Für das gewählte Beispiel würde die unterste Regelkurve in Frage kommen. Danach würde bei 100 v. H. Drehmoment sich eine Drehzahl einstellen, die 50 v. H. der Höchstdrehzahl beträgt. Würde sich nun das Drehmoment auf 50 v. H. verringern, so würde entsprechend der Regel-

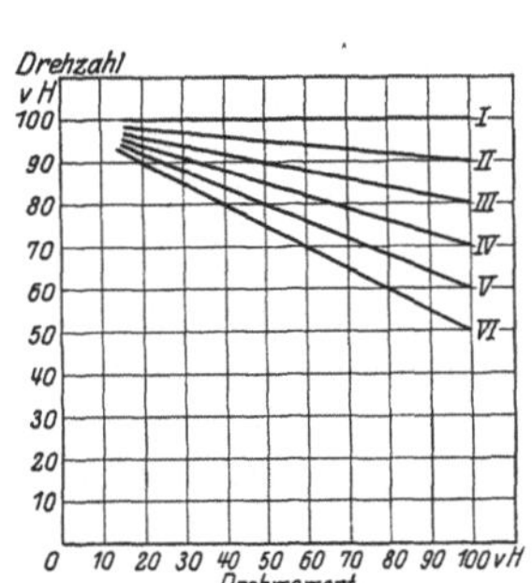

Abb. 23. Abhängigkeit von Drehzahl und Drehmoment bei einem Gleichstrom-Nebenschlußmotor mit Hauptstrom-Regelung.

Geschwindigkeitsstufe	Spannung in Volt
1	50
2	100
3	150
4	200
5	250
6	300
7	350
8	400
9	450

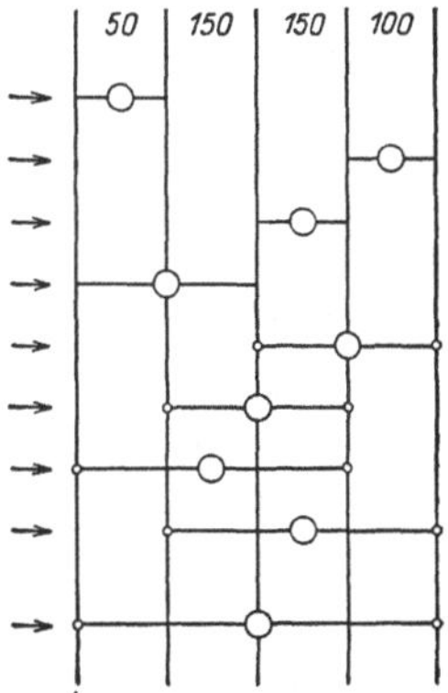

Abb. 24. Fünfleiteranlage mit verschiedenen Teilspannungen für 9 Geschwindigkeiten.

kurve VI die Drehzahl auf 75 v. H. der Höchstdrehzahl ansteigen. Aus den Kurven geht ferner hervor, daß bei jeder Anlasserstellung der Motor bei Entlastung der höchsten Drehzahl zustrebt. In Wirklichkeit wird die Drehzahl bei Leerlauf gegenüber der Drehzahl bei Vollast etwas höher liegen (vgl. S. 15). Dieser Drehzahlanstieg wurde jedoch der Einfachheit halber in der Zeichnung vernachlässigt.

Bei allen Antrieben, bei denen die einmal eingestellte Drehzahl auch bei Änderung der Belastung gleich bleiben muß, ist daher die Regelung der Drehzahl durch Vorschaltwiderstand nicht zulässig.

Eine andere Möglichkeit, die Drehzahl durch Spannungsänderung zu regeln, bietet die Anordnung eines Leitungsnetzes mit mehreren Spannungen. Bei einem gewöhnlichen Dreileiternetz, z. B. 2×110 oder 2×220 Volt, können durch das Anschließen des Motors an die einfache oder die doppelte Spannung zwei Geschwindigkeiten im Verhältnis 1 : 2 erreicht werden. Sind mehr als zwei Geschwindigkeiten verlangt, so muß eine Leitungsanlage mit mehreren Teilspannungen gewählt werden. Abb. 24 zeigt das Schema einer Fünfleiteranlage mit verschiedenen Teilspannungen, mit deren Hilfe die Geschwindigkeitsstufen im Verhältnis der Spannungen von 50 : 100 : 150 : 200 : 250 : 350 : 400 : 450 eingestellt werden können. Diese Anordnung mit Mehrleitersystem ermöglicht eine verlustlose Regelung, hat aber den Nachteil, daß die große Zahl der Leitungen und die besonderen Umschaltapparate die Anlage sehr verteuern, wodurch ihre Anwendung nur eine sehr beschränkte ist, z. B. in Zeugdruckanlagen.

Bei der sog. Zu- und Gegenschaltung (Abb. 25) ist die Anordnung meistens so getroffen, daß der zu regelnde Motor (M) für die doppelte Netzspannung ausgeführt wird. Die in den Stromkreis zwischen Sammelschienen und Regelmotor geschaltete Zusatzmaschine (A) ist für eine Spannung gleich der Netzspannung bemessen und kann so erregt werden, daß die Spannung dieser Maschine einmal der Netzspannung entgegengeschaltet, das andere Mal ihr zugeschaltet ist. Ist die Spannung der Maschine der Netzspannung entgegengeschaltet, so wird auf diese Weise

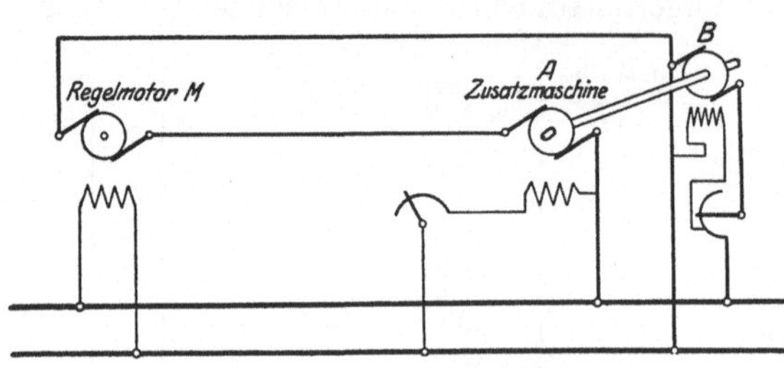

Abb. 25. Zu- und Gegenschaltung.

die Spannung an der Klemme des Regelmotors nur die Differenz zwischen der Spannung der Sammelschienen und der Zusatzmaschine betragen. Der Motor wird dann mit einer diesem geringen Spannungsunterschied entsprechenden Drehzahl laufen. Die Zusatzmaschine wirkt demnach in gleichem Maße wie ein Vorschaltwiderstand, nur mit dem Unterschied, daß die sonst im Widerstand vernichtete Energie — da jetzt die Zusatzmaschine als Motor läuft — in mechanische Energie umgewandelt wird. Mit Hilfe dieser freiwerdenden mechanischen Energie wird eine zweite Maschine (B) angetrieben, die die ihr zugeführte mechanische Energie in elektrische umwandelt und an das Netz wieder abgibt. Die sonst im Vorschaltwiderstand vernichtete Energie wird mit Ausnahme der Verluste in dem Steueraggregat (Maschine A und B) bei dieser Schaltung also nutzbar an das Netz wieder zurückgegeben. Ist die Spannung der Zusatzmaschine gleich Null, so erhält der Motor die volle Netzspannung und läuft, da er für die doppelte Spannung bemessen ist, mit seiner halben Drehzahl. Wird nunmehr die Zusatzmaschine so erregt, daß sich ihre Spannung zu der Netzspannung addiert, so erhöht sich dementsprechend die Spannung an den Klemmen des Regelmotors und dessen Drehzahl. Erreicht die Zusatzspannung die Höhe der Netzspannung, so ist die doppelte Netzspannung an den Klemmen des Regelmotors vorhanden und der Regelmotor läuft mit seiner höchsten Drehzahl. In diesem Falle arbeitet die Zusatzmaschine als Dynamo und die mit ihr gekuppelte Maschine als Motor. Es ist daher bei dieser Zu- und Gegenschaltung eine weitgehende Drehzahlregelung lediglich durch Veränderung der Erregung der Zusatzmaschine zu erreichen. Der Regler braucht nur für die geringe Erregerstromstärke der Zusatzmaschine bemessen zu werden, und wird daher auch bei einer großen Zahl von Kontakten verhältnismäßig klein ausfallen.

Die vorbeschriebene Schaltung bedingt das Vorhandensein eines Gleichstromnetzes. Wo ein solches nicht zur Verfügung steht, kann die Leonardschaltung verwendet werden (vgl. Abb. 22). Die Steuerdynamo kann hierbei entweder unmittelbar durch die Dampfmaschine angetrieben werden, oder auch — besonders kommt dies bei Drehstromnetzen in Frage — durch einen Drehstrommotor. Auch hier wird die Drehzahl des Regelmotors durch Änderung der Spannung der Dynamo, also durch Veränderung ihrer Erregung erreicht, was mit Hilfe eines feinstufigen Nebenschlußreglers in leichter Weise erfolgen kann

Die Zu- und Gegenschaltung und die Leonardschaltung ermöglichen eine verlustlose und feinstufige, von der Belastung unabhängige Drehzahlregelung. Infolge der erhöhten Anschaffungskosten, die durch die Aufstellung von besonderen Steuermaschinen bedingt sind, findet diese Anordnung nur bei solchen Maschinen Verwendung, bei denen größere Energiemengen in Frage kommen, die Wirtschaftlichkeit der Regelung also besonders ins Gewicht fällt, und bei denen eine eindeutige Steuerung erforderlich ist, die einmal eingestellte Drehzahl also unabhängig von der Belastung gleich bleiben muß. Die Steuerungen sind daher in erster Linie bei Papiermaschinen, Fördermaschinen und Walzenstraßen gebräuchlich. Bei kleineren Anlagen, wie bei Kranen, Hobelmaschinen, Ventilatoren, mit Ausnahme der großen Grubenventilatoren, sind sie wohl früher angewendet worden, jetzt aber weniger gebräuchlich.

Außer durch die Änderung der Spannung kann ein Gleichstrom-Nebenschlußmotor auch noch durch Änderung der Erregung geregelt werden. Wird das Feld eines Nebenschlußmotors geschwächt, so wird dadurch die Drehzahl des Motors erhöht. Die Feldschwächung bedingt eine schlechtere Ausnutzung der Maschine, so daß, gleiche Leistung vorausgesetzt, ein Motor, der für die Regelung durch Feldschwächung gebaut ist, größer ausfällt als ein normaler Motor, und zwar wird er um so größer, je höher die Feldschwächung gewählt wird. Spricht man bei einer Regelung des Motors mit Vorschaltwiderstand von einer Abwärtsregelung, so ist es bei Nebenschlußregelung gebräuchlich, von einer Aufwärtsregelung zu sprechen. Gewöhnlich baut man die Nebenschlußmotoren für eine Regelung im Verhältnis 1 : 2 oder 1 : 3. Ein größerer Regelbereich, etwa 1 : 4 bis 1 : 6 ist seltener gebräuchlich, da die Motoren unwirtschaftlich, nämlich zu groß und zu teuer, unter Umständen auch unstabil werden. Zum Einstellen der Drehzahl dient ein Regler, der nur für den etwa 5—10 v. H. der Gesamtstromaufnahme betragenden Erregerstrom bemessen zu werden braucht, so daß mit einem einfachen und billigen Apparat eine feinstufige Regelung erreicht werden kann. Bei dieser Regelung ist die eingestellte Drehzahl praktisch von der Belastung unabhängig; sie wird wegen ihrer Einfachheit bei allen Arbeitsmaschinen, die eine feinstufige Drehzahlregelung verlangen, verwendet.

Abb. 26 zeigt die Regelkurven für die Aufwärtsregelung. Auch hier entsprechen die Kurven I—VI den mit Hilfe des Nebenschlußreglers einstellbaren Drehzahlen, wobei die Anzahl der Stufen und der Stufensprung beliebig gewählt werden kann. Der geringfügige Drehzahlabfall zwischen Leerlauf und Vollast ist in der Abbildung vernachlässigt.

Die beiden wesentlichen Regelarten, Erniedrigung der Spannung und Verringerung der Erregung können naturgemäß auch kombiniert werden. So kann z. B. eine Regelung mit Vorschaltwiderstand und mit Nebenschlußregelung in der Weise angewandt werden, daß für die gebräuchlichsten und am meisten vorkommenden Drehzahlen eine Nebenschlußregelung vorgesehen wird und noch weitere Drehzahlerniedrigungen mit Hilfe des Vorschaltwiderstandes erreicht werden. Dieselbe Kombination ist auch beim Mehrleitersystem möglich, bei dem dann der Sprung zwischen den einzelnen Geschwindigkeiten, die der Abstufung der einzelnen Spannungen entsprechen, noch durch Nebenschlußregelung überbrückt werden kann. Auch bei Zu- und Gegenschaltung sowie bei der Leonardschaltung ist eine Kombination möglich; sie wird aber nur dort angewendet, wo bei zunehmender Drehzahl die Leistung gleichbleibt, so daß trotz der Feldschwächung des Motors nicht eine höhere Maschinentype benötigt wird.

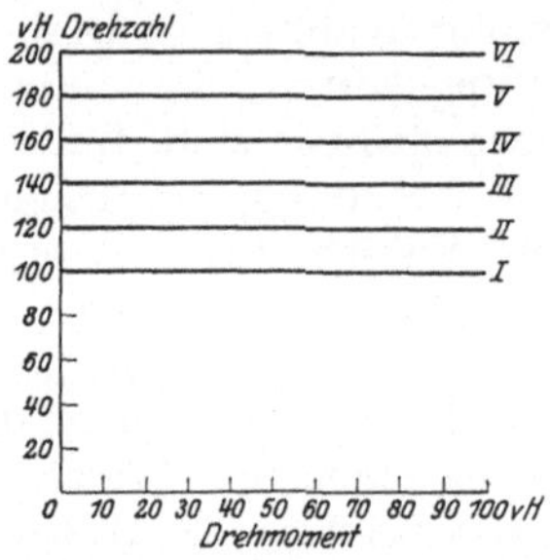

Abb. 26. Abhängigkeit von Drehzahl und Drehmoment bei einem Gleichstrom-Nebenschlußmotor mit Feldreglung.

17. Umsteuern.

Die Drehrichtung eines jeden Nebenschlußmotors läßt sich in einfacher Weise umkehren. Treibt ein Motor eine Arbeitsmaschine an, deren Drehrichtung geändert werden soll, so ist es daher zweckmäßiger, nicht ein mechanisches Umsteuergetriebe einzubauen, sondern die Umsteuerung auf elektrischem Wege im Motor vorzunehmen. Diese Umkehrung der Drehrichtung des Motors kann entweder durch die Änderung der Stromrichtung im Anker oder in der Erregerwicklung erreicht werden. Praktisch wird nur die Umkehrung im Anker angewandt (vgl. Abb. 27), indem die beiden Zuleitungen zum Anker vertauscht werden. Bei Regelmotoren mit besonderem Steueraggregat in Leonardschaltung kann die Umschaltung im Ankerstromkreis dadurch vermieden werden, daß die Spannung der Steuerdynamo durch Umkehrung ihres Erregerstromes gleichfalls umgekehrt wird. Motoren, die häufig umgesteuert werden, bei denen außerdem noch stärkere Belastungsschwankungen auftreten, sind unbedingt mit Wendepolen (Näheres siehe Abschnitt 45) ausführen. (Über Umsteuerzeiten siehe Abschnitt 75).

18. Bremsen.

Wird ein Elektromotor abgeschaltet, dann läuft er infolge der im Anker aufgespeicherten lebendigen Energie und der mit ihm gekuppelten und umlaufenden Teile der Arbeitsmaschine längere oder kürzere Zeit noch weiter und gelangt erst allmählich zum Stillstand. Bei vielen

Arbeitsmaschinen ist aber ein möglichst rasches Stillsetzen erwünscht. Man kann dieses Stillsetzen auf rein mechanischem Wege dadurch erzielen, daß man die lebendige Energie mittels einer Bremse, die von Hand, durch Druckluft, Fallgewicht usw. betätigt wird, abbremst. Das Abbremsen kann aber auch auf elektrischem Wege erzielt werden. Besonders vorteilhaft wird das elektrische Bremsen bei denjenigen Arbeitsmaschinen, bei denen eine mechanische Bremse schlecht angebracht und betätigt werden kann, z. B. bei Werkzeugmaschinen. Es gibt verschiedene Möglichkeiten der elektrischen Bremsung.

Beim Bremsen mit Gegenstrom wird der Motor abgeschaltet und im entgegengesetzten Drehsinn mit Hilfe des Anlassers wieder an das Netz angeschlossen. Diese Bremsmethode bedingt erhöhte Aufmerksamkeit, da auch für rechtzeitiges Ausschalten gesorgt werden muß, um ein Anlaufen des Motors in entgegengesetzter Richtung zu vermeiden. Ferner können bei unachtsamer Bedienung sehr hohe Stromstärken auftreten. Die Bremsung mit Gegenstrom ist daher bei Nebenschlußmotoren nur wenig gebräuchlich.

Bei der Ankerkurzschlußbremsung wird der Anker vom Netz abgeschaltet und über einen Widerstand kurzgeschlossen. Der weiterlaufende Motor arbeitet nunmehr als Dynamo und liefert elektrische Energie, die im Bremswiderstand vernichtet wird und zu deren Deckung naturgemäß die in den umlaufenden Teilen aufgespeicherte Energie aufgezehrt wird. Dadurch wird der Motor um so schneller stillgesetzt, je größer der Bremsstrom ist. Da mit abnehmender Drehzahl die Spannung des als

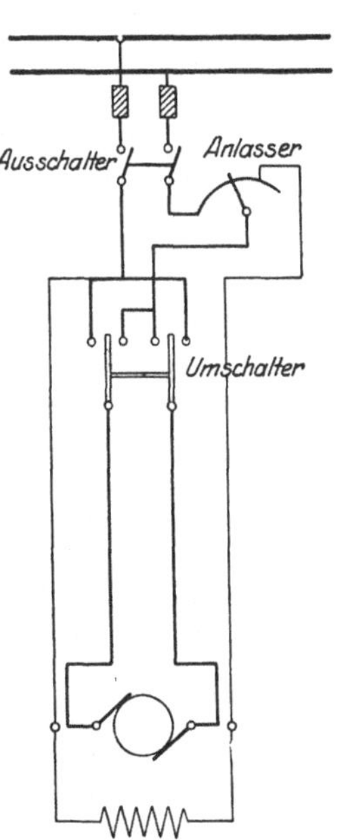

Abb. 27. Drehrichtungsänderung eines Gleichstrommotors durch Ankerumschaltung.

Dynamo laufenden Motors abnimmt, so muß, wenn während der Bremsperiode dauernd mit dem zulässigen Höchststrom gebremst werden soll, der Bremswiderstand allmählich verringert werden. Dies wird nur bei solchen Antrieben möglich sein, bei denen ein Mann für die Bedienung der Steuerapparate vorhanden ist. Wo dies nicht der Fall ist, muß man sich mit einem festeingestellten Bremswiderstand begnügen. Am schärfsten ist dann die Bremsung bei voll erregtem Felde, wenn also die Magnetwicklung an das Netz angeschlossen bleibt. Diese Schaltung hat aber den Nachteil, daß für eine besondere Abschaltung der Erregung gesorgt werden muß, sobald der Motor zum Stillstand gekommen ist. Da die von dem umlaufenden Anker erzeugte Luftzirkulation nach erfolgtem Stillstand nicht mehr wirksam ist, würde die Erregerwicklung sonst zu warm werden. Um eine besondere Abschaltung zu vermeiden, kann man auch die Erregung unmittelbar an die Klemmen des Motors anschließen. Sobald aber dann die Spannung des Motors im Verlauf der Bremsung heruntergeht, nimmt auch dementsprechend die Erregerstromstärke ab, so daß nicht eine gleich starke Bremsung erzielt wird wie bei fremderregtem Felde, sondern die Bremsleistung mit der Drehzahlverminderung gleichfalls abnimmt.

Bei der Nutzbremsung arbeitet der Motor wie bei Ankerkurzschlußbremsung als Dynamo, jedoch mit dem Unterschied, daß hierbei seine Leistung an das Netz nutzbar wieder abgegeben wird. Eine Möglichkeit dieser Bremsung ist bei der Verwendung von regelbaren Motoren gegeben. Wird die Regelung durch Feldschwächung erzielt, so kann, um den Motor bis auf seine Grunddrehzahl, also bis auf die Drehzahl, wo er wieder mit vollerregtem Felde arbeitet, eine Bremsung in der Weise erzielt werden, daß das Feld verstärkt wird. Dadurch wird die Spannung an den Klemmen des Motors größer als die ihm aufgedrückte Netzspannung, so daß der Motor nunmehr als Dynamo arbeitet, elektrische Energie ans Netz abgibt und sich dadurch selber abbremst. Bei Regelmotoren mit besonderer Steuerdynamo in Leonardschaltung wird auf gleiche Weise eine Nutzbremsung erzielt, indem die Spannung der Steuerdynamo erniedrigt wird, so daß nunmehr gleichfalls der Motor als Dynamo arbeitet und Energie an die als Motor arbeitende Steuerdynamo zurückliefert. In letzterem Falle ist naturgemäß eine Ausnutzung der Bremsung bis zu einer beliebig geringen Drehzahl möglich, wohingegen im ersteren Falle nur bis auf die Grunddrehzahl.

Eine besondere Art der Bremsung kann dann erforderlich werden, wenn das Drehmoment der Arbeitsmaschine negativ wird, z. B. beim Einhängen von Lasten bei Fördermaschinen. In solchen Fällen wird sich die Drehzahl des nunmehr von der Arbeitsmaschine angetriebenen Motors so lange erhöhen, bis seine elektromotorische Kraft größer wird als die Klemmenspannung, worauf dann der Motor als Dynamo arbeitet und daher als Bremse wirkt. Ist der Motor genügend groß bemessen, so wird sich Gleichgewichtszustand zwischen Last und Motor einstellen, wodurch die Last mit gleichbleibender Geschwindigkeit gesenkt wird. Die Drehzahlerhöhung bei dieser Nutzbremsung ist nur gering und entspricht etwa dem Drehzahlabfall zwischen Leerlauf und Vollast.

Naturgemäß ist auch eine Kombination der beschriebenen drei Möglichkeiten gegeben. Bei Antrieben mit Regelmotor, bei denen ein Abbremsen der Massen bis zum Stillstand elektrisch erwünscht ist, wird man z. B. von der höchsten bis zur Grunddrehzahl die Nutzbremsung anwenden, wogegen dann die Stillsetzung durch Ankerbremsung erfolgt.

B. Gleichstrom-Hauptschlußmotor.

19. Allgemeine Eigenschaften.

Der Hauptschlußmotor, auch Reihenschluß- oder Hauptstrommotor genannt, besitzt eine Erregerwicklung, die mit dem Anker in Reihe geschaltet ist (vgl. Abb. 28). Daher besteht diese Wicklung aus wenigen Lagen starken Drahtes. Da die vom Motor aufgenommene Stromstärke vom

Drehmoment abhängig ist, so wird sich auch der Erregerstrom und das davon abhängige Feld mit der Belastung ändern, also auch die Drehzahl. Abb. 29 zeigt den Verlauf der Drehzahl für einen gegebenen Motor. Es wird also bei der Zunahme der Belastung ein starker Abfall der Drehzahl, hingegen bei Abnahme der Belastung ein starkes Anwachsen erfolgen. Wird der Motor völlig entlastet, dann wird die Drehzahl unzulässig gesteigert, der Motor geht durch, was zu seiner Zerstörung führt. Es müssen daher beim Hauptstrommotor, dort, wo die Gefahr der Entlastung gegeben ist, besondere Sicherheitsanordnungen getroffen werden, um ein Durchgehen zu verhindern. Eine solche Anordnung besteht in dem Einbau eines Zentrifugalschalters, der, sobald der Motor die höchstzulässige Drehzahl überschreitet, selbsttätig den Motor vom Netz abschaltet. Die Abhängigkeit der Drehzahl von der Belastung macht den Motor nur für besondere Antriebe verwendbar und zwar für solche Antriebe, bei denen diese Eigenschaft besonders zweckmäßig ist. Z. B. ist es erwünscht, wenn bei Kranen und Hebezeugen eine schwere Last langsam, eine leichte dagegen rasch gehoben wird.

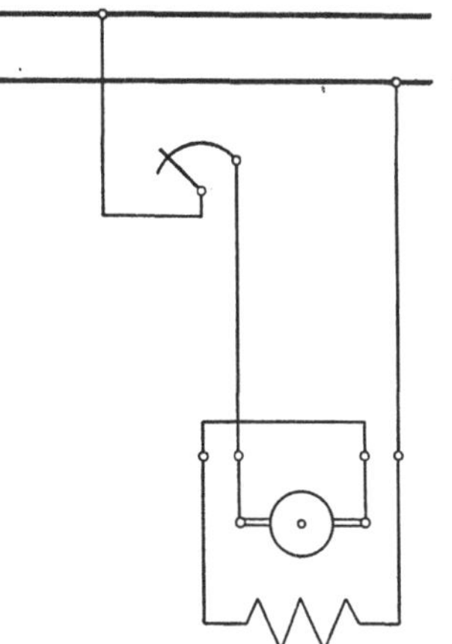

Abb. 28. Schaltbild eines Hauptschlußmotors.

Auch als Bahnmotor eignet sich der Hauptstrommotor gut, da z. B. beim Bergauffahren der Motor dann infolge des größeren Drehmomentes, das er überwinden muß, langsamer läuft und daher seine Überlastung vermieden wird. Auch zum Antrieb von Spills, Koksausdrückmaschinen usw. ist er geeignet.

Der Hauptstrommotor kann in weitem Bereich für jede beliebige Drehzahl (unter Berücksichtigung der Dauerleistung) ausgeführt werden. Da die Größe des Motors unter sonst gleichen Verhältnissen von der Drehzahl abhängt, so ist auch bei dem Hauptstrommotor eine hohe Drehzahl erwünscht. Immerhin wird man mit Rücksicht auf die bei Entlastung auftretende Drehzahlerhöhung nicht so hohe Drehzahlen zugrunde legen können wie bei einem Nebenschlußmotor. Der Wirkungsgrad ist von der Ausführung des Motors und der Belastung abhängig (Abb. 29).

20. Anlassen.

Auch beim Hauptschlußmotor größerer Leistung ist es zur Verringerung des Anlaufstromes erforderlich, die Netzspannung nicht unmittelbar an den stillstehenden Motor zu legen, sondern allmählich von 0 bis zum Höchstwert zu steigern, was am einfachsten durch regelbaren Vorschaltwiderstand mit Hilfe eines Anlassers (vgl. Abb. 28) erreicht wird. Kleinere Motoren können unter Zwischenschaltung eines festeingestellten Widerstandes angelassen werden, der während des Betriebes eingeschaltet bleibt. Dadurch wird zwar der Wirkungsgrad verschlechtert, aber eine sehr einfache Schaltung erzielt.

Kleinste Motoren, etwa mit Leistungen unter 1 kW, können auch unmittelbar ans Netz angeschlossen werden.

Der Hauptschlußmotor hat ein hohes Anlaufmoment, und zwar kann mit etwa dem 2,5fachen des normalen gerechnet werden. Hierbei sei besonders darauf hingewiesen, daß auch bei einem großen Vorschaltwiderstand der Motor durchgeht, wenn er unbelastet ist, da infolge

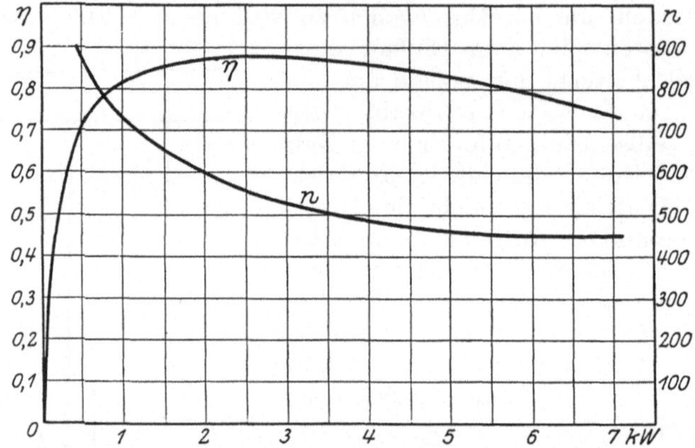

Abb. 29. Drehzahl und Wirkungsgrad eines Hauptschlußmotors in Abhängigkeit von der Belastung.

des geringen Stromes der Spannungsverlust in dem Vorschaltwiderstand sehr gering sein wird.

Anlassen des Hauptstrommotors unter Zuhilfenahme von besonderen Steueraggregaten ist nicht gebräuchlich.

21. Drehzahlregelung.

Da die Drehzahl der Hauptschlußmotoren von der Belastung abhängt, so ist eine Drehzahlregelung nur dort möglich, wo eine dauernde Kontrolle und eine Nachregelung von Hand erfolgt, also z. B. bei Straßenbahnen, bei Kranen usw. Hierbei verwendet man allgemein für die Steuerung einen regelbaren Vorschaltwiderstand. Diese Drehzahlregelung ist wie bei Nebenschlußmotoren unwirtschaftlich. Wo 2 Motoren anwendbar sind, wie z. B. bei Bahnen, verwendet man auch die Reihenparallelschaltung (vgl. Abb. 30). Bei dieser werden die beiden Motoren erst hintereinander-, dann parallelgeschaltet unter entsprechendem Vorschalten vom Widerstand. Diese Schaltung hat den Vorteil, daß man 2 Drehzahlen in den Schaltstufen hat, bei denen keine Energie in dem Widerstande vernichtet wird, nämlich, wenn bei kurzgeschlossenem Vorschaltwiderstand die Motoren in Reihe oder parallelgeschaltet sind. Eine Drehzahlregelung mit besonderen Steueraggregaten ist nicht gebräuchlich.

22. Umsteuern.

Wie bei Nebenschlußmotoren kann die Drehrichtung geändert werden durch Umkehrung der Stromrichtung im Anker oder im Felde. Praktisch gebräuchlich ist nur die Umkehrung im Ankerstromkreis. Abb. 31 zeigt das Schema einer solchen Anordnung. Zum Umschalten des Ankerstromkreises dient ein zweipoliger Umschalter. Also auch bei diesen Antrieben empfiehlt es sich, die Umkehrung der Drehrichtung der Arbeitsmaschine nicht mechanisch durch Wechselgetriebe, sondern elektrisch vorzunehmen.

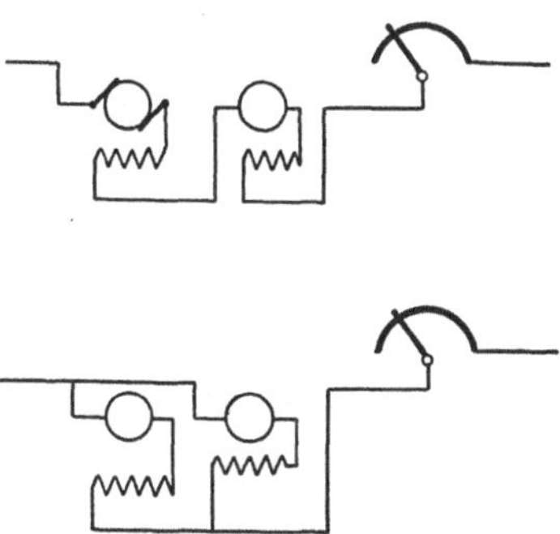

Abb. 30. Reihenparallelschaltung zweier Hauptschlußmotoren.

23. Bremsen.

Auch beim Hauptschlußmotor ist ein elektrisches Stillsetzen ohne weiteres möglich. Beim Bremsen mit Gegenstrom wird wie beim Nebenschlußmotor der stillzusetzende Motor vom Netz abgeschaltet und mit vertauschten Ankerleitungen unter Zwischenschaltung eines entsprechenden Widerstandes an das Netz angeschlossen. Diese Schaltung hat dieselben Nachteile wie bei dem Nebenschlußmotor.

Bei der Ankerkurzschlußbremsung wird der Anker mit vertauschten Anschlüssen über einen Widerstand in Hintereinanderschaltung mit der Erregerwicklung kurzgeschlossen.

Auf diese Weise ist es möglich, Antriebe schnell auf elektrischem Wege stillzusetzen. Handelt es sich aber um eine Bremsung, bei der ein auf den Motor von der Last ausgeübtes negatives Moment (z. B. beim Senken einer Last) unter Einhaltung einer bestimmten Geschwindigkeit abgebremst werden soll, so kann eine Schaltung gewählt werden, bei der zwar der Anker an dem Netz angeschlossen bleibt, die Erregerwicklung jedoch nicht mit dem Anker in Reihe geschaltet, sondern parallel zu diesem unter Zwischenschaltung eines Widerstandes ans Netz gelegt wird. Dadurch erhält der Motor allerdings den Charakter eines Nebenschlußmotors, und ist dementsprechend auch die Bremswirkung die eines Nebenschlußmotors.

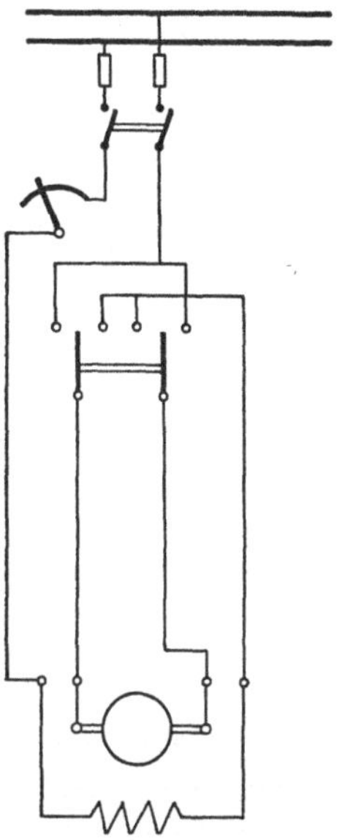

Abb. 31. Drehrichtungsänderung eines Hauptschlußmotors durch Ankerumschaltung.

Nutzbremsung ist bei Hauptschlußmotoren nur dann möglich, wenn die Arbeitsmaschine den Motor antreibt, also eine Drehzahlerhöhung so lange erfolgt, bis die elektromotorische Kraft des Motors die Netzspannung überschreitet.

C. Gleichstrom-Doppelschlußmotor.

24. Allgemeine Eigenschaften.

Der Doppelschlußmotor, auch Compoundmotor genannt, stellt eine Vereinigung von Nebenschluß- und Hauptschlußmotor dar. Er besitzt also sowohl eine Nebenschlußwicklung als auch eine Hauptschlußwicklung. Je nachdem, ob die eine oder die andere der beiden Wicklungen überwiegt, besitzt dann der Doppelschlußmotor eine dementsprechende Charakteristik. Ein Nebenschlußmotor mit Hauptschlußhilfswicklung wird demnach eine Charakteristik besitzen, bei der sich ein stärkerer Drehzahlabfall bei Belastung ergibt als bei reiner Nebenschlußwicklung. Dieses Nachgeben ist besonders dort erwünscht, wo der Motor mit Ausgleichschwungmassen gekuppelt ist, die beim Auftreten von Überlastungen zur Deckung herangezogen werden sollen. Das Entladen der Schwungmassen läßt sich bekanntlich aber nur durch einen Drehzahlabfall erreichen. Würde der Motor keine zusätzliche Hauptschlußwicklung haben, so würde trotz der auftretenden Überlastung die Drehzahl nur unwesentlich abfallen, die Schwungmassen daher nicht genügend zur Deckung der Überlastung herangezogen, so daß nunmehr die Überlastung hauptsächlich vom Motor aufgenommen werden müßte. Das mehr oder weniger Nachgeben des Motors kann durch eine entsprechend größere oder geringere Hauptschlußhilfswicklung erreicht werden.

Überwiegt die Hauptschlußwicklung, besitzt also der Motor nur eine Nebenschlußhilfswicklung, so wird ein solcher Doppelschlußmotor viel stärker die Kennzeichen eines Hauptschlußmotors haben. Die Nebenschlußhilfswicklung hat in diesem Falle in erster Linie den Zweck, das Durchgehen des Motors zu verhindern und sein Anlassen auch bei Leerlauf zu ermöglichen. Abb. 32 zeigt die Kennlinien eines reinen Hauptschlußmotors (n) und eines solchen mit Hilfswicklung (n'); man sieht deutlich die Begrenzung der Drehzahl bei Leerlauf.

Bezüglich Drehzahl, Leistung und Wirkungsgrad gilt sinngemäß das in den vorausgegangenen Abschnitten Gesagte.

25. Anlassen, Regeln, Umsteuern und Bremsen.

Für das Anlassen gelten dieselben Gesichtspunkte wie bei dem reinen Nebenschluß- bzw. Hauptschlußmotor. Meistens kommt Anlassen durch Vorschaltwiderstand in Frage.

Die Drehzahl kann durch Verändern der zugeführten Spannung und bei Motoren mit überwiegender Nebenschlußerregung auch durch Änderung der Erregung geregelt werden. Auch kann der Doppelschlußmotor elektrisch gebremst werden. Beim Umschalten zum Zwecke des Umsteuerns des Motors muß darauf geachtet werden, daß die Stromrichtung nur im Anker geändert wird.

D. Asynchroner Drehstrommotor.

26. Allgemeine Eigenschaften.

Der asynchrone Drehstrommotor in der allgemein gebräuchlichen Anordnung besitzt in seinem feststehenden Teile, dem sog. Stator, eine Dreiphasenwicklung, durch deren Anschluß an die 3 Phasen eines Drehstromnetzes ein Drehfeld erzeugt wird. Abb. 33 zeigt schematisch die Anordnung einer 2 poligen Trommelwicklung, wobei 1 Nute je Pol und Phase vorgesehen ist. Die Normalmotoren erhalten naturgemäß für jeden Pol und jede Phase mehrere

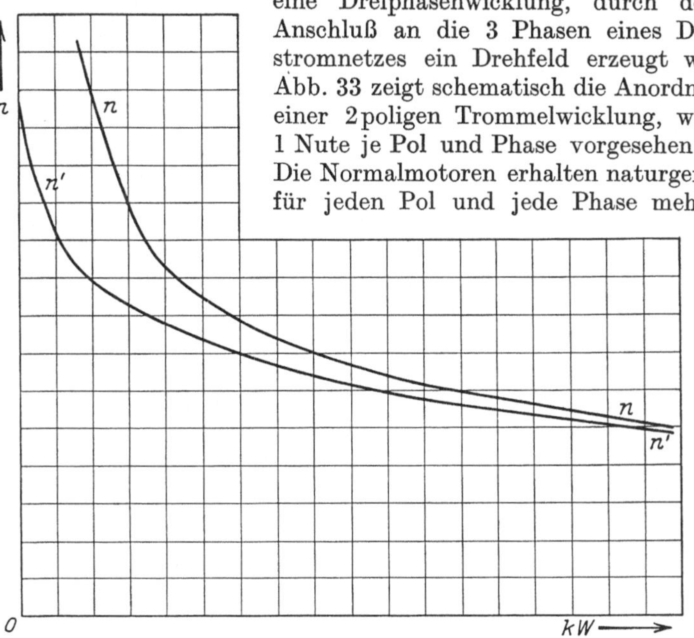

Abb. 32. Vergleich der Drehzahlkurve eines Hauptschlußmotors und eines Doppelschlußmotors.

Nuten; desgleichen ist je nach der gewünschten Drehzahl des Motors eine größere Anzahl Pole vorhanden.

Die Drehzahl des Feldes ist abhängig

1. von der Anzahl der Polpaare p,

2. von der Frequenz ν.

Es ist dann die Drehzahl des Feldes

$$n_0 = \frac{60 \cdot \nu}{p}.$$

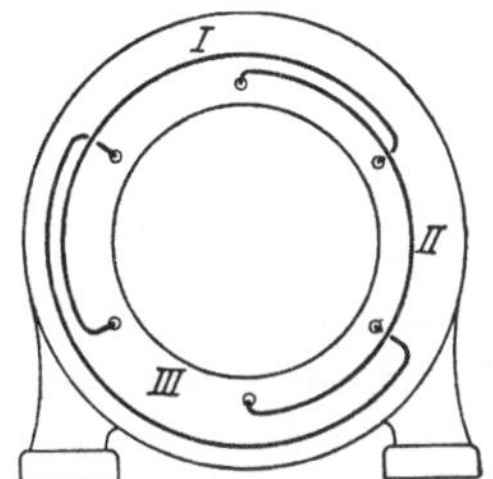

Abb. 33. Schematische Darstellung der Statorwicklung eines asynchronen Drehstrommotors.

Innerhalb des Stators ist der drehende Teil, der Rotor, angeordnet, dessen Wicklung im Zustande der Ruhe von den Kraftlinien des mit der Drehzahl n_0 umlaufenden Feldes geschnitten wird. Die dadurch in der Wicklung des Rotors induzierte EMK (Elektromotorische Kraft) bringt einen Strom zustande, der außer von der Größe der EMK noch von dem Widerstande des Rotorstromkreises abhängt. Ist die Wicklung offen, also der Widerstand unendlich, so fließt in der Wicklung kein Strom und der Rotor bleibt in Ruhe. Wird der Widerstand aber allmählich verkleinert, so wird ein Strom im Rotor fließen. Aus der Wechselwirkung zwischen dem umlaufenden Statorfeld und dem Rotorstrom wird sich ein Drehmoment ergeben, durch das der Rotor, und zwar in der gleichen Richtung wie das Feld, gedreht wird. Die Drehzahl des Rotors muß aber immer etwas geringer sein als die des Statorfeldes, da sich sonst keine relative Geschwindigkeit zwischen Statorfeld und Rotorwicklung ergeben würde, ohne die ein Schneiden der Rotorwicklung durch das Statorfeld nicht möglich ist. Man nennt dieses Zurückbleiben Schlupf und drückt ihn in Prozenten der Drehzahl des Drehfeldes (der synchronen Drehzahl) aus. Die Größe des Schlupfes ist von der Bauart des Motors abhängig, sie beträgt etwa 2—5 v. H. der Drehzahl bei Vollast und ändert sich nur unwesentlich in Abhängigkeit von der Belastung. In der Abb. 34 ist die Drehzahländerung gezeichnet in Abhängigkeit von der Leistung. Es ist daraus zu ersehen, daß auch bei starker Überlastung die Drehzahl nur wenig abfällt. Erst wenn die Belastung bis zu dem sog. Kippmoment gesteigert wird, fällt der Motor plötzlich in der Drehzahl ab und bleibt stehen. Die Größe des Kippmomentes ist von der Ausführung des Motors abhängig. Als Mindestwert ist nach den Richtlinien des V.D.E. der 2—2,5fache Wert des Nenndrehmomentes vorgeschrieben. Da eine Frequenz von 50 in Deutschland allgemein gebräuchlich ist, so werden die Motoren listenmäßig für folgende Drehzahlen ausgeführt:

Anzahl der Polpaare	Drehzahl des Feldes	Drehzahl des Rotors etwa:
1	3000	2950
2	1500	1450
3	1000	970
4	750	730
5	600	580
6	500	485
8	375	365
10	300	290
12	250	245

Je geringer die Drehzahl ist, desto größer wird die Anzahl der Polpaare, desto größer die Abmessungen des Motors und desto höher sein Preis. Bei kleinen Leistungen lassen sich die verlangten Polpaare überhaupt nicht unterbringen, so daß bei solchen Antrieben, falls die Drehzahl der Arbeitsmaschine eine sehr geringe ist, Reduziergetriebe zwischen Motor und Arbeitsmaschine erforderlich werden.

Was den Wirkungsgrad von asynchronen Drehstrommotoren anbelangt, so ist dieser bei gleicher Leistung und Drehzahl günstiger als bei Gleichstrommotoren. Die Höhe des Wirkungsgrades selbst ist wesentlich von der Ausführung und der Größe des Motors abhängig. Auch hier gilt allgemein der Satz, daß die kleineren Motoren einen schlechteren Wirkungsgrad haben als die großen. Die vom V.D.E.

als Richtlinien angegebenen Mindestwerte für die einzelnen Motortypen sind aus der Tabelle ersichtlich.

Die Phasenverschiebung ist von der Ausführung des Motors und von
seiner Größe und seiner Belastung abhängig. Abb. 34 zeigt für den
gegebenen Motor die Phasenverschiebung in Abhängigkeit von der
Belastung. Es ergibt sich daraus, daß sich der cos φ wesentlich verschlechtert bei Entlastung des Motors. In Betrieben, in denen eine große
Anzahl Motoren laufen, muß daher außerordentlich darauf geachtet
werden, daß die Motoren gut belastet werden. Da die Phasenverschiebung neuerdings von den Überlandwerken bei Festsetzung des Strompreises mit berücksichtigt wird, so ist es wesentlich, eine dauernde Betriebskontrolle der richtigen Belastung der Motoren einzurichten, da
oft durch Umstellung der Arbeitsmaschinen, durch Änderung des Fabri-

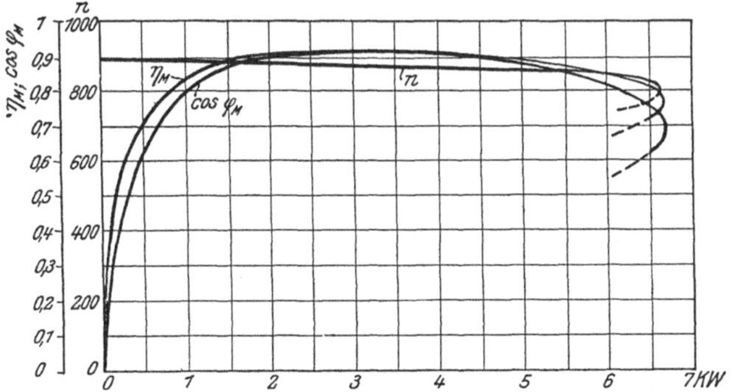

Abb. 34. Drehzahl, Wirkungsgrad und Phasenverschiebung eines asynchronen
Drehstrommotors in Abhängigkeit von der Belastung.

kationsprogrammes usw., besonders bei Gruppenantrieben, eine Änderung der Belastung des Motors eintritt. Kontrollmessungen in großen
Fabrikanlagen haben gezeigt, daß sich dabei Betriebszustände ergeben
können, bei denen der früher vollbelastete Motor nur noch mit 10 v. H.
belastet lief.

Auf die absolute Höhe der cos φ-Kurve ist die Größe des Luftspaltes
zwischen Stator und Rotor von erheblichem Einfluß, und zwar wird bei
demselben Motor die Phasenverschiebung um so schlechter, je größer
der Luftspalt gemacht wird. Es müßte also danach gestrebt werden,
den Luftspalt so klein wie möglich zu machen. Eine Grenze ist hier
mit Rücksicht auf die Betriebssicherheit gezogen, da bei zu kleinem
Luftspalt infolge der allmählich eintretenden Lagerabnutzung ein
Streifen des Rotors am Stator eintreten könnte. Dies führt dann oft
infolge des Reißens der Bandagen zu erheblicher Beschädigung des Motors.
Nach den Richtlinien des V.D.E. muß der Luftspalt bei Motoren bis
1 kW im Mittel etwa 2 mm, bis 4 kW etwa 0,35 mm, bis 15 kW etwa
0,5 mm, bis 50 kW etwa 0,6 bis 0,8 mm betragen. Für Motoren mit
3000 Umdrehungen sind höhere Werte zulässig. Ebenso muß daher
besonders bei schweren, sehr beanspruchten Betrieben auf reichlichen
Luftspalt geachtet werden.

Was die Spannung anbelangt, für die die Motoren ausgeführt werden können, so wäre zu bemerken, daß in dieser Beziehung ein ziemlich weiter Spielraum vorhanden ist. Die Höhe der Spannung, für die ein Motor ausgeführt werden kann, ist durch seine Leistung bestimmt. Kleinere Motoren können nur für niedrigere, größere für höhere Spannung ausgeführt werden. Als Anhaltspunkt mögen folgende Angaben dienen:

Leistung des Motors bis 3 12 25 60 100 250 KW
Zulässige Betriebsspannung 1100 2200 3300 5500 6600 11000 Volt.

27. Anlassen ohne besondere Anlaßapparate.

Jeder Motor mit kurzgeschlossenem Anker kann ohne besondere Hilfsapparate in der Weise angelassen werden, daß der Stator durch einen einfachen dreipoligen Schalter an die volle Netzspannung angeschlossen wird. Diese an und für sich sehr einfache Anlaßmethode hat den Nachteil, daß beim Einschalten des Motors ein hoher Stromstoß, Anlaufstrom, auftritt, der je nach der Größe des Motors das 5—7 fache des Nennstromes[1]) beträgt. Abb.35 zeigt den Verlauf des Anlaufstromes während des Anlassens für verschiedene Motorleistungen. Dieser Anlaufstrom ist bei Motoren mit größerer Leistung verhältnismäßig höher als bei

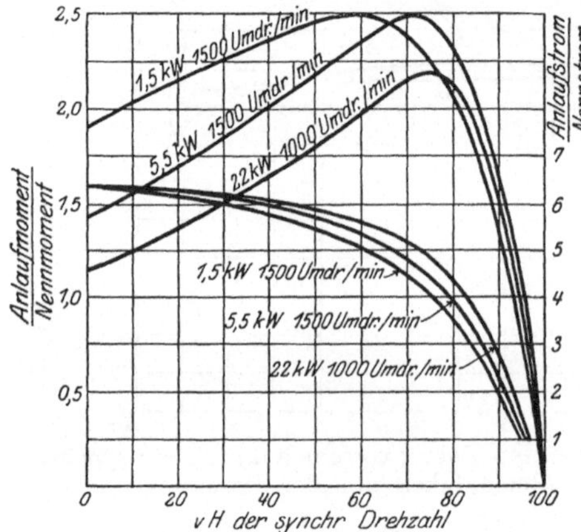

Abb. 35. Anlaufstrom und Drehzahl für verschiedene asynchrone Drehstrommotoren mit Kurzschlußanker.

solchen mit kleinerer Leistung. Daher sind einschränkende Bestimmungen der Elektrizitätswerke vorhanden, die die Verwendung von Kurzschlußankermotoren mit einfachem Statorschalter nur bis zu einer bestimmten Leistung (etwa 3—7 kW) zulassen. Aber auch bei eigenen Anlagen wird man nicht gern über diese Leistungen hinausgehen, wenn nicht besondere Gründe dafür sprechen, Motoren mit Kurzschlußanker und einfacher Statoreinschaltung zu verwenden, weil sich die heftigen Stromstöße im Netz unangenehm bemerkbar machen. Dies wird besonders bei Anlagen mit gemeinsamer Licht- und Kraftleitung der Fall sein. Eine weitere Einschränkung dieser Anlaßmethode ist auch dadurch gegeben, daß das Anlaufdrehmoment nicht beliebig eingestellt werden kann, sondern von der Größe und Ausführung des Motors abhängt.

Abb. 35 zeigt ferner den Verlauf des Drehmomentes für verschiedene Motorgrößen während des Anlassens. Das Drehmoment beträgt dem-

---

[1]) Nennstrom, Nennspannung, Nennleistung usw. sind die Größen, für die die Maschine gebaut ist, und die auf dem Schild angegeben sind.

nach im Augenblick des Einschaltens nur das 1—2,4fache des normalen, wobei Motoren mit kleinerer Leistung ein verhältnismäßig höheres Anlaufmoment haben als solche mit größerer Leistung. Mit zunehmender Drehzahl steigt das Drehmoment an bis zu dem Höchstwert, dem Kippmoment, um dann bis zu dem der Belastung entsprechenden Drehmoment zu fallen.

Wegen des hohen Anlaufstromes müssen bezüglich der Sicherung des Motors besondere Vorkehrungen getroffen werden. Würde beim Anlassen in der Zuleitung die für die normale Dauerbelastung des Motors bemessene Sicherung eingeschaltet sein, so würde diese unbedingt während des Anlassens durchbrennen. Würde andererseits die Sicherung unter Berücksichtigung des hohen Anlaufstromes bemessen werden, dann würde während des normalen Betriebes der Motor nicht genügend gesichert werden.

Es empfiehlt sich daher, für das Einschalten nicht einen einfachen Schalter zu verwenden, sondern einen Umschalter, bei dem für den Anlauf und den Betrieb verschieden starke Sicherungen eingeschaltet werden (Abb. 36). Die Sicherungen für den Anlauf können dabei auch fortgelassen werden, nur ist dann ein Umschalter zu verwenden, der mit Sicherheit ein Stehenlassen auf der ersten Stufe verhindert.

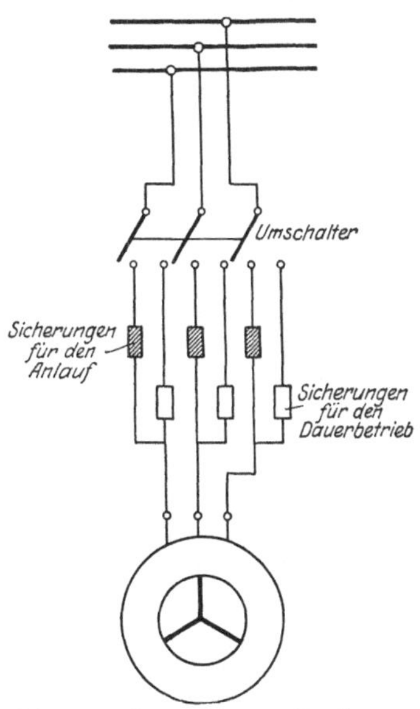

Abb. 36. Asynchroner Drehstrommotor mit Anlaßumschalter.

28. Anlassen durch Veränderung der zugeführten Spannung.

Die hohen Stromstöße beim Anlassen von Kurzschlußankermotoren könnten dadurch vermieden werden, daß die Spannung an der Statorwicklung beim Anlassen von 0 bis zum Höchstwert allmählich erhöht wird. Da aber das Drehmoment etwa mit dem Quadrat der Spannung abnimmt, so kann mit dieser Methode kein hohes Anlaufmoment erzielt werden. Dementsprechend ist das Anwendungsgebiet auch nur ein beschränktes. Die Verringerung der Spannung könnte durch Vorschalten von Widerständen in der Statorzuleitung erreicht werden. Diese Anordnung ist aber nicht gebräuchlich, besonders wegen der Schwierigkeit der Ausführung der Anlasserkontakte bei Hochspannungsmotoren. Man verwendet vielmehr zur Verringerung der Spannung sog. Anlaßtransformatoren in Verbindung mit Stufenschaltern. Abb. 37 zeigt das Schema für das Anlassen von asynchronen Drehstrommotoren bis zu einer Leistung von 150 kW und 3300 Volt. Eine solche Anordnung ist z. B. bei Motoren für Abteufpumpen gebräuchlich. Diese Motoren, die mit Rücksicht auf den sehr nassen Betrieb ganz geschlossen ausgeführt werden müssen, wozu sich der Kurzschlußankermotor am besten eignet, erhalten Anlaßtransformatoren zum Anlassen, die über Tag aufgestellt

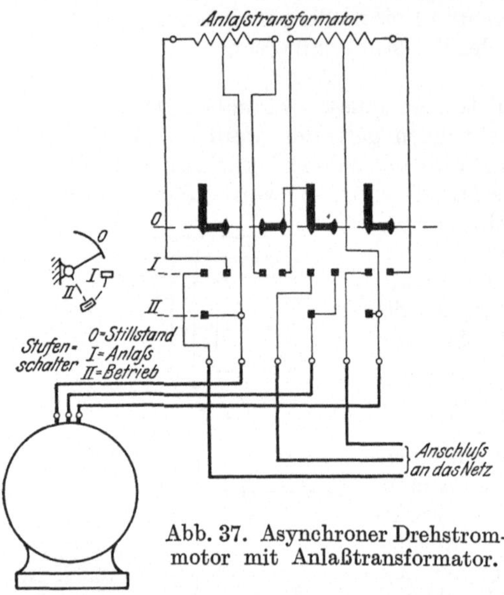

Abb. 37. Asynchroner Drehstrommotor mit Anlaßtransformator.

werden, da andere Anlaßapparate in der Nähe des Motors im Schacht nicht Verwendung finden können.

Naturgemäß sind solche Antriebe verhältnismäßig teuer und werden daher nur dort angewendet, wo eine andere Lösung wegen der gegebenen Betriebsbedingungen nicht möglich ist.

Bei den normalen Antrieben, bei denen Motoren kleinerer Leistung in Frage kommen, ist die sogenannte Sterndreieckschaltung zur Verringerung der Spannung beim Anlauf am gebräuchlichsten. Hierbei wird die Verringerung der Spannung dadurch erreicht, daß die Wicklung des Stators beim Anlassen zuerst in Stern geschaltet wird, wodurch jede

Spule eine Spannung $= \dfrac{\text{Netzspannung}}{\sqrt{3}}$, also nur das etwa 0,58 fache der

vollen Netzspannung erhält. Bei der zweiten Anlaßstufe wird dann auf Dreieck umgeschaltet, worauf dann die Statorwicklung die volle Klemmenspannung erhält (vgl. auch Abschnitt 12). Um die Sterndreieckschaltung anzuwenden, muß der Motor entsprechend gewickelt sein, und zwar müssen die 6 Enden der Wicklung herausgeführt werden. Abb. 38 zeigt schematisch die Sterndreieckschaltung, wobei die, in Wirklichkeit über den Umfang verteilte, Wicklung (vgl. Abb. 33) durch die drei Phasen I, II und III dargestellt ist. Bei der Sterndreieckschaltung beträgt der Anlaufstrom auf der ersten Anlaufstufe nur noch $^1/_3$ des Wertes, der beim Einschalten ohne Spannungserniedrigung

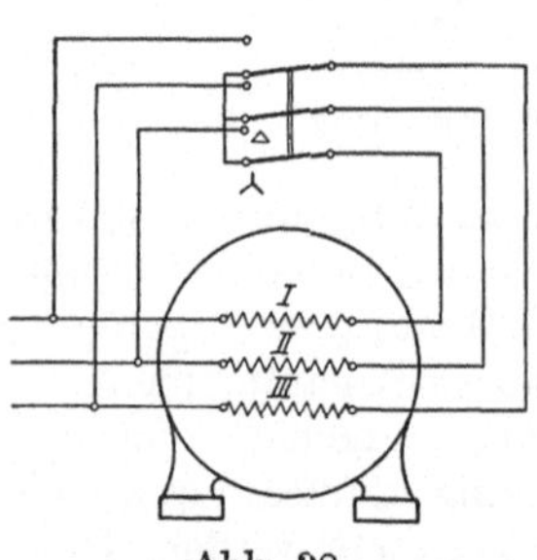

Abb. 38.
Sterndreieck-Schaltung eines asynchronen Drehstrommotors.

auftritt; er beträgt also dann nur noch das etwa 1,7—2,4 fache des Nennstromes. Da aber das Anlaufmoment mit dem Quadrat der Spannung abnimmt, so kann der Motor in der Sternschaltung auch nur ein Drehmoment abgeben, das nur noch $^1/_3$ des Drehmomentes bei Dreieckschaltung beträgt. Demnach entwickelt ein Motor in Sternschaltung je nach seiner Größe nur etwa $^1/_3$ der in Abb. 35 angegebenen Werte, also nur etwa 0,3—0,6 des normalen Drehmomentes. Wo beim Anlauf ein größeres Drehmoment verlangt wird, ist die Verwendung von Sterndreieckschaltern zwecklos, da der Motor in diesem Falle auf der ersten Anlaßstufe überhaupt nicht anläuft, sondern erst, wenn er auf Dreieck umgeschaltet wird, wobei dann der Anlaufstrom genau so groß ist wie bei unmittelbarer Einschaltung. Läuft der Motor jedoch bereits auf der ersten Stufe (Sternschaltung) an, so wird der Anlaufstrom beim

Umschalten auf die zweite Anlaßstufe (Dreieckschaltung) um so geringer, je später die Umschaltung erfolgt. Abb. 39 veranschaulicht diese Verhältnisse näher, und zwar für einen Drehstromasynchronmotor von etwa 15 kW Leistung bei 1000 Umdrehungen. Aufgetragen ist der Verlauf des Drehmomentes des Motors auf der ersten Anlaßstufe bei Sternschaltung (M_λ) und der zugehörige Anlaufstrom (J_λ), ferner das Drehmoment auf der zweiten Anlaßstufe bei Dreieckschaltung ($M\triangle$) und der zugehörige Anlaßstrom ($J\triangle$). Es ist daraus zu ersehen, daß das höchste Drehmoment bei Sternschaltung etwa 0,55 des normalen

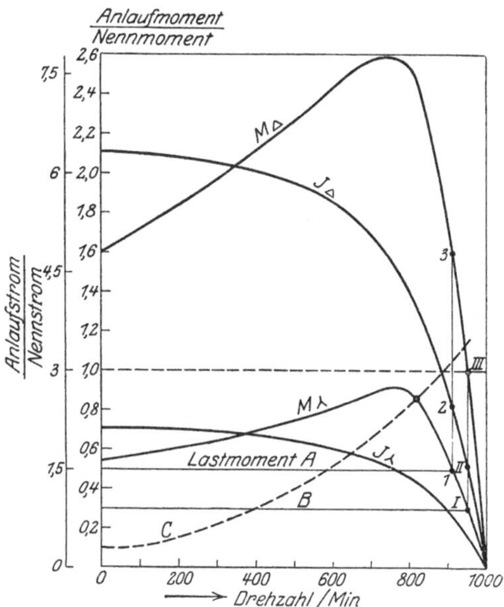

Abb. 39. Anlauf-Verhältnisse eines Kurzschlußmotors von 15 kW und 970 Umdr./min.

beim Anlauf beträgt. Würde also beispielsweise ein Lastdrehmoment beim Anlauf von 0,8 vorhanden sein, so könnte der Motor bei Sternschaltung nicht anlaufen. Bei einem Lastmoment von etwa 0,5 (Linie A) würde der Motor auf Sternschaltung anlaufen und sich bis zu einer Drehzahl von etwa 910 beschleunigen (Punkt 1). Ist dieser Zustand erreicht, so herrscht Gleichgewicht zwischen Lastmoment und Motormoment, so daß eine weitere Zunahme der Drehzahl nicht erfolgen kann. Es muß dann auf Dreieck umgeschaltet werden, worauf dann das Drehmoment auf das etwa 1,6fache des normalen (Punkt 3) und der Strom auf das etwa 2,5fache ansteigt, worauf wiederum eine Beschleunigung des Motors erfolgt, bis die volle Drehzahl erreicht ist. Würde das Anlaufmoment nur etwa 0,3 (Linie B) betragen, so wäre die Umschaltung erst nahe an der Enddrehzahl erforderlich, nämlich bei 950 Umdrehungen. Der Anlaufstrom auf der zweiten Stufe würde dann nur etwa das 1,5fache des normalen betragen. Lastmoment A und B sind beispielsweise so gewählt, daß sie während der Anlaufzeit gleich

bleiben. Es wird naturgemäß auch eine große Anzahl Antriebe geben,
bei denen das Anlaufmoment während der Anlaufperiode steigt, z. B.
Lüfter, Schleuder-Pumpen usw. Für diese ist z. B. das Lastmoment C eingetragen. Auch hier muß das Umschalten dann stattfinden, wenn das
Last- und Motormoment gleich werden, wobei wegen des früheren Zeit-
punktes des Umschaltens der Anlaufstrom dann auf das etwa 4fache des
Normalstromes anwachsen würde.

Außer diesen Anlaufströmen treten noch beim Umschalten ganz
kurzzeitige Stromstöße auf, die dadurch entstehen, daß das magnetische
Feld während des Umschaltens verschwindet. Bei größeren Motoren
und langsamem Umschalten können diese Stromspitzen bis auf den
8—10fachen Betrag des Normalstromes ansteigen; allerdings sind diese
Stromstöße außerordentlich kurz und betragen manchmal nur 2—5
Perioden, also etwa 0,04—0,1 Sekunde. Dort, wo Wert darauf gelegt
wird, diese Stromstöße unbedingt zu vermeiden, ist es zweckmäßig,
Sterndreieckschalter ohne Stromunterbrechung, den sogenannten Stern-
dreieckschutzschalter, zu verwenden oder sogenannte Schnellschalter,
die ein sehr schnelles Umschalten von Stern auf Dreieck ermöglichen.

29. Anlassen durch besondere Hilfsschaltung.

Die großen Vorteile, die der Kurzschlußankermotor infolge seiner einfachen Bauart bietet, haben dazu geführt, solche Hilfsschaltungen zu
suchen, bei denen unter Verwendung eines Kurzschlußankermotors
hohe Anlaufmomente bei niedrigem
Anlaufstrom erreicht werden. Eine
Möglichkeit, die Anlaufströme von
Kurzschlußankermotoren zu verringern, bietet die Anordnung eines
Doppelmotors (Brunckenmotor)
nach der in Abb. 40 gezeigten Anordnung. Auf der gemeinsamen Welle
sitzen die beiden Kurzschlußanker
(A_1 und A_2), die eine durchgehende

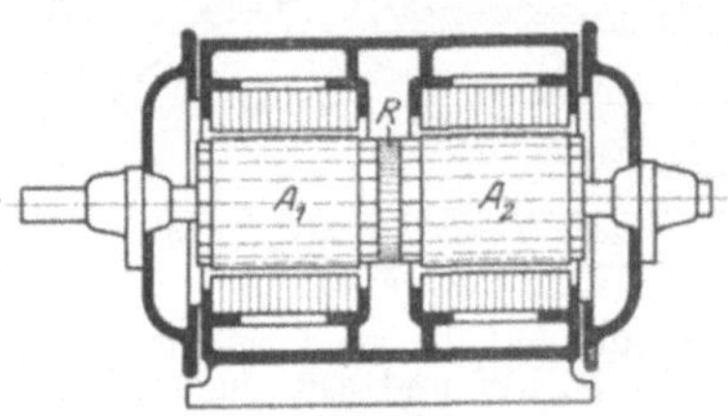

Abb. 40. Doppelankermotor (Bruncken).

Stabwicklung erhalten. Zwischen den beiden Ankern sind die einzelnen
Wicklungsstäbe durch einen Widerstandsring R untereinander verbunden.
Die zu dem Anker gehörigen beiden Statoren in dem üblichen Aufbau
sind in einem gemeinsamen Gehäuse untergebracht, so daß der Motor
äußerlich den Eindruck eines normalen Motors macht. Bei gleicher
räumlicher Lage der Felder in den beiden Statoren würden die Ströme
in den Wicklungen der Kurzschlußanker in gleicher Richtung verlaufen.
Dabei würde der zwischen den Stäben angeordnete hohe Widerstand nicht
vom Strom durchflossen werden und daher unwirksam bleiben. Wird die
Lage der Felder jedoch gegeneinander verschoben, dann laufen die
Ströme in der Rotorwicklung entgegengesetzt und schließen sich über
dem in der Mitte befindlichen hohen Widerstandsring. Dadurch wird
das gewünschte hohe Anlaufmoment erzielt. Die Veränderung der
räumlichen Lage der Felder in den Statoren erfolgt durch eine Umschaltung der Ständerwicklungen, und zwar derart, daß die Felder um

60, 120 und 180° gegenseitig verdreht werden. Außerdem wird, um den Anlaufstrom zu vermindern, noch eine Sterndreieckschaltung verwendet. Im ganzen sind 6—7 Anlaßstufen gebräuchlich. Die Anlaßwalze wird unmittelbar auf den Motor aufgesetzt, so daß sich hierbei kurze Verbindungsleitungen ergeben. Die beim Einschalten auftretenden Anlaufströme richten sich nach dem in Frage kommenden Drehmoment. Beim Leeranlauf übersteigt der Anlauf nicht den Normalstrom. Bei Vollastanlauf läuft der Motor erst auf der dritten Stufe an; dann tritt ein Anlaufstrom auf, der etwa das 3fache des normalen Stromes beträgt. Gegenüber einem normalen Kurzschlußankermotor hat der Doppelankermotor den Nachteil des komplizierteren Aufbaues und der höheren Kosten. Läuft der Motor wegen zu großen Drehmomentes auf der

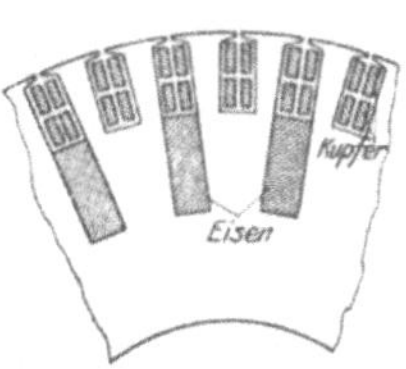

Abb. 41. Kurzschlußanker mit besonderer Anlaufwicklung.

1. und 2. Stufe nicht an und wird der Anlasser aus Unachtsamkeit nicht rechtzeitig weitergeschaltet, so kann dies sehr leicht zu einem Verbrennen des Widerstandes führen, da dieser im Läufer des Motors untergebracht ist und daher eine Kühlung nur bei Lauf des Motors stattfindet.

Eine andere Möglichkeit, die hohen Anlaufströme des Kurzschlußankermotors zu vermeiden, besteht darin, beim Anlauf die normale Kurzschlußankerwicklung(Laufwicklung) zu öffnen und dafür eine besondere Wicklung (Anlaufwicklung) vorzusehen. Diese Anlaufwicklung besteht meist aus Eisenstäben, die unterhalb der normalen Kurzschlußankerwicklung in den entsprechend vertieften Nuten eingebaut werden. Abb. 41 zeigt beispielsweise die Anordnung bei dem sogenannten Pungamotor. In jeder zweiten Nute des Läufers ist ein besonderer Eisenstab eingebettet. Sämtliche Eisenstäbe sind durch Endscheiben an ihren Enden untereinander kurzgeschlossen. Der Widerstand dieser Eisenstäbe ist beim Einschalten des Motors infolge der hohen Frequenz des

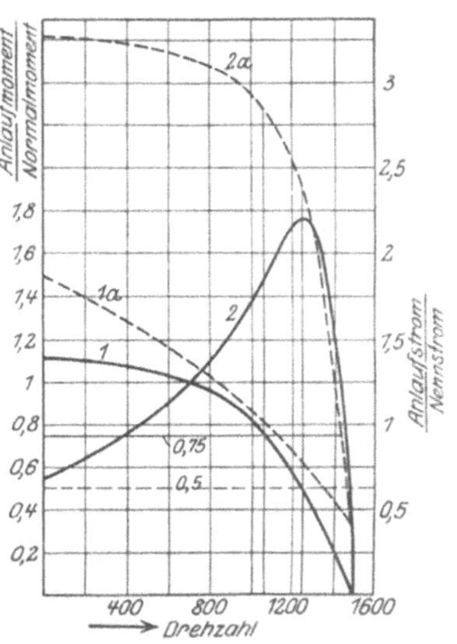

Abb. 42. Anlaufmoment und Anlaufstrom eines Pungamotors.

dann in den Eisenstäben hervorgerufenen Stromes ein ziemlich hoher, so daß der Motor beim Anlauf das normale Drehmoment entwickeln kann, wobei der Einschaltstrom auf etwa das 1,5—1,7fache des normalen ansteigt. Da aber mit der zunehmenden Drehzahl des Rotors die Frequenz des Stromes in den Eisenstäben und dementsprechend auch der Widerstand abnimmt, so verringert sich auch das Anlaufdrehmoment.

Abb. 42 zeigt den Verlauf des Drehmomentes (Kurve 1) und des

Anlaufstromes (Kurve 1a) der Anlaufwicklung und das Anlaufdrehmoment (Kurve 2) und den Anlaufstrom (Kurve 2a) der normalen Laufwicklung eines Motors von 7,4 kW Leistung bei 1430 Umdrehungen.

Der Vergleich der Kurven zeigt, daß der Anlaufstrom beim Einschalten der Laufwicklung viel höher ist als bei der besonderen Anlaufwicklung. Um daher diesen Strom zu vermeiden, muß danach gestrebt werden, die Laufwicklung bei möglichst hoher Drehzahl des Motors kurzzuschließen.

Ist das beim Anlauf erforderliche Drehmoment gering, so kann das Kurzschließen der Laufwicklung nach Erreichung der normalen Drehzahl erfolgen, wobei sich ein nur geringer Strom ergibt. Muß beim Anlauf aber ein höheres Drehmoment überwunden werden, so wird jedoch ein früheres Einschalten der Laufwicklung erforderlich, da sonst der Motor seine normale Drehzahl nicht erreichen würde. Hierbei wird ein höherer Strom auftreten, dessen Größe von dem Zeitpunkt der Einschaltung der Läuferwicklung abhängig ist. Für die in Abb. 42 wiedergegebenen Verhältnisse würde z. B. bei einem Anlauf mit dem halben normalen Drehmoment eine Umschaltung bei etwa 1260 Umdrehungen erforderlich sein, da nach Erreichung dieser Drehzahl eine weitere Beschleunigung des Motors durch das Drehmoment der Anlaufwicklung allein nicht mehr erfolgen könnte. Nach Einschalten der Läuferwicklung wird dann der Motor weiter beschleunigt infolge des von der Läuferwicklung nunmehr ausgeübten Drehmomentes, wobei der Anlaufstrom auf etwa das 2,2fache des normalen ansteigen würde. Beim Anlaufen unter $^3/_4$ des normalen Drehmomentes müßte die Umschaltung schon bei 1030 Umdrehungen erfolgen, wobei der Strom auf etwa das 2,7fache ansteigen würde.

Der Verlauf der Drehmomente der beiden Wicklungen zeigt, daß der Pungamotor nur dort zweckmäßig ist, wo von Anfang an ein höheres Lastmoment vorhanden ist. Dabei werden aber die Vorteile der Begrenzung des Anlaufstromes wiederum teilweise dadurch aufgewogen, daß die Verwendung einer Kurzschlußvorrichtung für die Läuferwicklung erforderlich wird, so daß die Einfachheit des Kurzschlußankermotors teilweise verloren geht. Bei solchen Antrieben jedoch, bei denen das Lastmoment gleichfalls mit der Drehzahl zunimmt (vgl. Kurve C der Abb. 39) bietet der Pungamotor gegenüber dem normalen Motor mit Sterndreieckanlasser keine Vorteile.

30. Anlassen durch Veränderung des Rotorwiderstandes.

Wird ein asynchroner Drehstrommotor mit offener Rotorwicklung an das Netz angeschlossen, so nimmt er nur den Magnetisierungsstrom auf. Dabei ist das Drehmoment gleich Null. Wird in die Rotorleitung ein Widerstand eingeschaltet und dessen Größe stufenweise verkleinert, dann wird ein dementsprechendes Anwachsen des Stator- und Rotorstromes und des Drehmomentes erfolgen und ein stoßfreies Anlassen des Motors erzielt. Durch richtige Bemessung des Anlaßwiderstandes kann das höchstmögliche Anlaufdrehmoment (etwa das 2,5fache des nor-

malen) erreicht werden. Abb. 43 zeigt das Schema eines Motors mit
Anlaßwiderständen im Rotor. Die Vorteile dieser Anlaßmethode be-
stehen in einem hohen Anlaufmoment und einem geringen Stromstoß.
Die Anlaufstromstärke richtet sich nach dem Drehmoment und ist bei
normalem Anlaufmoment etwa so hoch wie bei Vollast; bei höherem
Anlaufmoment wächst sie etwa verhältnisgleich mit diesem. Natur-
gemäß bedingt diese Anlaßmethode die Ausführung des Motors mit
Schleifringrotor. Zum Schutze der Bürsten bzw. zur Verringerung der
Abnutzung ist bei den meisten Motoren eine Bürstenabhebe- und Kurzschlußvorrichtung vorgesehen. Nach Erreichung der vollen Drehzahl
werden durch die Betätigung eines Handrades oder Hebels am Motor die
Bürsten abgehoben und die Rotorwicklungen kurz geschlossen. Bei dieser
Anordnung besteht die Gefahr, daß nach dem Stillsetzen des Motors ver-
gessen wird, die Bürstenabhebe- und Kurzschlußvorrichtung wieder in
die Anlaufstellung zurückzudrehen. Wird dann der stillstehende Motor
eingeschaltet, so können durch den hohen Stromstoß unangenehme Betriebsstörungen hervorgerufen werden. Es empfiehlt sich daher, dort,
wo ungeschultes Personal vorhanden ist und eventuell Betriebsstörungen
besonders ins Gewicht fallen, Vorrichtungen vorzusehen, bei denen
eine Betätigung des Anlaßschalters nur dann möglich ist, wenn die
Bürstenabhebe- und Kurzschlußvorrichtung in der Anlaßstellung stehen.
Motoren, die oftmalig angelassen und stillgesetzt werden, bei denen also
die Bürstenabhebe- und Kurzschlußvorrichtung nicht verwendbar ist,
müssen für Dauerbetriebe entsprechend verstärkte Bürsten und Schleifringe erhalten. Bei Bestellung solcher Motoren ist hierauf besonders zu
achten. In Frage kommen z. B. Motoren für Krane, Aufzüge, Roll-
gänge, Werkzeugmaschinen, bei denen also ein häufiges Ein- und Ausschalten erfolgt. Die Leitungen zwischen Motor und Anlaßwiderstand
müssen bei solchen Antrieben reichlich bemessen werden, damit nicht
zu hohe Spannungsabfälle in der Leitung auftreten, wodurch der Schlupf
vergrößert und der Wirkungsgrad des Motors verschlechtert würde.

31. Drehzahlregelung durch Polumschaltung.

Die Drehzahl des asynchronen Drehstrommotors ist abhängig von
der Drehzahl des Feldes und vom Schlupf. Die Drehzahl des Feldes
ist wiederum abhängig von der Frequenz und von der Polzahl. Will
man also die Drehzahl dauernd ändern, so ist eine Beeinflussung dieser
Faktoren erforderlich. Die Frequenz kann nicht geändert werden,
da hierfür die Aufstellung besonderer Maschinen erforderlich wäre, deren
Frequenz geändert werden müßte. Eine Drehzahländerung ist daher
nur durch Änderung der Polzahl oder des Schlupfes möglich.

Da der Stator eines asynchronen Drehstrommotors nicht ausgeprägte
Pole hat, so ist es möglich, durch entsprechende Umschaltung der
Wicklung je nach Bedarf die Zahl der Pole in gewissem Umfange zu
ändern. Solche Motoren nennt man polumschaltbare Motoren. Eine
gebräuchliche Ausführung ist die mit 2, 3 und sogar 4 verschiedenen
Polzahlen und mit dementsprechenden verschiedenen Geschwindig-

keiten. Für die Bemessung des Motors ist es von wesentlichem Einfluß, ob das Drehmoment oder die Leistung bei allen Umdrehungszahlen dieselbe bleiben soll oder nicht. Bei einer Wicklung für 2 Polzahlen wird z. B. die Wicklung pro Pol unterteilt und bei unverändertem Drehmoment die beiden Wicklungshälften zur Erreichung der höheren Drehzahl in Reihe und zur Erreichung der niedrigen Drehzahl parallel geschaltet. Hingegen wird bei gleichbleibender Leistung die Wicklung stets parallel geschaltet, wobei die niedrigere Drehzahl durch Gegeneinanderschaltung der Wicklungshälften erreicht wird. Die Motoren mit polumschaltbaren Wicklungen haben im großen und ganzen nur geringe Anwendung gefunden. Dies ist besonders bei Motoren kleinerer Leistung und bei Beschränkung auf zwei verschiedene Drehzahlen durchaus ungerechtfertigt. Die nachstehende Tabelle zeigt die Werte eines asynchronen Drehstrommotors für eine Leistung von 7,5 kW bei 3000 und 1500 Umdrehungen, und zwar sowohl die Wirkungsgrade als auch die Phasenverschiebung bei den einzelnen Belastungen.

Tabelle I.

Daten eines polumschaltbaren Motors für 2 Drehzahlen.

Leistung	Drehzahl	Last	Wirkungs-grad	$\cos \varphi$
7,5 kW	3000	$^1/_1$	82	0,90
		$^3/_4$	84	0,88
		$^1/_2$	85	0,85
		$^1/_4$	82	0,72
7,5 kW	1500	$^1/_1$	86	0,84
		$^3/_4$	87	0,81
		$^1/_2$	86	0,72
		$^1/_4$	83	0,53

Durch die Verwendung solcher polumschaltbaren Motoren lassen sich z. B. in einfacher Weise ohne Getriebe höhere Rücklaufgeschwindigkeiten erzielen. Ebenso kann auch bei Arbeitsmaschinen, die ein mechanisches Getriebe besitzen, die Zahl der einstellbaren Stufen ohne Vergrößerung des Räderkastens durch Wahl eines solchen polumschaltbaren Motors in einfachster Weise verdoppelt werden. Ein Nachteil der polumschaltbaren Motoren besteht allerdings darin, daß man in der Abstufung der Drehzahlen an die durch die Drehstromverhältnisse gegebenen Werte gebunden ist.

In einfacher Weise kann man beispielsweise eine Regelung nur im Verhältnis 1 : 2, also für 500/1000 oder 750/1500 ausführen. Zwischenstufen zwischen 1000 und 1500 oder 1000 und 750 sind auch möglich, bedingen aber eine komplizierte Wicklung. Ein weiterer Nachteil ist noch der, daß der Motor meist mit Kurzschlußanker ausgeführt wird, und daher keine günstigen Anlaufverhältnisse erzielbar sind. Ausführungen mit Schleifringrotor bedingen eine teuere Rotorwicklung und meist mehr als drei Schleifringe.

Ungünstiger werden die Verhältnisse in bezug auf Wirkungsgrad und Phasenverschiebung, wenn die Zahl der einstellbaren Geschwindigkeiten größer wird. Nachstehende Tabelle II zeigt diese Werte von einem Motor mit 6 einstellbaren Geschwindigkeiten. Abgesehen von der starken Abnahme der Leistung nimmt auch gleichzeitig der Wert für den Wirkungsgrad und für den Leistungsfaktor mit der Drehzahl stark ab. Bei solchen Motoren muß daher eingehend geprüft werden, wie weit es zweckmäßiger ist, die Abstufung auf mechanischem Wege vorzunehmen, gegebenenfalls unter Beschränkung auf zwei elektrisch einstellbare Geschwindigkeiten.

Tabelle II. Daten eines polumschaltbaren Motors für 6 Drehzahlen.

Polzahl	Leistung kW	η %	cos φ	Synchron Drehzahl.
4	31	85	0,87	1500
6	12	78	0,8	1000
8	9,6	79	0,79	750
12	8,8	73	0,68	500
16	6,4	62	0,6	375
24	4,4	56	0,52	250

32. Regelung durch Veränderung des Schlupfes.

Der Schlupf ist abhängig von der Größe des Rotorwiderstandes. Der Rotorwiderstand läßt sich wiederum ändern, wenn in seinem Stromkreis zusätzliche, veränderliche Widerstände eingeschaltet werden. Ein Anlaßwiderstand nach Abb. 43 kann demnach, wenn er genügend reichlich bemessen ist, ohne weiteres zur Drehzahlregelung verwendet werden. Die Regelung wird demnach an und für sich in der Anordnung sehr einfach; doch hat sie zu viel Nachteile, so daß sie praktisch nur in beschränktem Maße Verwendung finden kann. Ein wesentlicher Nachteil besteht darin, daß die entsprechend eingestellte Drehzahl sich nur dann nicht ändert, wenn die Belastung gleich bleibt. Ändert sich aber die Belastung, so ändert sich auch die Drehzahl, und zwar in der Weise, daß bei zunehmender Belastung der Motor abfällt, bei abnehmender der Motor aber in seiner Drehzahl in die Höhe geht und bei Entlastung nahezu die synchrone Drehzahl erreicht. Das Verhalten des asynchronen Drehstrommotors gleicht hierbei dem eines Gleichstromnebenschlußmotors bei Drehzahlregelung durch Vorschalten von Widerständen in der Zuleitung und ergibt auch dementsprechende Drehzahlkurven (vgl. Abb. 23). Da die meisten Antriebe mit einer mehr oder weniger großen Belastungsänderung arbeiten,

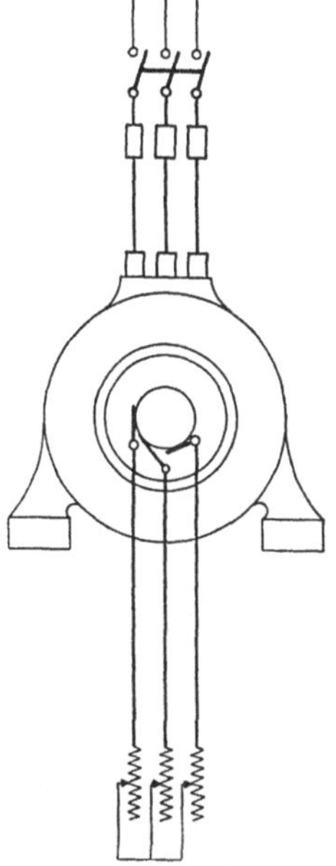

Abb. 43. Anlassen eines asynchronen Motors mittels Rotorwiderstand.

so müßte, um eine bestimmte Drehzahl einzuhalten, eine dauernde Veränderung des Widerstandes, also ein dauerndes Nachregulieren erfolgen. Dieses ist aber nur bei wenigen Antrieben zulässig und möglich.

Ein weiterer Nachteil ist der schlechte Wirkungsgrad. Abb. 44 zeigt die Verschlechterung des Wirkungsgrades für eine bestimmte Belastung in Abhängigkeit von der Drehzahlverminderung. Danach verschlechtert sich der Wirkungsgrad praktisch verhältnisgleich mit der Drehzahlverminderung, wobei der größte Teil der Verluste in dem Rotorwiderstand entsteht. Motoren für größere Regelbereiche arbeiten daher bei Regelung durch Veränderung des Schlupfes außerordentlich unwirtschaftlich.

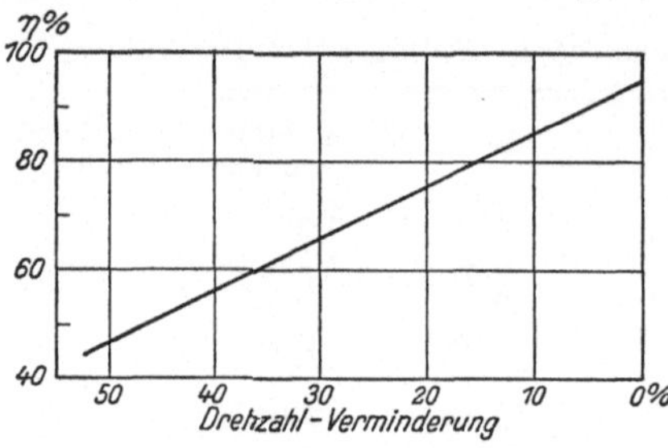

Abb. 44. Wirkungsgrade eines asynchronen Drehstrommotors bei Drehzahlregelung durch Widerstände.

Ferner ist noch zu berücksichtigen, daß diese Art Regelung nur gleichbleibendes Drehmoment abgibt. Braucht man also beispielsweise einen Motor, der 20 kW bei 750 und bei 1500 leisten soll, so ist man gezwungen, einen Motor zu wählen, der bei 1500 Umdrehungen 40 kW leistet. Würde ein 20 kW-Motor bei 1500 Umdrehungen gewählt, so würde dieser Motor bei 750 Umdrehungen nur etwa 10 kW leisten. Oft werden die Verhältnisse aber noch ungünstiger, da infolge der abnehmenden Drehzahl die Ventilation schlechter wird, und daher mit Rücksicht auf die stärkere Erwärmung die Leistung noch weiter abnimmt.

33. Kaskadenschaltung.

Um die Nachteile der Regelung der Drehzahl durch Rotorwiderstand zu umgehen, verwendet man Anordnungen, bei denen die Rotorenergie nicht vernichtet, sondern in geeigneter Form wieder nutzbar gemacht wird. Es gibt verschiedene Ausführungsmöglichkeiten: Bei der einfachsten Kaskadenschaltung werden 2 normale Asynchronmotoren, die auf dieselbe Welle arbeiten, hintereinander geschaltet, und zwar in der Weise, daß der Stator des Hintermotors an den Rotor des Vordermotors

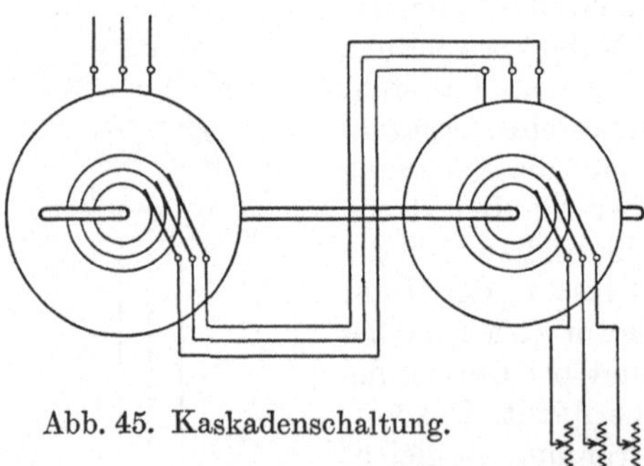

Abb. 45. Kaskadenschaltung.

angeschlossen wird (vgl. Abb. 45). Hierbei können die beiden Motoren entweder unmittelbar oder durch eine Übertragung, z. B. eine Riemenübertragung, gekuppelt sein.

Bezeichnet p_1 die Polpaarzahl des Vordermotors,

p_2 die Polpaarzahl des Hintermotors,

dann ist die Drehzahl des Maschinensatzes

$$n = \frac{60 \cdot v}{p_1 + p_2}.$$

Besitzen beide Motoren die gleiche Polzahl und sind sie unmittelbar gekuppelt, so lassen sich 2 Geschwindigkeiten einstellen, und zwar, indem der Vordermotor allein arbeitet, mit kurzgeschlossenem Anker, dann ist die Drehzahl

$$n = \frac{60 \cdot v}{p_1},$$

oder beide Motoren arbeiten hintereinander, wobei sich dann die halbe Drehzahl ergibt. Durch Änderung der Übersetzung zwischen den beiden Motoren, also z. B. durch Änderung der Riemenübersetzung, lassen sich noch weitere Drehzahlen einstellen. Die Anwendung der Kaskadenschaltung ist eine begrenzte, da auch nur eine stufenweise Einstellung verschiedener Drehzahlen möglich ist und dies auch noch eine längere Zeit beansprucht. Man verwendet daher die Kaskadenschaltung nur für solche Antriebe, bei denen eine Drehzahländerung nur in großen Zeiträumen erforderlich wird, wie z. B. bei Grubenventilatoren.

34. Drehzahlregelung unter Verwendung von besonderen Hilfsmotoren.

Eine andere Abart der Kaskadenschaltung besteht darin, daß an Stelle des Hintermotors, der bei der Kaskadenschaltung ein Asynchronmotor ist, ein Drehstromkollektormotor (Näheres siehe Abschnitt „Drehstromkollektormotor") verwendet wird, der gleichfalls die Schlupfenergie des Rotors des Vordermotors nutzbar an die Welle abgibt (Abb. 46). Als Hintermotor wird ein Kollektormotor verwendet mit Reihenschluß- oder Nebenschlußcharakteristik, woraus sich dann die Charakteristik des gesamten Antriebes ergibt. Bei den üblichen Ausführungen muß der Hintermotor entsprechend der gewünschten Regelung und der verlangten Leistung ausgeführt werden. Soll z. B. der Regelsatz 100 kW gleichbleibende Leistung

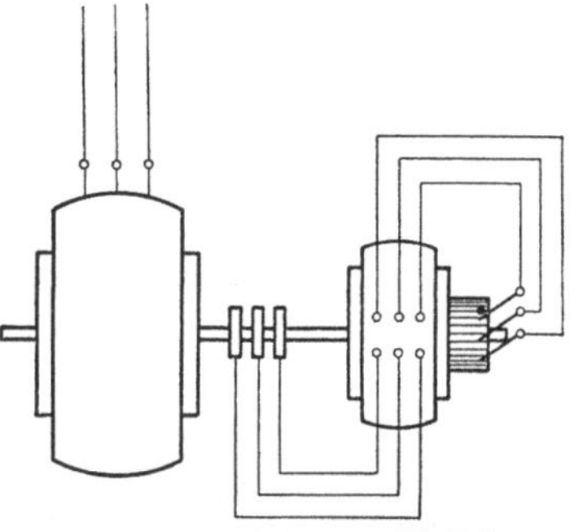

Abb. 46.　Regelsatz mit Kollektorhintermotor.

bei 50 v. H. Drehzahlverminderung abgeben, so muß der Hintermotor für 50 v. H. Leistung, also für 50 kW, bei der geringsten Drehzahl bemessen werden.

Die Regelung durch Drehstromkollektormotor ermöglicht eine feinstufige Einstellung über den ganzen Regelbereich und eine Verbesserung der Phasenverschiebung.

Die Schlupfenergie im Rotor kann auch in der Weise nutzbar gemacht werden, daß sie einem Einankerumformer zugeführt, in diesem um-

geformt und dann entweder unmittelbar an die Hauptwelle oder an das
Netz zurückgegeben wird. Bei der sog. Gleichstromkaskade ist als
Regelsatz ein Einankerumformer vorgesehen (Abb. 47), in dem der vom
Rotor des Vordermotors kommende Wechselstrom in Gleichstrom um-
geformt und an einen mit der Haupt-
welle gekuppelten Gleichstrommotor
abgegeben wird.

Bei der Rücklieferung der Energie
ans Netz kuppelt man den Gleichstrommotor statt mit dem Hauptmotor mit einem besonderen Asyn-
chrongenerator, oder man verwendet
als Hintermotor einen Drehstromkollektormotor, ähnlich Abb. 46, der
aber nicht unmittelbar auf die Hauptwelle arbeitet, sondern gleichfalls
einen auf das Netz arbeitenden Asyn-
chrongenerator antreibt.

Regelsätze in der beschriebenen
Form werden nur für größere Son-
derantriebe, vor allem für Walzwerks-
antriebe, verwendet; sie sind in der
Anschaffung teuer und daher nur

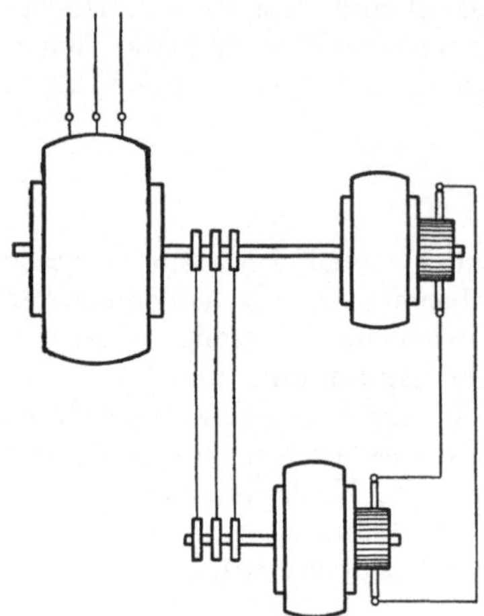

Abb. 47. Regelsatz mit Einankerumformer.

dann wirtschaftlich, wenn es sich um dauernde und weitgehende Drehzahlregelung handelt.

Die Gleichstromregelsätze sind trotz des höheren Preises zurzeit
vorzuziehen, da der Drehstromkollektormotor sich noch in seiner Entwicklung befindet und daher ein Versagen nicht ohne weiteres ausgeschlossen ist.

35. Umsteuern.

Die Drehrichtung des Asynchrondrehstrommotors ist von der Drehrichtung seines Feldes abhängig. Um also die Drehrichtung des Motors
zu ändern, ist es erforderlich, die des Feldes umzukehren, was durch
Vertauschen von 2 Phasen erfolgt. Zum Vertauschen dieser beiden
Phasen genügt ein zweipoliger Umschalter. Will man den Umschalter
jedoch gleichzeitig zum Abschalten aller 3 Phasen benutzen, so muß
dementsprechend ein dreipoliger Umschalter verwendet werden.

Soll ein Kurzschlußankermotor umgesteuert werden, so kann diese
Umsteuerung lediglich durch Betätigung des Umschalters erfolgen. Bei
Motoren mit Schleifringrotor muß erst ein Stillsetzen durch Zurück-
drehen des Anlassers in die Nullstellung erfolgen, worauf dann das
Wiederanlassen in der entgegengesetzten Richtung durch Umlegen des
Umschalters und Betätigung des Anlassers vorgenommen werden kann.

36. Bremsen.

Eine Bremsung ist bei dem asynchronen Drehstrommotor nur in
beschränktem Umfange möglich. Einen abgeschalteten Motor in ähn-

licher Weise wie bei Gleichstrom durch Kurzschließen auf 0 elektrisch abzubremsen, ist nicht möglich. Man muß daher dort, wo die Bedingung gestellt wird, daß beim Ausschalten selbsttätig der Antrieb schnell stillgesetzt wird, eine mechanische Bremse vorsehen.

Da durch Vertauschen von 2 Phasen die Drehrichtung des Feldes und damit die Drehrichtung des Motors bzw. die Richtung des Drehmomentes umgekehrt wird, so läßt sich dadurch, daß der in der einen Drehrichtung laufende oder von der Last angetriebene Motor umgeschaltet wird, eine sehr starke elektrische Bremsung erreichen. Naturgemäß wird ein sehr heftiger Stromstoß auftreten, wenn die Umschaltung bei kurzgeschlossenem Rotorwiderstand erfolgen würde. Daher wird meist so verfahren, daß erst der Anlaßwiderstand allmählich vergrößert wird bis zu dem Höchstwert, worauf dann eine Umkehrung der Drehrichtung des Feldes erfolgt und der Motor dann langsam durch Verkleinerung des Rotorwiderstandes auf entgegengesetztes Drehmoment eingeschaltet wird. Auf diese Weise kann durch Gegenstromgeben ein sehr schnelles Stillsetzen des Motors erfolgen. Diese Art Bremsung bedingt naturgemäß eine genaue Beobachtung des Motors, da bei nicht rechtzeitigem Ausschalten des Motors dieser dann in entgegengesetzter Richtung nach Stillsetzen des Antriebes anlaufen wird. Die Gegenstrombremsung eignet sich also nur für solche Betriebe, bei denen eine ständige Betätigung der Steuerorgane durch einen besonderen Bedienungsmann erfolgt, also z. B. bei Kranen, Rollgängen usw.

Ändern sich die Belastungsverhältnisse des Motors so, daß das Drehmoment der Last dem Drehmoment des Motors gleich gerichtet wird, daß also der Drehstrommotor durch die Last angetrieben wird, was z. B. beim Einhängen von Lasten im Förderbetrieb eintreten kann, so wird die Drehzahl der Arbeitsmaschine, also auch des Motors, ansteigen. In dem Augenblick, wo die synchrone Drehzahl überschritten wird, fängt der asynchrone Drehstrommotor an als Generator zu arbeiten und Energie ans Netz zurückzuliefern. Der Motor wirkt dann als Bremse. Die Drehzahl ändert sich nicht, solange das Gegendrehmoment des Motors sich mit dem von der Last ausgeübten Drehmoment im Gleichgewicht befindet. Es kann also auf diese Weise die Last mit gleicher Geschwindigkeit gesenkt werden, es kann aber nicht ein Stillsetzen erfolgen.

E. Drehstromsynchronmotor.

37. Kennzeichen.

Der Stator des Drehstromsynchronmotors ist in gleicher Weise aufgebaut wie der eines Asynchronmotors. Es wird also auch hier bei Anschluß an ein Dreiphasennetz ein Drehfeld erzeugt. Der wesentliche Unterschied besteht darin, daß der Rotor eine für Gleichstrom bestimmte Wicklung erhält, und daß der Strom im Rotor nicht durch das Schneiden der Kraftlinien des Drehfeldes wie beim asynchronen Drehstrommotor erzeugt wird, sondern durch Anschluß an eine Gleichstromspannung. Es ist daher erforderlich, dem Anker über Schleifringe

Gleichstrom zuzuführen. Dabei wird der Rotor meistens mit festausgebildeten Magnetpolen versehen werden. Nur bei raschlaufenden Maschinen mit geringer Polzahl erhält der Rotor die Form einer Trommel. Die Drehzahl des Rotors bleibt beim Synchronmotor nicht wie beim Asynchronmotor hinter der des Feldes zurück, sondern der Rotor läuft mit derselben Drehzahl wie das Feld, er läuft synchron. Infolge des Aufbaues des Synchronmotors kann dieser ein Drehmoment nur beim synchronen Lauf abgeben, nicht aber beim stillstehenden Rotor; daher ist ein Anlauf ohne besondere Hilfsmittel nicht möglich. Dies ist naturgemäß ein ganz erheblicher Nachteil, wodurch die Anwendung des Synchronmotors bis jetzt eine sehr beschränkte gewesen ist. Ein weiterer Nachteil besteht darin, daß der Synchronmotor Gleichstrom zur Erregung braucht, daß also unter Umständen für den Motor eine besondere Erregermaschine vorgesehen werden muß. Ein großer Vorteil der Maschine ist jedoch der gute Leistungsfaktor. Durch Übererregung kann man eine Phasenverbesserung des Netzes erzielen, so daß man versuchen muß, nach Möglichkeit in den Betrieben Synchronmotoren unterzubringen. Die Verwendungsmöglichkeit wird dadurch erleichtert, daß für den Anlauf eine besondere Leerlaufvorrichtung angeordnet wird und die Umschaltung erst, nachdem die synchrone Drehzahl erreicht ist, erfolgt. Gut verwenden lassen sich die Synchronmotoren auch als Antriebsmotoren für Drehstrom-Gleichstromumformer.

38. Anlassen.

Im wesentlichen sind zwei Anlaßmethoden gebräuchlich. Beim Anlassen mittels Hilfsmotors ist ein besonderer kleiner Anwurfsmotor vorgesehen, mit dem der Synchronmotor gekuppelt wird. Durch das Anlassen des Anwurfsmotors wird der Synchronmotor erst auf Synchronismus gebracht, dann mit dem Drehstromnetz parallel geschaltet, worauf dann die Belastung erfolgen kann.

Durch Einbau von besonderen Hilfswicklungen im Rotor kann aber auch ein Selbstanlauf ohne besonderen Anwurfsmotor erfolgen. Gewöhnlich wird in den ausgeprägten Polen des Rotors eine Zusatzwicklung vorgesehen, die auch den Vorteil hat, daß sie als Dämpferwicklung wirkt, die Neigung zum Pendeln und zum Außertrittfallen demnach aufhebt. Um einen hohen Stromstoß beim Einschalten des als Asynchronmotor laufenden Synchronmotors zu vermeiden, ist ein besonderer Anlaßtransformator erforderlich, und zwar sind bei Motoren von 200—300 kW meistens eine Anlaß- und eine Betriebsstufe, bei Motoren von höherer Leistung 2 Anlaß- und eine Betriebsstufe vorzusehen. Beim Einschalten wird der Synchronmotor zuerst nicht erregt; erst wenn die Drehzahl des Rotors bis auf die bei asynchronen Motoren gebräuchliche hinaufgegangen ist, wird die Erregung eingeschaltet, worauf der Rotor in den Synchronismus hineingezogen wird. Durch diese Wicklung verhält sich der Synchronmotor beim Anlauf wie ein Asynchronmotor, nur daß sein Anlaufdrehmoment infolge der behelfsmäßigen Ausführung dieser Wicklung nur etwa $^1/_3$ des normalen beträgt, der Anlaufstrom etwa das 1,5- bis 2fache.

F. Drehstromkollektormotoren.

39. Kennzeichen.

Die Schwierigkeit der Regelung eines gewöhnlichen Asynchrondrehstrommotors führte zu dem Bestreben nach der Durchbildung eines regelbaren Drehstrommotors, bei dem die hohen Verluste vermieden und möglichst ein Nebenschlußcharakter erreicht wird. Ein solcher Motor ist der Drehstromkollektormotor. Er besitzt, wie schon der Name sagt, einen Anker mit Kollektor, und zwar ist der Anker ähnlich einem Trommelanker der Gleichstrommotoren ausgebildet. Der Stator hingegen gleicht in seinem Aufbau dem eines asynchronen Drehstrommotors. Der Drehstromkollektormotor kann sowohl als Reihenschluß- als auch als Nebenschlußmotor ausgebildet werden. Wenn auch diese Motoren unzweifelhafte Vorzüge besitzen, die in erster Linie in dem bedeutend besseren Wirkungsgrad bei Drehzahlregelung liegen, so darf nicht übersehen werden, daß, trotzdem die Motoren schon seit Jahren bekannt sind, die Durchbildung derselben bis jetzt zu keinem eigentlichen Abschluß gelangt ist. Es haben sich bei den ausgeführten Motoren immer wieder Schwierigkeiten gezeigt, da die zu bewältigenden Probleme, vor allem das Problem der Kommutierung, außerordentlich schwierig sind. Wenn auch eine ganze Anzahl von Motoren bereits laufen, deren Arbeiten als zufriedenstellend betrachtet werden kann, so ist immerhin bei der Beschaffung von Drehstromkollektormotoren mit Vorsicht vorzugehen und sind alle in Frage kommenden Faktoren gründlich zu erwägen und zu prüfen.

40. Drehstromreihenschlußmotor.

Bei dem Drehstromreihenschlußmotor sind der Stator und Rotor hintereinander geschaltet (vgl. Abb. 48). Da die Ankerspannung mit Rücksicht auf gute Kommutierung nur bis zu einer bestimmten Höchstgrenze ausgeführt werden kann, so wird bei Hochspannungsmotoren über 500 Volt meist ein besonderer Transformator erforderlich. Dieser Transformator kann entweder als Vordertransformator vor die Statorwicklung, oder als Zwischentransformator zwischen Statorwicklung und Anker geschaltet werden. Abb. 48 zeigt das Schaltungsschema eines Drehstromreihenschlußmotors mit einfachem Bürstensatz und Vordertransformator, Abb. 49 einen gleichen Motor mit doppeltem Bürstensatz und Zwischentransformator. Durch die Bürstenverschiebung kann der Motor angelassen und gesteuert werden, und zwar kann bei einfachem Bürstensatz der Motor nur etwa mit dem normalen Drehmoment, wohingegen mit doppeltem Bürstensatz mit dem etwa zweifachen Dreh-

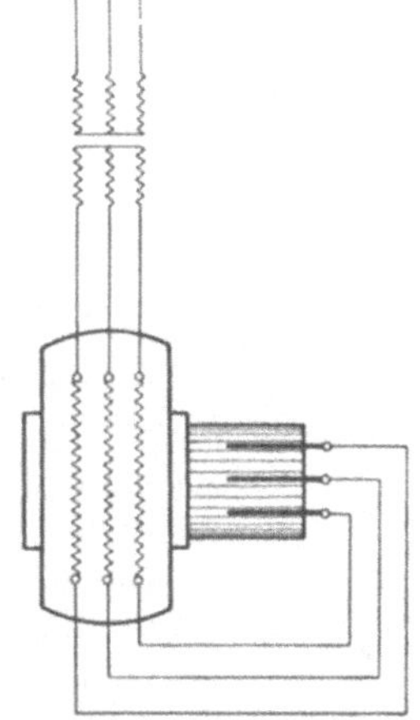

Abb. 48. Drehstromkollektormotor mit einfachem Bürstensatz und Vordertransformator.

moment anlaufen. Die Drehzahlregelung ist mit einfachem Bürstensatz, etwa in den Grenzen 1 : 2 bis 2,5, wohingegen beim doppelten Bürstensatz bis etwa 1 : 3 möglich. Das Anlassen und Regeln kann auch durch Spannungsänderung bei feststehenden Bürsten erfolgen. Es ist hierfür dann ein besonderer Regeltransformator erforderlich. Die Ausführung ist daher teuer, und, falls der Regeltransformator nicht als Drehtransformator ausgeführt wird, auch nicht so feinstufig wie bei der Anordnung durch Anlassen und Regeln mittels Bürstenverschiebung. Der Drehstromreihenschlußmotor verhält sich ähnlich wie der Gleich-

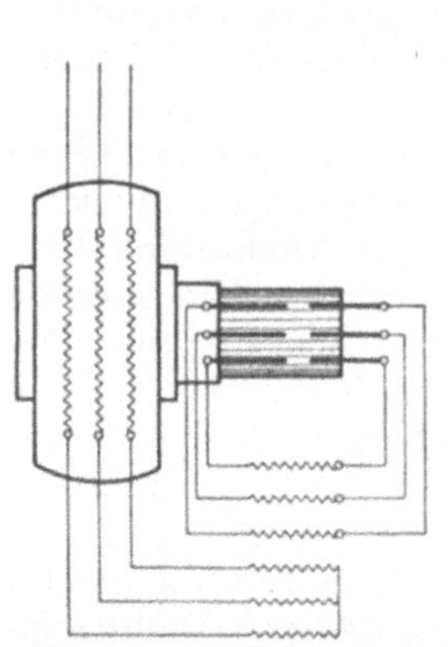

Abb. 49. Drehstromkollektormotor mit doppeltem Bürstensatz und Zwischentransformator.

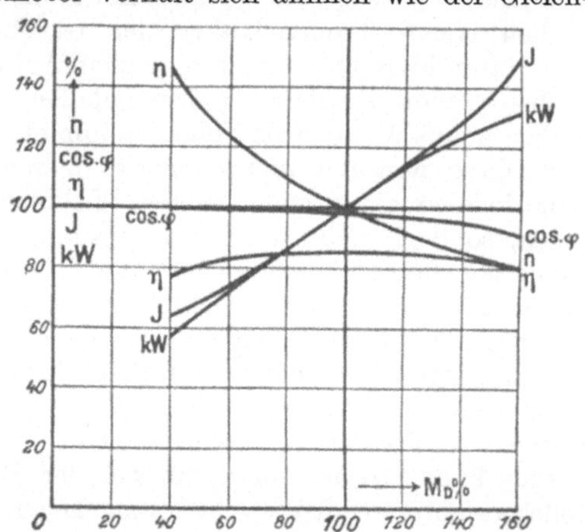

Abb. 50. Kennlinien des Drehstromreihenschlußmotors bei verschiedenem Drehmoment.

stromreihenschlußmotor. Abb. 50 zeigt die Kennlinien für die Drehzahlen, die Stromstärke, die Leistung, den Wirkungsgrad und die Phasenverschiebung eines Drehstromreihenschlußmotors mittlerer Größe bei konstanter Bürstenstellung und veränderlichem Drehmoment. Der Wirkungsgrad des Drehstromkollektormotors ist gegenüber dem eines asynchronen Drehstrommotors mit Regelung durch Widerstände im Rotor im Mittel günstiger. Nur bei voller Drehzahl des asynchronen Drehstrommotors wird dessen Wirkungsgrad infolge Fortfalls der Kollektorverluste besser als der des Kollektormotors.

41. Drehstromnebenschlußmotor.

Ähnlich wie der Reihenschlußmotor verhält sich auch der Drehstromnebenschlußmotor, der gleichfalls durch Bürstenverschiebung oder Veränderung der Spannung angelassen und geregelt werden kann. Die Spannungsregelung kann entweder durch besondere Regeltransformatoren oder durch Umschaltung der Statorwicklung erfolgen. Diese Regelmethode hat den Nachteil, daß zwischen dem Stufenschalter und dem Stator eine große Anzahl Verbindungsleitungen verlegt werden müssen, wodurch die Verwendung des Motors infolge des hohen Preises für die Verbindungsleitungen und für den Stufenschalter erschwert wird. Ebenso ungünstig ist auch der große Raumbedarf für die Steuerwalze.

Bei der Ausführung mit Bürstenverstellung muß der Nebenschlußmotor außer dem Stromwender noch Schleifringe erhalten (Abb. 51).
Der Aufbau des Motors ist dadurch ungünstiger als der für Spannungsregelung, dafür entfallen aber be-
sondere Steuer- und Anlaßapparate.
Die Drehzahlregelung ist etwa in den
Grenzen 1 : 3 möglich.

Der Wirkungsgrad der Drehstromnebenschlußmotoren liegt bei mittlerer Leistung und Vollast etwa zwischen 75—80 v. H. und nimmt mit
der Belastung, ähnlich wie beim
Gleichstromnebenschlußmotor, ab.
Gegenüber einem asynchronen Drehstrommotor, der bei Vollast einen
bedeutend besseren Wirkungsgrad
hat, wird der Drehstromnebenschlußmotor nur dann wirtschaftlich sein,
wenn eine öftere und weitgehende
Drehzahlregelung der Arbeitsmaschine
in Frage kommt. Der Leistungsfaktor ist je nach der eingestellten Drehzahl und der Belastung verschieden.

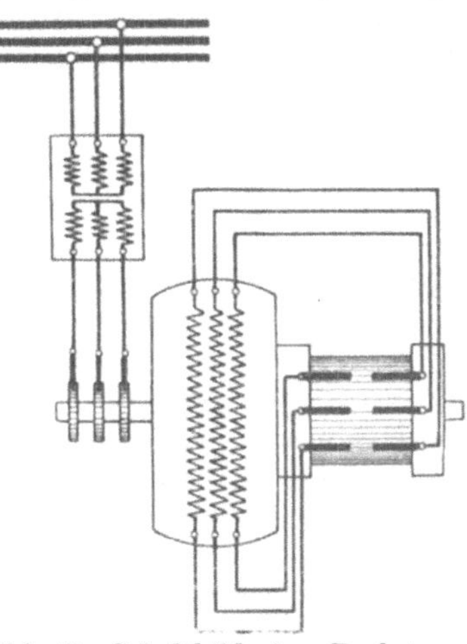

Abb. 51. Schaltbild eines Drehstrom-
nebenschlußmotors mit Regelung
durch Bürstenverschiebung.

Abb. 52 zeigt die Verhältnisse eines Motors bei 3 verschiedenen Drehzahlen, nämlich bei 480, 950 und 1450 Umdrehungen in der Minute.

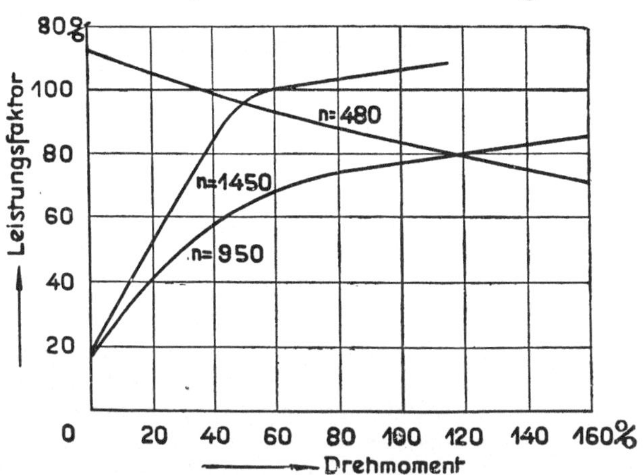

Abb. 52. Leistungsfaktor eines Drehstrom-Nebenschlußmotors
in Abhängigkeit von der Belastung.

Wie die Werte zeigen, ist der Leistungsfaktor am günstigsten bei der
höchsten Drehzahl und Vollast, wobei sogar eine Voreilung vorhanden ist.
Am ungünstigsten ist der Leistungsfaktor bei einer Drehzahl von etwa 950.

Werden in einer Anlage, in der nur Drehstrom zur Verfügung steht,
mehrere Regelmotoren zum Antrieb von Arbeitsmaschinen verlangt,

so wird es meist zweckmäßiger sein, Gleichstrommotoren zu verwenden und einen besonderen Umformer oder Gleichrichter, der den vorhandenen Drehstrom in Gleichstrom umformt, aufzustellen. Diese Anordnung wird sich billiger stellen als die Verwendung von Drehstromnebenschlußmotoren, da diese gegenwärtig sehr teuer sind.

G. Einphasenmotoren.

42. Einphaseninduktionsmotor.

Da die Zahl der Einphasenverteilungsanlagen in Deutschland sehr gering ist und ihr Umbau in Drehstromanlagen nur eine Frage der Zeit ist, so ist das Anwendungsgebiet der Einphasenmotoren (mit Ausnahme zum Antrieb von Bahnen) gering.

Der Einphaseninduktionsmotor ähnelt in seinem Aufbau dem Drehstromasynchronmotor, nur daß dieser nicht eine Dreiphasen-, sondern nur eine Einphasenwicklung besitzt. Der Rotor kann als Kurzschlußanker oder Schleifringanker ausgeführt werden. Da jedoch kein Drehfeld, sondern nur ein senkrecht zur Spulenebene stehendes Wechselfeld erzeugt wird, so kann der Einphasen-Induktionsmotor nur mit Hilfe einer besonderen Hilfswicklung anlaufen, die nach erfolgtem Anlauf abgeschaltet wird, aber nur einen unbelasteten Anlauf des Motors ermöglicht. Ist der Motor auf seine normale Drehzahl gekommen, dann verhält er sich wie der asynchrone Drehstrommotor. Eine Drehzahlregelung durch Einschalten von Widerständen in den Rotorstromkreis ist jedoch nicht möglich. Was den Wirkungsgrad und den Leitungsfaktor anbelangt, so sind diese Werte beim Einphasenmotor niedriger als beim Drehstrommotor. Dieser erhebliche Nachteil, verbunden mit der geringen Verwendung von Einphasennetzen, schränkt das Anwendungsgebiet des Einphaseninduktionsmotors außerordentlich ein.

43. Einphasenreihenschlußmotor.

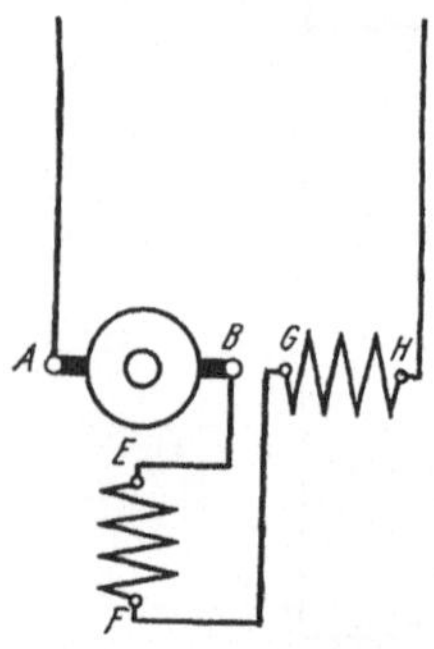

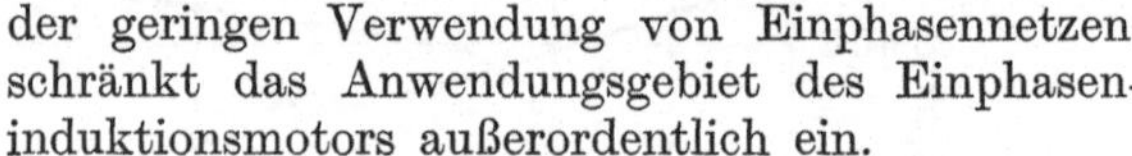

Abb. 53. Schaltbild eines einphasigen Reihenschlußmotors.

Da sich die Drehrichtung eines Gleichstromhauptschlußmotors nicht ändert, wenn man gleichzeitig die Stromrichtung im Anker und in den Magneten umkehrt, so müßte theoretisch jeder Gleichstromhauptstrommotor, der an eine Wechselstromquelle angeschlossen wird, trotz der dauernden Stromänderung in demselben Sinne durchlaufen. Der normale Gleichstrommotor mit seinem massiven Magnetgestell läßt jedoch den Anschluß an Wechselstrom nicht zu. Daher erhält der Einphasenreihenschlußmotor ein Magnetgestell aus lamelliertem Eisen, außerdem aber noch eine besondere Kompensationswicklung (vgl. Abb. 53.) Diese Wicklung (G—H) ist erforderlich, um die im Anker durch den Wechselstrom erzeugte Selbstinduktion aufzuheben. Die Spannung des Motors ist mit Rücksicht auf die Kommutierungsverhältnisse nur beschränkt frei wählbar. Bei höheren Spannungen wird es daher meistens erforder-

lich sein, zwischen Netz und Motor einen Zwischentransformator ein-
zuschalten. Der Einphasenreihenschlußmotor verhält sich analog
wie der Gleichstromreihenschlußmotor; seine Drehzahl ist also stark
von der Belastung abhängig. Die Änderung der Drehzahl erfolgt durch

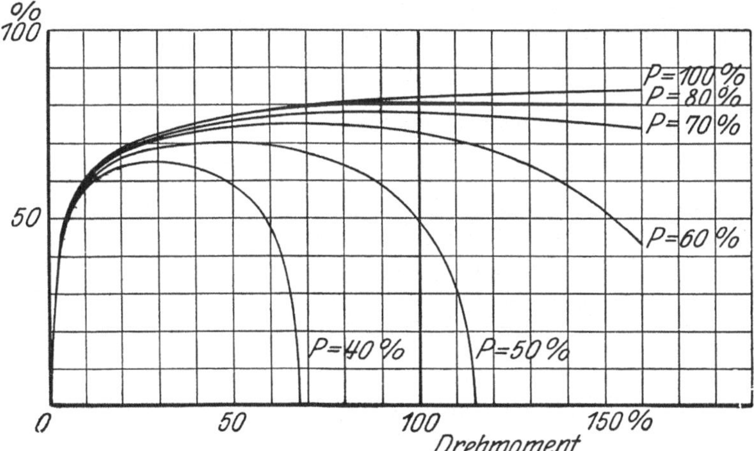

Abb. 54. Wirkungsgrad eines Einphasenreihenschlußmotors bei veränderlichem
Drehmoment und verschiedenen Klemmenspannungen.

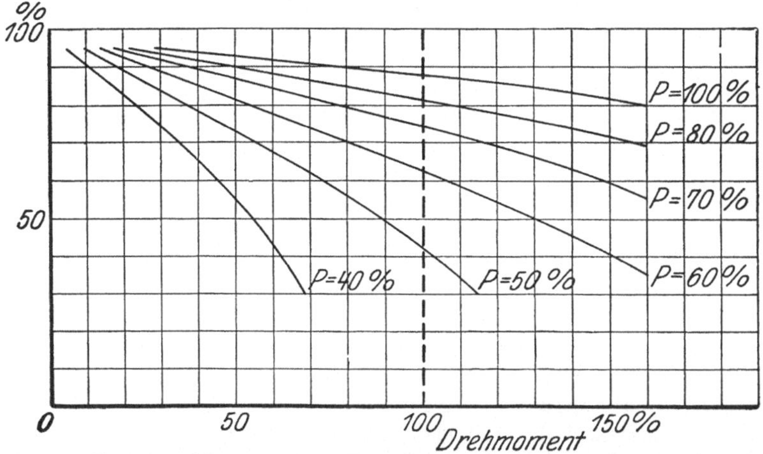

Abb. 55. Leistungsfaktoren eines Einphasenreihenschlußmotors bei veränderlichem Drehmoment für verschiedene Klemmenspannungen.

Veränderung der Klemmenspannung des Motors, wozu am besten der
Vorschalttransformator verwendet wird. Dieser erhält eine Anzahl
Anzapfungen; die Schaltung erfolgt dann durch einen Stufenschalter.
Durch die Verwendung des Anzapftransformators und des Stufen-
schalters wird der Preis des Motors erheblich verteuert. Abb. 54 zeigt
den Wirkungsgrad eines Einphasenreihenschlußmotors bei veränderlichem Drehmoment für verschiedene Klemmenspannungen. Der Wirkungsgrad ist je nach der Drehzahl, also je nach der Klemmenspannung,

verschieden. Bis zu etwa 70 v. H. der Klemmenspannung ist der Wirkungsgrad günstig: er nimmt ab, je weiter die Klemmenspannung ermäßigt wird. Abb. 55 zeigt die Leistungsfaktoren eines Einphasenreihenschlußmotors bei veränderlichem Drehmoment für verschiedene Klemmenspannungen. Auch die Phasenverschiebung ist von der Klemmenspannung abhängig; sie ist bei voller Klemmenspannung günstig, nimmt aber auch ähnlich dem Wirkungsgrad mit der Klemmenspannung ab. Infolge des Reihenschlußcharakters gilt für das Anwendungsgebiet das unter Abschnitt 19 Gesagte.

44. Einphasenrepulsionsmotor.

Das wesentliche Merkmal des Repulsionsmotors besteht in der Trennung des Stromlaufes im Stator und Anker (vgl. Abb. 56). Der Stator (S) wird hierbei an das Netz angeschlossen, wohingegen die Bürsten (B) des Ankers (A) kurzgeschlossen werden. Diese Bauart hat den großen Vorzug, daß man den Motor infolgedessen praktisch für jede Spannung ausführen kann. Der Motor hat eine Reihenschlußcharakteristik, die Drehzahl nimmt also mit abnehmendem Drehmoment zu, so daß der leerlaufende Motor durchgeht. Es ist daher sehr zu empfehlen, bei diesem Motor einen besonderen Zentrifugalschalter vorzusehen, der den Motor bei Erreichung einer bestimmten Drehzahl abschaltet. Abb. 57 zeigt die Kennlinie eines Motors bei verschiedenem Drehmoment und bei der Vollastbürstenstellung. Das Anlassen und Drehzahlregeln erfolgt durch das Verschieben der Bürsten. Befinden sich die Bürsten in der neutralen Zone n—n, so steht der Motor still und entwickelt kein Drehmoment. Werden die Bürsten verschoben (bei zweipoligen Motoren etwa 75—80°) — bei mehrpoligen Motoren ist der Winkel entsprechend der Polzahl kleiner —, so nimmt das Drehmoment des Motors zu und je nach der Last auch seine Drehzahl. Bei Antrieben,

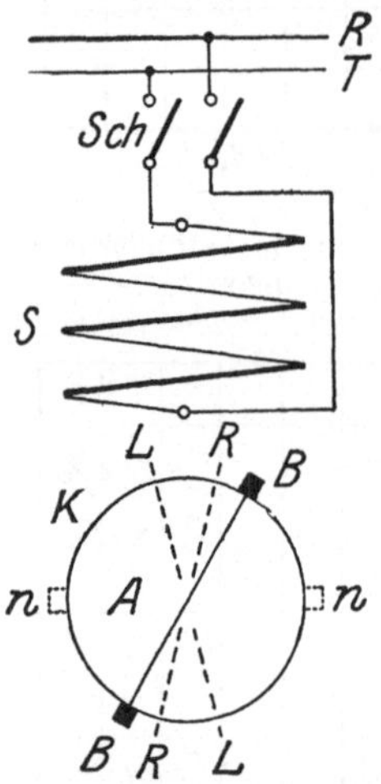

Abb. 56. Schaltbild des Repulsionsmotors.

bei denen es darauf ankommt, nach Erreichung der höchsten Drehzahl den Motor unabhängig von der Belastung mit gleichbleibender Drehzahl laufen zu lassen, kann mittels eines besonderen Zentrifugalschalters ein Kurzschließen der Ankerwicklung erfolgen. Solche Motoren laufen dann nach erfolgtem Kurzschluß als Asynchronmotoren, deren Drehzahl analog dem normalen Drehstromasynchronmotor nur unwesentlich von der Belastung abhängig ist.

Eine Abart des Repulsionsmotors ist der sog. Derimotor, dessen wesentliches Merkmal darin besteht, daß er einen doppelten Bürstensatz besitzt. Bei dieser Anordnung wird der Verschiebewinkel der Bürsten, innerhalb dessen das Anlassen und Drehzahlregeln erfolgt, auf das Doppelte vergrößert, so daß auf diese Weise eine feinstufige Regelung erzielt werden kann. Außerdem ist auch die Kommutierung

bei dem Motor mit doppeltem Bürstensatz günstiger als bei dem einfachen Einphasenrepulsionsmotor. Im übrigen sind aber beide Motoren
in ihrer Wirkungweise gleich. Alle Einphasenmotoren können ohne

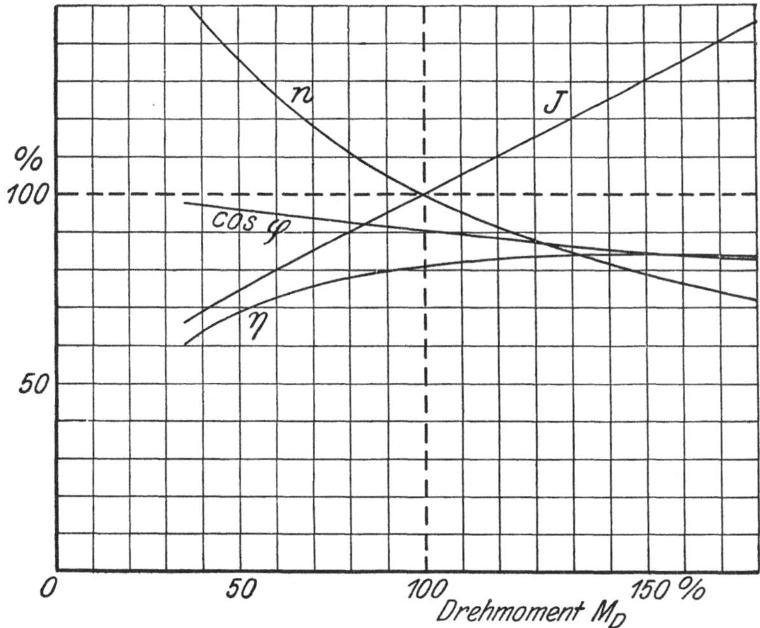

Abb. 57. Kennlinie eines Repulsionsmotors bei veränderlichem Drehmoment.

weiteres durch Anschluß an zwei Phasen des Drehstromnetzes betrieben
werden. Bei kleineren Motoren und größerer Leistung der Zentrale
wird naturgemäß diese einseitige Belastung, besonders dann, wenn
mehrere Motoren auf die einzelnen
Phasen verteilt werden, kaum in
Erscheinung treten. Bei größeren
Motoren würde sich aber die einseitige
Belastung unbedingt störend bemerkbar machen. Man kann dann
zwei Einphasenmotoren, z. B. zwei
Repulsionsmotoren, verwenden, wobei mit Hilfe von zwei Einphasen-
transformatoren in der sog. Scott-
schen Schaltung eine gleichmäßige
Belastung des Drehstromnetzes er-

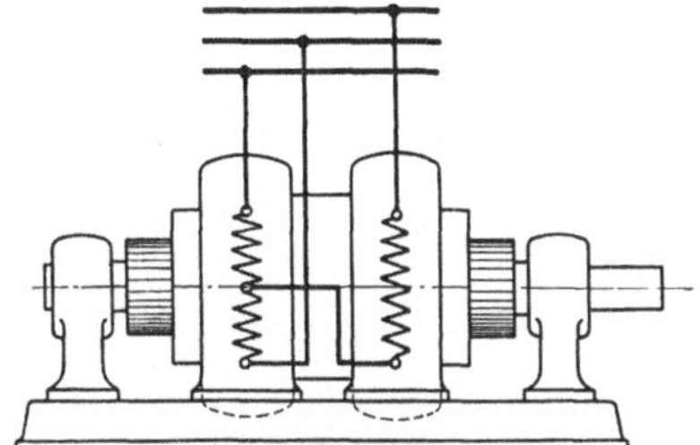

Abb. 58. Doppelrepulsionsmotor
in Scott'scher Schaltung.

reicht werden kann. Gegebenenfalls kann auch ohne Zuhilfenahme eines
Transformators durch die in Abb. 58 gegebene Schaltung der Motoren
eine gleichmäßige Netzverteilung erzielt werden. Es ist dann zweckmäßig, beide Motoren in einem Gehäuse als Doppelmotor auszuführen,
wodurch an Material und Baulänge gespart werden kann.

H. Aufbau der Motoren.

45. Aufbau der Gleichstrommotoren.

Das Magnetgehäuse — es ist dies der äußere feststehende Teil des
Motors mit den Polen (vgl. Abb. 59) — wird bei kleineren Gleichstrom-

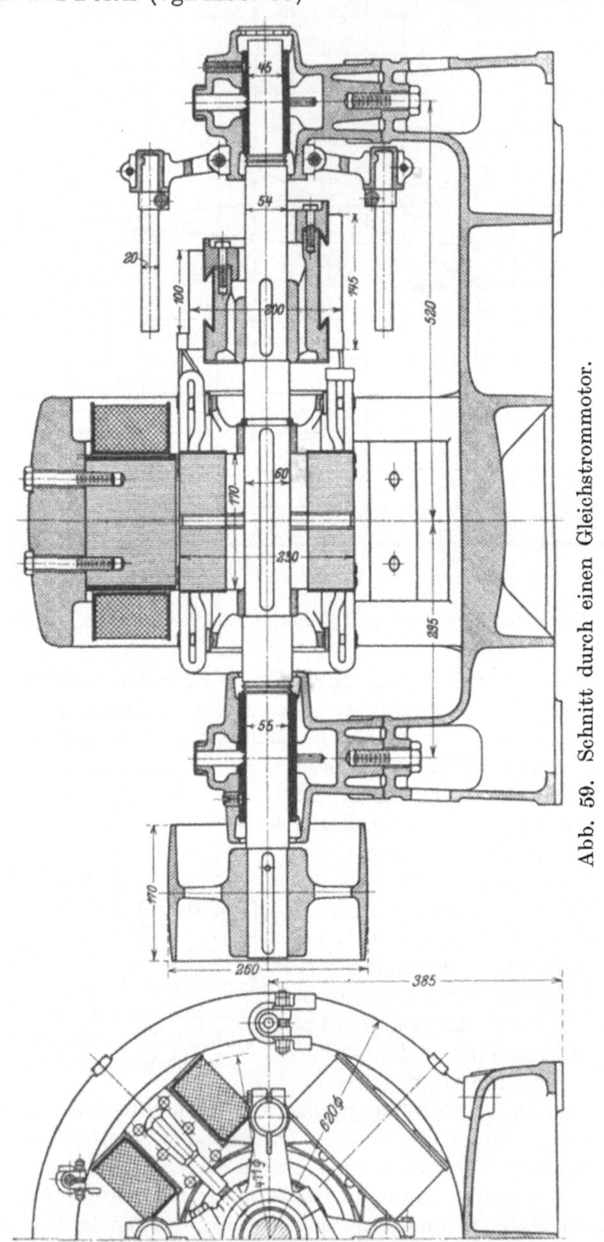

Abb. 59. Schnitt durch einen Gleichstrommotor.

motoren aus Gußeisen, bei größeren aus Stahlguß hergestellt, da dabei wegen der besseren magnetischen Leitfähigkeit die Abmessungen geringer ausfallen. Die Polschuhe und Polkerne bestehen bei allen guten Ausführungen aus gestanzten Blechen, die durch Nieten zusammengehalten und durch radial im Magnetgehäuse sitzende Schrauben befestigt werden. Die Lamellierung der Polschuhe und Polkerne ist erforderlich, um Wirbelströme zu vermeiden. Die Polkerne tragen die Erregerwicklung (in Abb. 59 kreuzschraffiert). Außer dieser Erregerwicklung erhalten manche Motoren eine sogenannte Wendepolwicklung, die die sogenannte Ankerrückwirkung aufheben soll.

Durch diese Ankerrückwirkung — es ist dies die Rückwirkung des stromdurchflossenen Ankerdrahtes auf das Magnetfeld — wird das Feld unter den Polschuhen (vgl. Abb. 6b) sehr verzerrt. Diese Verzerrung wird um so größer, je größer der Ankerstrom wird, also besonders bei Überlastung des Motors auftreten. Außerdem wird sich die Feldverzerrung je nach der Richtung des Stromes, also je nach der hiervon abhängigen Drehrichtung des Motors, verschieben. Infolge dieser Erscheinung arbeiten Motoren ohne besondere Hilfswicklungen bei starker Überlastung, Drehzahlregelung und Umkehrung der Drehrichtung nicht funkenfrei. Da dies nicht zulässig ist, müssen Motoren, an die solche Anforderung gestellt wird, die Wendepolwicklung erhalten, die

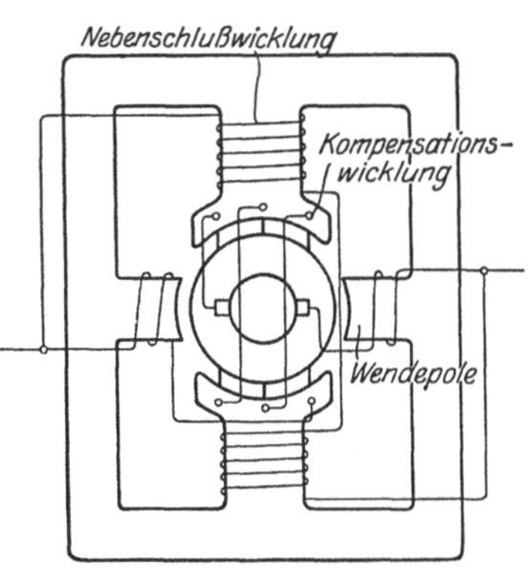

Abb. 60. Schematische Darstellung eines Gleichstrommotors mit Wendepolen und Kompensationswicklung.

an den Wendepolen angebracht wird. Die Wendepole befinden sich zwischen je zwei Polen (vgl. Abb. 60) und sind mit wenigen Windungen starken Drahtes versehen, die mit dem Anker in Reihe geschaltet werden. Bei größeren Motoren mit sehr ungünstiger Beanspruchung wird außerdem noch eine Kompensationswicklung angeordnet, die in den Polschuhen untergebracht wird. Auch diese Wicklung ist mit den Wendepolen und mit dem Anker in Reihe geschaltet (vgl. Abb. 60).

Der Ankerkörper besteht aus lamelliertem Eisen, also aus einzelnen Blechen, in die die Nuten zur Aufnahme der Wicklung gestanzt werden. Diese einzelnen Bleche werden zu einem festen Körper, dem Ankerkörper, zusammengepreßt und durch zwei seitliche Stirnplatten festgehalten. Motoren mit kleinerem Ankerdurchmesser werden so ausgeführt, daß der Ankerkörper unmittelbar auf die Welle gesetzt und durch Federkeile gegen Verdrehung geschützt wird. Rechts und links vom Ankerkörper sitzen die mit den Stirnplatten verbundenen Wicklungsträger, auf die die überragenden Enden der Ankerwicklung aufgelegt und durch besondere Drahtbandagen befestigt werden. Diese Wicklungsträger sind an der einen Seite meist gleich zur Aufnahme eines zur Bewegung der Kühlluft vorgesehenen Lüfters durchgebildet.

Zur besseren Kühlung des Ankerkörpers werden im Ankerkörper, und zwar sowohl an der Welle als auch zwischen einzelnen Blechen Kanäle freigelassen, durch die mit Hilfe des Lüfters Kühlluft durchgeblasen wird. Bei Motoren mit großem Ankerdurchmesser wird der Ankerkörper nicht unmittelbar auf die Welle, sondern auf eine besondere Nabe aufgesetzt (Abb. 61). Der Stromwender besteht aus einer großen Zahl von Kupferlamellen, welche sowohl gegen den Tragkörper als auch gegeneinander isoliert sein müssen. Für die Isolation wird Preßspan und Mikanit verwendet. Ersatzmittel sind nach Möglichkeit besonders für schwerere Betriebe abzulehnen. Da der Stromwender der empfindlichste Teil der Maschine ist, so ist auf dessen solide Herstellung und sachgemäße Wartung allergrößter Wert zu legen. Die Enden der Wicklung sind in die einzelnen Lamellen des Stromwenders eingelötet. Bei kleineren Maschinen sitzt der Stromwender getrennt von dem eigentlichen Ankerkörper unmittelbar auf der Welle. Es ist

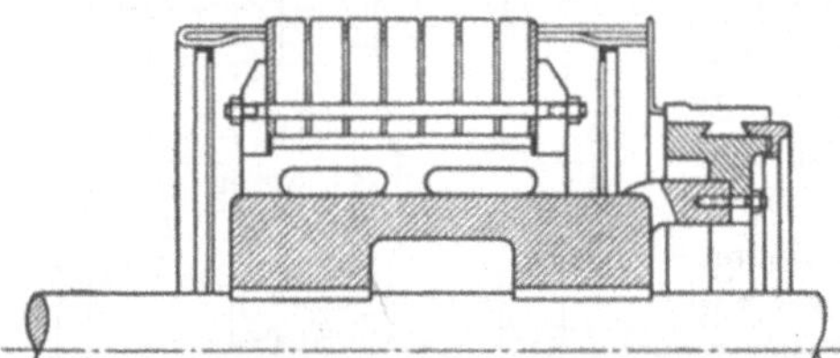

Abb. 61. Ankerkörper mit besonderer Nabe.

daher erforderlich, falls der Stromwender samt dem Anker von der Welle abgezogen werden soll, die Enden der Wicklung herauszulöten. Bei großen Motoren mit besonderer Ankernabe wird der Stromwender nicht unmittelbar auf die Welle aufgesetzt, sondern auf einen besonderen Träger, der mit der Nabe des Ankerkörpers verbunden ist, so daß ein Abziehen des Ankerkörpers samt dem Stromwender von der Welle sich ohne besonderes Auslöten der Wicklungen ermöglichen läßt (vgl. Abb. 61).

Die Lager werden bei den gängigen Motoren als Ringschmierlager ausgeführt. Wo auf besonders kurze Bauart des Motors, oder auf besonders geringe Leerlaufsverluste Wert gelegt wird, und wo der Motor auch in schräger Lage laufen muß, sind Kugellager zu verwenden. Motoren mit Kugellager sind meist teurer als mit Gleitlager. Größere raschlaufende Motoren erhalten öfter Gleitlager mit eingebauter Wasserkühlung. Ist es erforderlich, daß die Motorwelle seitliche Schübe aufnimmt, so wird das eine Lager als Drucklager ausgeführt werden, wobei sowohl Spur- als auch Kugellager gebräuchlich sind. Gewöhnlich werden die Motoren mit einseitigem Wellenstumpf geliefert. Es ist aber auch möglich, die Motoren für beiderseitigen Wellenstumpf auszuführen. Je nachdem, welche Leistung durch den zweiten Wellenstumpf übertragen werden soll, ist unter Umständen eine Verstärkung dieses Lagers erforderlich.

Die Wicklung der Elektromotoren wird ausschließlich aus Kupfer gemacht, nachdem die während des Krieges aufgekommenen Ersatzmaterialien (Zink und Aluminium) sich nicht bewährt haben. Über die Ausführung der Isolation der Drähte sind vom Zentralverband besondere Vorschriften erlassen und die normale Isolation genügt vollständig bei

Aufstellung der Motoren in solchen Räumen, wo normale Luftfeuchtig-keit vorhanden ist. Sollen die Maschinen jedoch in Betriebsräumen aufgestellt werden, in denen infolge der erhöhten Luftfeuchtigkeit immer oder zeitweise mit Niederschlägen zu rechnen ist, oder enthält die Luft staubige, leitende Bestandteile oder chemisch ätzende Gase, so müssen die Motoren mit einer Sonderisolation ausgeführt werden. Diese Sonderisolation besteht in einer besonderen Imprägnierung und bedingt einen Mehrpreis des Motors von etwa 5—15 v. H.

46. Aufbau der Wechselstrommotoren.

Der Magnetkörper des Stators aller Wechselstrommotoren besteht aus einzelnen Blechen, die zu einem Hohlzylinder zusammengepreßt werden.

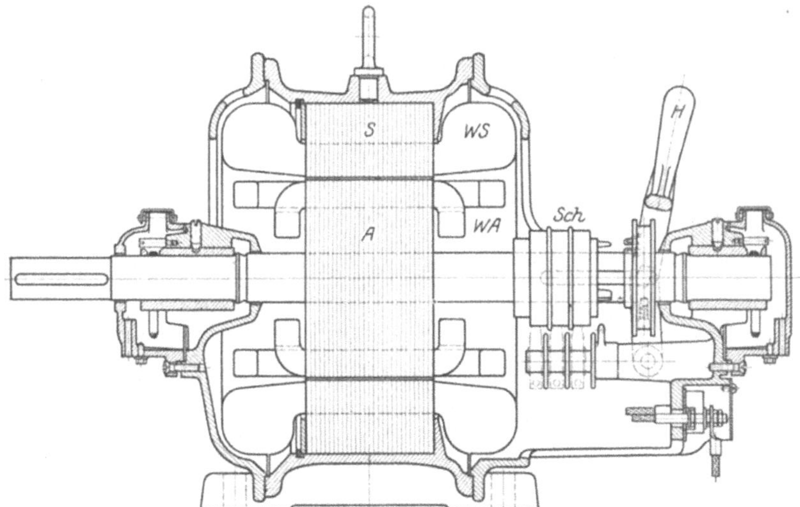

Abb. 62. Schnitt durch einen asynchronen Drehstrommotor.

Dieser Hohlzylinder (S) wird in dem Motorgehäuse, das nur als Trag-körper dient, befestigt (vgl. Abb. 62). An der Innenseite des Hohlzylin-ders sind Nuten vorhanden, in die die Statorwicklung, deren seit-liche Verwindungen (WS) überstehen, eingebettet ist. Beim asynchronen Drehstrommotor besteht der Ankerkörper (A) gleichfalls aus einzelnen zusammengepreßten Blechen, ähnlich im Aufbau wie der des Gleich-strommotors. Die Wicklung eines Kurzschlußankers besteht aus blan-ken Kupferstäben, die ohne Isolation eingesetzt und zu beiden Seiten des Ankerkörpers kurzgeschlossen werden; ein solcher Anker ist sehr betriebssicher. Beim Schleifringanker sind drei Schleifringe (Sch) vor-gesehen, die mit den Enden der Rotorwicklung (WA) verbunden sind und auf denen die Bürsten schleifen. Die Schleifringe sind am zweck-mäßigsten innerhalb der Lager anzuordnen; außerhalb sind sie nur dann zweckmäßig, wenn sie eine staub- oder gasdichte Kapselung er-halten sollen, wie beispielweise bei schlagwettersicheren Motoren (vgl.

Abb. 77). Bei solchen Ausführungen werden die Enden der Wicklungen durch eine achsiale Wellenbohrung zu den Schleifringen geführt. Die Betätigung der Bürstenabhebe- und Kurzschlußvorrichtung erfolgt meist durch einen Hebel (*H*). Bei größeren Motoren wird der Ankerkörper nicht unmittelbar auf die Welle, sondern auf eine Zwischennabe gesetzt.

Die Anker der Wechselstromkommutatormotoren sind ähnlich aufgebaut wie die der Gleichstrommotoren, jedoch ergeben sich meist viel größere Abmessungen für die Stromwender.

Bei großen, langsam laufenden Motoren ist es schwierig, da der untere Teil in der Fundamentgrube sitzt, im Falle eines Defektes an die Wicklung heranzukommen, es sei denn, daß die Fundamentgrube recht breit gemacht wird, was aber mit Rücksicht auf einen möglichst geringen Lagerabstand nicht erwünscht ist. Es ist daher zweckmäßig, eine Anordnung so zu treffen, daß der Stator im Falle eines Defektes gedreht werden kann. Eine solche Möglichkeit bietet die entsprechende Ausbildung der Füße des Stators (vgl. Abb. 63). Diese werden mit der unteren Statorhälfte nicht aus

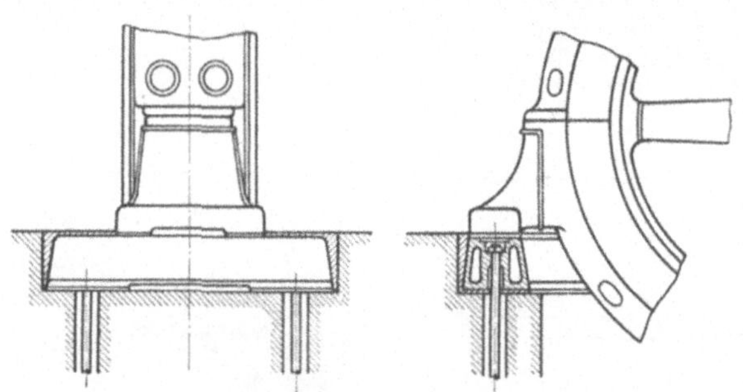

Abb. 63. Abschraubbare Füße bei einem großen Drehstrommotor.

einem Stück gegossen, sondern besonders angeschraubt. Soll der Stator gedreht werden, so werden zwischen Stator und Rotor längs des Umfanges entsprechend starke Keile eingeschoben, so daß Rotor und Stator dadurch fest miteinander verbunden werden. Dann werden die Füße abgeschraubt und seitwärts weggezogen, worauf der Stator zusammen mit dem Rotor gedreht werden kann. Bei großen Motoren mit schwerem Läufer ist eine genaue Berechnung der Wellendurchbiegung erforderlich, da mit Rücksicht auf den geringen Luftspalt nur eine meist sehr geringe Durchbiegung, und zwar nur etwa 0,25—0,4 mm je nach der Type und dem Luftspalt zugelassen werden. Über die Wicklung gilt sinngemäß das im vorhergehenden Abschnitt Gesagte. Besondere Sorgfalt erfordert die Ausbildung der Wicklung bei Hochspannungsmotoren. Es hat sich gezeigt, daß am Umfang dünner unter Hochspannung stehender Drähte Ozonbildung auftritt, wobei die ausscheidende Säure die Wicklungen angreift und zerstört. Einen sehr guten Schutz gewährt das sogenannte Kompoundierungsverfahren, bei dem die Wicklung in besonders dafür gebauten Apparaten mit einer Kompoundmasse imprägniert wird in der Weise, daß der Zwischenraum zwischen den dünnen Drähten einer Wicklung von der Kompoundmasse ausgefüllt wird und daher eine Ausscheidung von Säuren nicht möglich ist.

47. Lagerschildtype.

Die gebräuchlichste Ausführung der Motoren, gleichgültig welcher Stromart, ist die sog. Lagerschildtype. Der Name stammt daher, daß zu beiden Seiten des Polgestells bzw. des Statortragkörpers je ein schildförmiger Körper (Lagerschild) angeschraubt wird, in dem die Lager der Motorwelle sitzen. Diese Lagerschilde können je nach Ausführung des Motors ganz geschlossen sein oder besondere Öffnungen für den Zutritt der Kühlluft haben. Bei ganz offenen Motoren ist oft das ganze Lagerschild auf zwei schmale Stege zusammengeschrumpft (Abb. 64). Ist es erforderlich, noch ein drittes Außenlager bei einer Lagerschildtype anzuordnen, dann muß der Motor mit einer verlängerten Welle geliefert

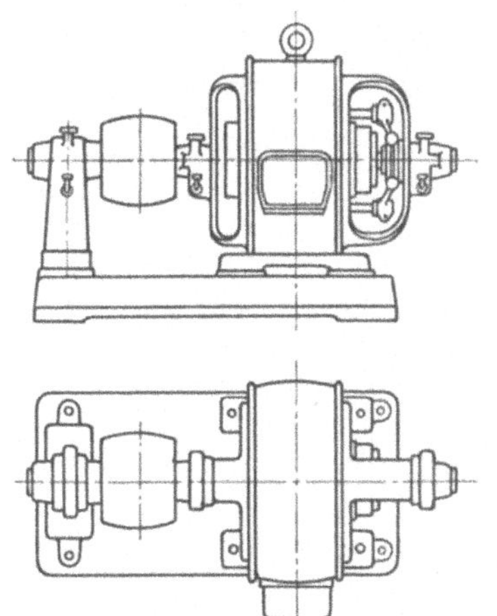

Abb. 64. Lagerschildtype.

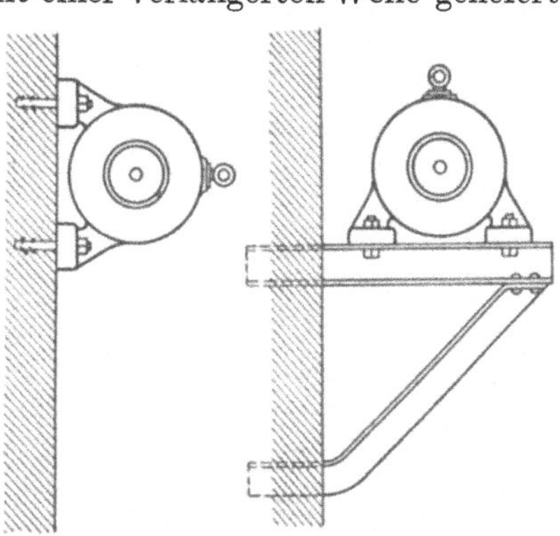

Abb. 65. Befestigung eines Motors an einer Wand; links Motor mit um 90⁰ gedrehtem Gehäuse, unmittelbar an der Wand befestigt, rechts Motor in normaler Stellung auf besonderer Konsole.

werden, wobei der Motor und das dritte Lager auf eine gemeinsame Grundplatte gesetzt werden.

An der Stromwender- oder Schleifringseite trägt das Lagerschild außerdem noch die Bürstenträger bzw. die Kurzschluß- und Bürstenabhebevorrichtung.

Bei fast allen Motorausführungen können die Lagerschilder gegenüber dem Gehäuse um jeweils 90⁰ gedreht werden. Dadurch wird es möglich, kleinere Motoren nicht nur auf wagerechten Flächen aufzustellen, sondern an senkrechten Wänden zu befestigen, oder durch Verdrehen der Lagerschilder um 180⁰ selbst an der Decke aufzuhängen. Größere Motoren eignen sich allerdings wegen ihres hohen Gewichtes nicht für diese Anordnung, es müssen vielmehr dann besondere Konsolen vorgesehen werden (vgl. Abb. 65).

48. Stehlagertype.

Für Motoren mit größeren Abmessungen wird an Stelle der Lagerschildtype die sog. Stehlagerausführung bevorzugt, da mit Rücksicht auf die verhältnismäßig schmalen Füße des Motors bei Lagerschildausführung die Lager, und vor allem die Riemenscheibe, zu weit ausladen würden. Bei der Stehlagerausführung werden besondere Stehlager verwendet, die mit dem Motorgehäuse auf einer gemeinsamen Grundplatte befestigt werden (vgl. Abb. 66). Gleichstrommotoren werden dann meistens mit zweiteiligem Gehäuse ausgeführt. Bei Wechselstrommotoren wird das Gehäuse mit Rücksicht auf den Magnetkörper, der aus lamelliertem Eisen besteht, nur in Ausnahmefällen zweiteilig ausgeführt, z. B. bei Wasserhaltungsmotoren wegen des Schachtquerschnittes oder der beschränkten Tragkraft der Fördereinrichtung, oder bei besonders großen, langsam laufenden Motoren. Ist ein drittes Lager erforderlich, dann wird dieses am zweckmäßigsten auf die entsprechend verlängerte Grundplatte aufgesetzt. Kommt ein unmittelbarer Zusammenbau des Motors mit der Arbeitsmaschine in Frage, so kann die Stehlagertype auch noch in verschiedenen

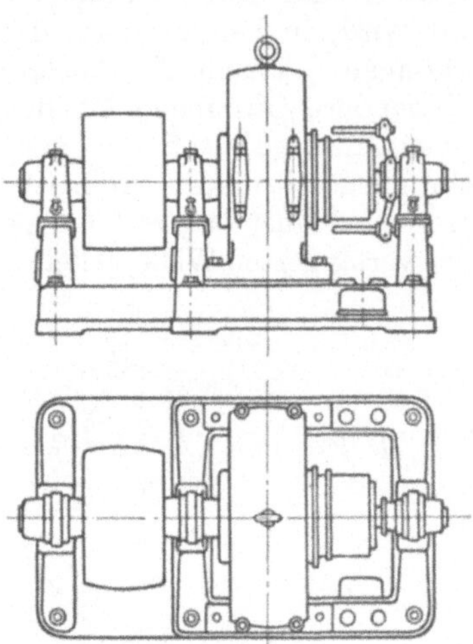

Abb. 66. Stehlagertype.

Abarten ausgeführt werden, wodurch sich ein viel zweckmäßigerer Zusammenbau erzielen läßt.

So kann der Motor ohne Welle und Lager geliefert werden, z. B. zum Aufsetzen auf die Hauptwelle der Arbeitsmaschine. Ferner ist eine Lieferung mit einer Flanschwelle und einem Außenlager, oder mit

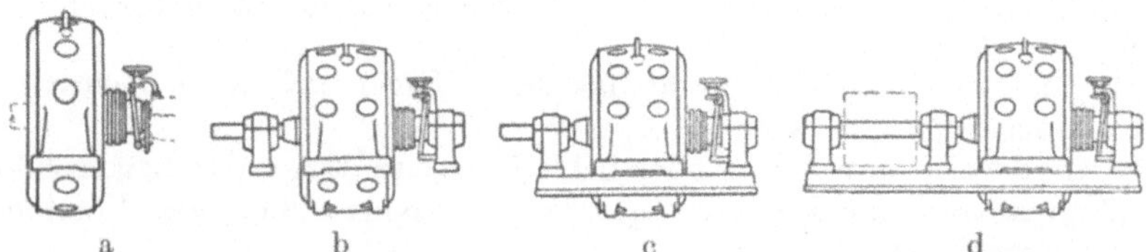

Abb. 67. Ausführungsmöglichkeiten eines Drehstrommotors.

Welle und Lager, aber ohne Grundplatte usw., möglich. Abb. 67 zeigt einige Ausführungsmöglichkeiten, und zwar:

a) ohne Welle und ohne Lager,
b) mit Welle und Lager,
c) mit Welle, Lager und Grundplatte,
d) mit drittem Außenlager für Riemenantrieb.

49. Ventiliert gekapselte Motoren.

Ist es erforderlich, den Motor gegen Spritzwasser, Verschmutzen, mechanische Beschädigung der Wicklungen oder Berührung des Kommutators zu schützen, dann müssen geschützte oder gekapselte Motoren

verwendet werden. Handelt es sich um kleinere Motoren in Lagerschildausführung, so werden die Lagerschilde bis auf besonders angeordnete
Öffnungen, die für den Luftzutritt und Austritt dienen, geschlossen ausgeführt. Diese Öffnungen können je nach Fabrikat jalousieartig oder
rohrförmig ausgebildet sein (vgl. Abb. 68). Bei Motoren, die mit Stromwender oder Schleifringen ausgeführt sind, müssen in den Lagerschildern
verschließbare Öffnungen angeordnet sein, um in einfacher Weise die
Zugänglichkeit zu den Schleifringen bzw. den Stromwendern zu ermöglichen. Handelt es sich um große Stehlagertypen, so müssen solche
Motoren mit besonderem Abdeckgehäuse an beiden Seiten versehen
werden. Da bei den ventiliert gekapselten Motoren Kühlluft nicht selbsttätig durchströmen würde, so müssen diese mit einem besonderen, mit
dem Anker umlaufenden Lüfter versehen werden. Infolge der dadurch
erreichten Kühlung leistet für gewöhnlich eine bestimmte Motortype
dasselbe, sowohl in offener als auch ventiliert gekapselter Ausführung.

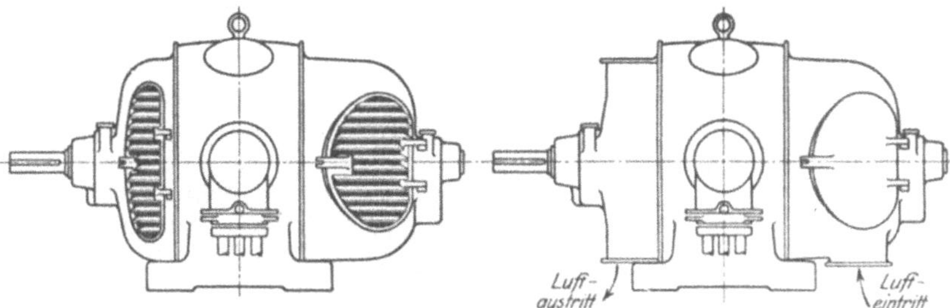

Abb. 68. Ventiliert geschützter und ventiliert geschlossener Motor mit beider-
seitigem Rohranschluß.

Nur infolge der mechanischen Ausführung bedingen letztere Motoren
einen gewissen Mehrpreis, der je nach der Type und dem Fabrikat
etwa 5—10 v. H. beträgt. Die Öffnungen für den Luftzutritt und
-austritt können auch an besondere Luftleitungen angeschlossen werden,
in welchem Falle dann die Kühlluft nicht aus dem Betriebsraum, sondern
unmittelbar aus dem Freien angesaugt und wieder ins Freie aus-
geblasen wird. Diese Anordnung ist dort erforderlich, wo der Motor
in sehr staubhaltigen Betrieben steht, oder die Luft im Raume infolge
ihrer Beschaffenheit nicht unmittelbar zur Kühlung herangezogen
werden kann. Abb. 69 zeigt eine solche Ausführung eines Sondermotors
zum Antrieb von Spinnmaschinen. Die Frischluft- und Abluftkanäle
münden im Sockel, auf dem der Motor aufgestellt ist. Die Kühlluft
bestreicht erst den im Motorfuß eingebauten Transformator (T), dann
das Motorinnere und wird durch den Lüfter (L) in den Abluftkanal
gedrückt.

Nicht immer wird es möglich sein, besondere Luftzu- und abfuhr-
kanäle zu verlegen, ebenso kann unter Umständen auch die Außenluft,
wie z. B. bei Bergwerksanlagen, sehr staubhaltig sein. In solchen Fällen
kann ein besonderes Luftfilter in die Luftzufuhr geschaltet werden.
Abb. 70 veranschaulicht eine solche Ausführung. Der Luftfilter ist in

einem Blechkasten untergebracht, der unmittelbar auf dem Motor befestigt ist. Der Lüfter im Motor saugt die Kühlluft durch den Filter und das Verbindungsrohr zwischen dem Motor und dem Filterkasten. Allerdings wird bei solcher Anordnung eine Verminderung der mit Rücksicht auf die Erwärmung zulässigen Motorleistung infolge verminderter Luftzufuhr, besonders wenn eine Reinigung des Filters nicht regelmäßig und oft genug erfolgt, eintreten. Ferner hat diese Anordnung noch den Nachteil, daß während des Stillstandes

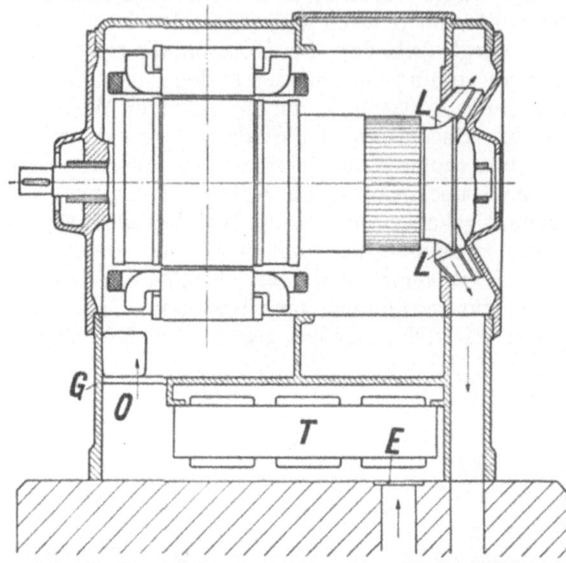

Abb. 69. Spinnmotor mit besonderer Kühlluftzufuhr.

des Motors, besonders wenn längere Arbeitspausen vorkommen, durch die offenstehende Ausblaseöffnung doch Staub in den Motor eindringen kann, der sich dann in demselben ablagert. Die Luftzu- und -abfuhröffnungen können nicht nur unten an dem Lagerschild des Motors, sondern auch an der Seite oder oben angebracht werden. Bei größeren Motoren ist es auch gebräuchlich, die Luft an beiden Seiten anzusaugen und in der Mitte des Motors oben auszublasen. Es ist zweckmäßig, Motoren, die die Luftzu- und -abfuhrkanäle oben haben, an dieser Stelle mit besonderen Schutzhauben zu versehen, um ein Hereinfallen von Gegenständen zu verhindern und die Motoren eventuell auch gegen Tropfwasser zu schützen.

Abb. 70. Ventiliert gekapselter Motor mit aufgebautem Filter.

50. Vollständig geschlossene Motoren.

Bei diesen ist das Innere des Motors vollständig von der Außenluft abgeschlossen, so daß ein Eindringen von Staub usw. nicht möglich ist. Infolge der dann sehr ungünstigen Abkühlungsverhältnisse fallen die Motoren in ihren Abmessungen sehr groß aus und werden daher gegenüber offen oder ventiliert gekapselten Motoren außerordentlich teuer. Man verwendet daher die ganz geschlossenen Motoren nur für kleinere Leistungen. Sehr gebräuchlich sind die geschlossenen Motoren zum Antrieb von Hüttenwerkskranen, Rollgängen usw., da in solchen Betrieben mit sehr staubiger Luft zu rechnen ist. Auch bei ganz geschlossenen

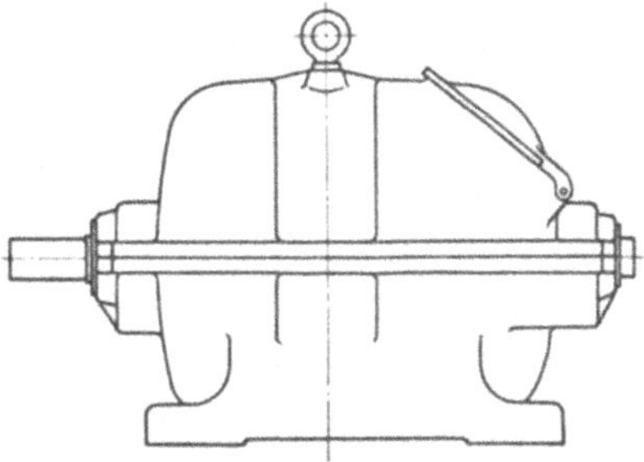

Abb. 71. Vollständig geschlossener Drehstrommotor.

Motoren ist es wichtig, durch Anbringung von genügend großen und verschließbaren Öffnungen die Zugänglichkeit zum Innern des Motors zu ermöglichen (Abb. 71).

51. Kühlmanteltype.

Infolge der ungünstigen Abkühlungsverhältnisse der geschlossenen Motoren werden ihre Abmessungen sehr groß; die Motoren werden daher sehr teuer und lassen sich auch sehr schwer mit der Arbeitsmaschine zusammenbauen. Diese Nachteile versuchte man zu umgehen, indem durch besondere Ausführung bessere Abkühlungsverhältnisse geschaffen wurden, ohne daß die staubige Luft des Betriebsraumes mit dem Motorinnern in Berührung gelangt. Diese Motoren werden als Kühlmanteltype bezeichnet. Abb. 72 zeigt den Schnitt durch einen solchen Motor. Die Abkühlungsverhältnisse des Gehäuses werden dadurch verbessert, daß um das Gehäuse selbst noch ein besonderer Mantel (m) gelegt

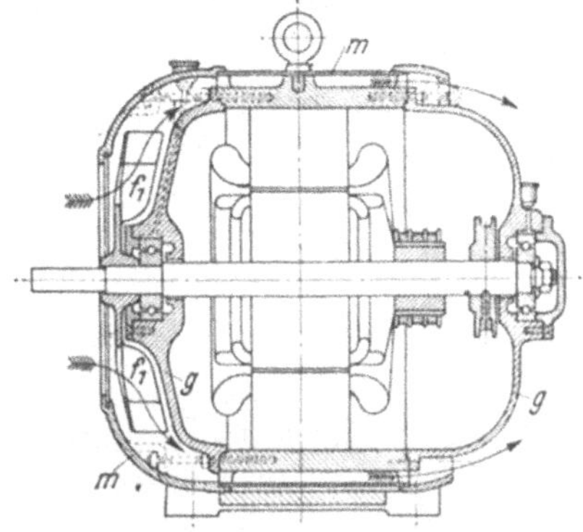

Abb. 72. Kühlmanteltype.

und durch diesen Raum zwischen Mantel und Gehäuse mit Hilfe eines besonderen Lüfters f_1 ein Luftstrom geführt wird. Naturgemäß sind die Abkühlungsverhältnisse bei einer solchen Anordnung günstiger, als wenn der Motor lediglich von ruhender Luft umgeben ist. Die Abkühlungsverhältnisse versucht man noch dadurch zu verbessern, daß im Innern des Motors gleichfalls noch ein Lüfter angeordnet wird, der die im Innern befindliche Luft zur Bewegung bringt. Noch günstiger

wird allerdings die Anordnung, bei der für eine Rückkühlung der Innenluft gesorgt wird. Abb. 73 zeigt den Schnitt durch einen solchen Motor,
bei dem die Kühlluft im Innern des Motors mit Hilfe eines Lüfters durch
besondere im Fuß des Motors untergebrachte Kühlrippen geblasen wird, in denen sie durch einen außen vorbeigehenden Luftstrom rückgekühlt wird und dann erst wieder in das Innere des Motors gelangt. Zur Bewegung der Luft, die zum Kühlen der Kühlrippen dient, ist noch ein zweiter Lüfter vorhanden. Der Luftstrom, der durch diesen Lüfter bewegt wird, dient außer zur Kühlung der Kühlrippen noch zur Kühlung des Gehäuses, in dem entsprechende Kanäle für den Luftstrom vorgesehen sind. Infolge der günstigen Abkühlungsverhältnisse fallen

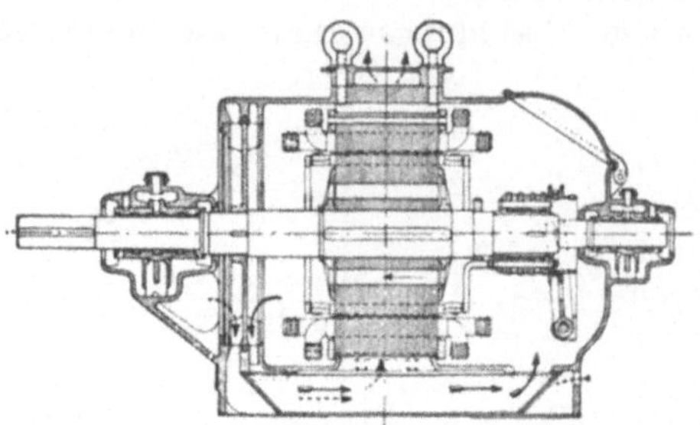

Abb. 73. Kühlmanteltype mit Rückkühlung
der Innenluft.

die Motoren in ihren Abmessungen wesentlich kleiner aus als vollständig geschlossene Motoren, sind auch billiger, obzwar ein Teil der Verbilligung durch die etwas kompliziertere Ausführung der mantelgekühlten Motoren aufgehoben wird. Welche Gewichtsersparnisse erzielt werden können, zeigt Abb. 74, in der die Gewichte von mantelgekühlten und vollständig geschlossenen Motoren einander gegenübergestellt sind. Ein gewisser Nachteil der mantelgekühlten Motoren nach Abb. 73 kann allerdings darin bestehen, daß bei sehr staubhaltiger Luft unter Umständen ein Festsetzen des Staubes in den Kanälen des

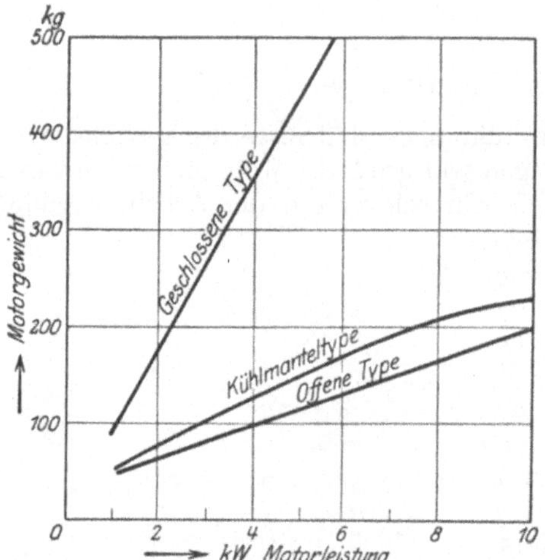

Abb. 74. Vergleich der Gewichte von geschlossenen, offenen und Kühlmantelmotoren.

Gehäuses bei ungünstiger Konstruktion der Motoren auftreten könnte.
Es muß daher auf möglichst glatte Kanäle mit nicht zu scharfen Krüm-
mungen geachtet werden.

52. Flanschmotoren.

Der Zusammenbau mit der Arbeitsmaschine bedingt oft eine Durchbildung des Motors als Flanschmotor. Ein solcher Motor erhält an
einer Stirnseite einen Befestigungsflansch, der als Träger des Motors

und als Verbindungsstück mit der Arbeitsmaschine dient (vgl. Abb. 75). Flanschmotoren werden sowohl in horizontaler als auch in vertikaler Anordnung verwendet. Bei Vertikalmotoren kann dabei der Flansch unten oder oben vorgesehen werden. Die Motoren erhalten meist Kugellager. Je nach dem Verwendungszweck können die Flanschmotoren offen, ventiliert gekapselt oder ganz geschlossen ausgeführt werden.

53. Sonderausführungen.

Die normalen Motoren in Lagerschild- und Stehlagerausführung können als der Grundstock aller Sonderausführungen angesehen werden, aus den sich durch immer weitere Differenzierung und Anpassung an die jeweiligen Betriebsbedingungen und Eigenarten der anzutreibenden Arbeitsmaschinen schrittweise die einzelnen Sonderausführungen entwickelt haben. Flanschmotoren und Kühlmantelmotoren sind im eigentlichen Sinne auch schon Sonderausführungen. Immerhin ist ihr Anwendungsgebiet sehr mannigfaltig, im Gegensatz zu den eigentlichen Sondermotoren, die mehr oder weniger nur für ein begrenztes Arbeitsgebiet bestimmt sind, und die nur vereinzelt auch bei anders gearteten Betrieben angewendet werden. Hierher gehören z. B. die geschlossenen Kranmotoren für schwierige Betriebe[1]), die aber auch sinn-

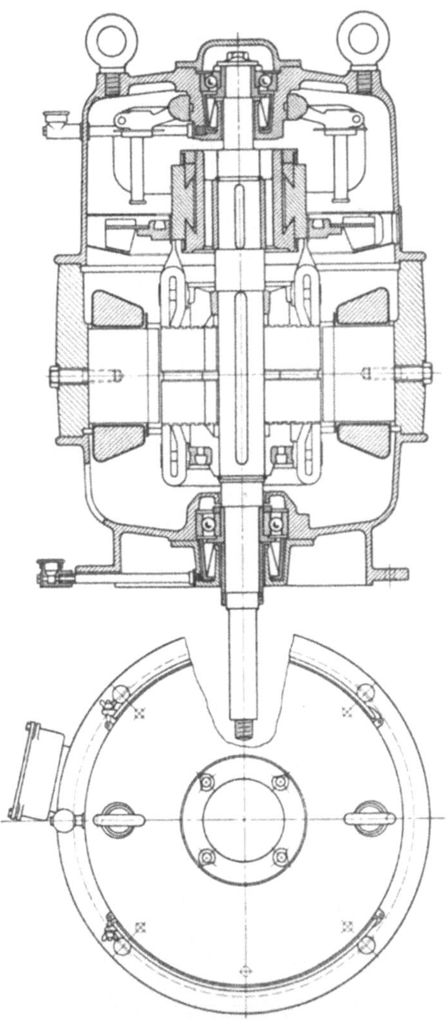

Abb. 75. Schnittzeichnung eines Flanschmotors.

gemäß Anwendung bei Schiebebühnen, Rollgängen usw. gefunden haben. Im wesentlichen besteht ihre Sonderausführung darin, daß sie vollständig geschlossen und mit Rücksicht auf die rauhe Handhabung sehr kräftig durchgebildet sind, möglichst wenig Teile besitzen, die sich durch Er-

---

[1]) Vgl. Aufsatz „Drehstrommotoren für schwierige Betriebe" von Prof. W. Philippi, Zeitschr. „Kraftbetriebe und Bahnen" 1916, Heft 23.

schütterungen lösen können und vor allem so gebaut werden, daß alle Teile trotz der geschlossenen Bauart leicht zugänglich und auswechselbar sind. Abb. 76 zeigt z. B. einen geschlossenen Drehstrommotor, dessen Gehäuse zweiteilig ist, und bei dem nach Abheben des oberen Gehäuseteiles die

Abb. 76. Geschlossener Drehstrommotor auseinandergenommen.

Welle samt dem Statorblechpaket leicht herausgehoben werden kann. Eine andere Sonderausführung bilden die Motoren für schlagwetterhaltige Bergwerksanlagen. Solche Motoren erhalten z. B. einen besonderen mechanischen Schutz der Wicklung, eine um 50 v. H. erhöhte Isolationsfestigkeit und eine Herabsetzung der zulässigen Erwärmung um 25 v. H. Außerdem müssen alle Teile, in den betriebsmäßig Funken auftreten können, also z. B. die Schleifringe, vollständig gekapselt sein. Abb. 77 zeigt eine solche Ausführung.

Abb. 77. Motor mit Schlagwetterschutz.

rung. Der Motor besitzt hierbei Lagerschilder, die so ausgebildet sind, daß dadurch ein guter Schutz gegen mechanische Beschädigung der

Wicklung erreicht wird. Die Schleifringe sitzen außen und sind vollständig gekapselt. Naturgemäß fallen diese Motoren in ihren Abmessungen infolge der Herabsetzung der zulässigen Erwärmung und der erhöhten Isolation bei sonst gleicher Leistung größer aus als die normalen.

Zum Antrieb der Textilmaschinen sind gleichfalls verschiedene Sonderausführungen geschaffen worden. So zeigt Abb. 78 einen Sondermotor für den Antrieb von Flyer. Der Motor ist ventiliert gekapselt und zum Anschluß an Luftkanäle gebaut. Der Schalter ist unmittelbar auf den Motor aufgesetzt, wodurch sich eine gute Leitungsführung und ein guter Anschluß des längs der Maschine angebauten Betätigungsgestänges ergibt.

Abb. 79 zeigt einen Sondermotor für einen Webstuhlantrieb. Der vollständig geschlossene Motor ist in einem seitlich am Gehäuse angebrachten Bolzen drehbar gelagert, wodurch der genaue Eingriff des Ritzels durch die Verstellvorrichtung mittels der beiden Stellschrauben auch bei verschiedenen Übersetzungen erzielt wird. Da bei Webstühlen ein fast augenblickliches Stillsetzen verlangt wird, ist zwischen Motor und der Hauptwelle eine einstellbare Rutschkupplung vorgesehen, die es ermöglicht, daß auch bei einem augenblicklichen Festbremsen der Hauptwelle noch ein Auslauf des Motorankers erreicht

Abb. 78. Sondermotor zum Antrieb von Flyer.

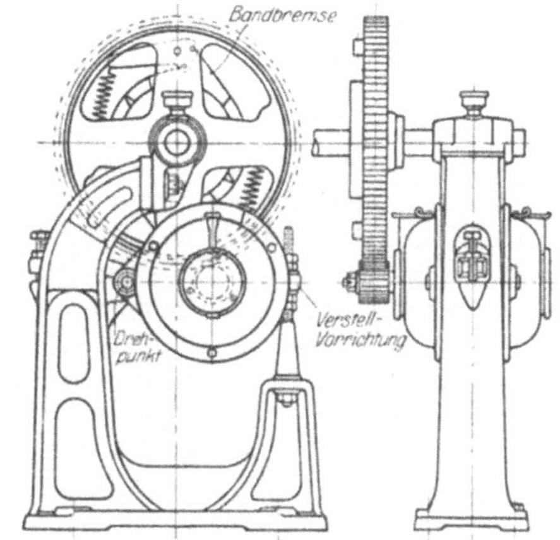

Abb. 79. Sondermotor zum Antrieb von Webstühlen.

wird, wodurch die sonst unbedingt auftretenden Zahnradbrüche vermieden werden.

Ein weiteres Beispiel eines Sondermotors ist der bei Werkzeugmaschinen zur Anwendung kommende Spindelstockmotor, der infolge seiner besonderen Durchbildung eine möglichst gute Anpassung an die Werkzeugmaschine, in erster Linie an den Spindelstockmotor einer Drehbank, ermöglicht. Eine solche Ausführung zeigt z. B. Abb. 80. Ein wesentliches Kennzeichen der Ausführung ist die hohle Ankerwelle, und zwar ist die Bohrung so reichlich, daß der Motor auf die Spindel der Werkzeugmaschine geschoben werden kann. Die Ankerwelle läuft in Kugellagern, die in der gebräuchlichen Ausführung in den Lagerschil-

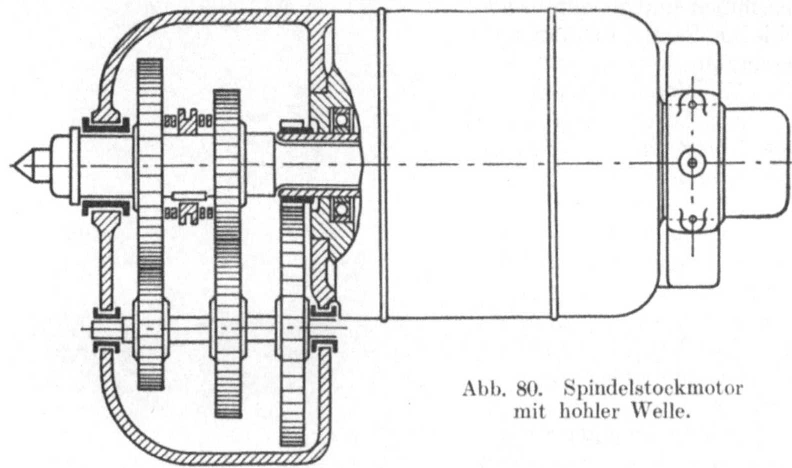

Abb. 80. Spindelstockmotor
mit hohler Welle.

den des Motorgehäuses sitzen. Das Motorgehäuse ist konstruktiv so durchgebildet, daß es auf Paßflächen der Lager des Spindelstockes ruht. Um ein Verdrehen des Motorgehäuses zu verhindern, sind ein bis zwei Zentrierschrauben angeordnet. Wird der Motor auf diese Weise aufgebaut, so kann sich die Hohlwelle des Ankers, da zwischen Spindelwelle und Innenbohrung der Ankerwelle ein geringer Spielraum gelassen ist, ungehindert drehen. Entspricht die Drehzahl des Motors der Drehzahl der Spindel, so kann dann in einfacher Weise die Übertragung des Drehmomentes vom Motor auf die Spindel mittels eines zwischen Spindel und Ankerwelle eingebauten Keiles erfolgen. Die Anordnung hat den großen Vorteil, daß der Motor in der Fabrik vollständig fertig zusammengebaut und geprüft werden kann, und daß der Einbau in die Werkzeugmaschine durch die vorgesehenen Paßflächen in einfachster Weise erfolgt, ebenso die Auswechslung gegen einen gleichartigen Motor. Für die Ventilation des Motors sind Öffnungen in den Lagerschildern so angebracht, daß Fremdstoffe, wie Späne, Kühlflüssigkeiten usw. nicht in das Innere des Motors gelangen können.

In vielen Fällen wird allerdings eine unmittelbare Kupplung zwischen Ankerwelle und Arbeitsspindel nicht möglich sein, weil die erforderlichen Drehzahlen niedrig gehalten werden müssen, oder der gesamte

Regelbereich der Werkzeugmaschine zu groß ist, so daß die Regelung des Motors allein nicht ausreichen würde. In solchen Fällen sind dann zwischen Ankerwelle und Spindel Vorgelege vorzusehen. Es ist in diesem Falle auf die über eine Paßfläche hinaus verlängerte Ankerwelle ein Ritzel aufzusetzen (Abb. 80), das in ein Zahnrad des gegebenenfalls umschaltbaren Vorgeleges eingreift. Dieses umschaltbare Vorgelege treibt dann auf die Arbeitsspindel wieder zurück. Bei dieser Anordnung ruht auf der Antriebsseite das Motorgehäuse nicht unmittelbar auf dem Spindellager, sondern auf einem besonderen Zwischenträger.

Ein besonders anschauliches Beispiel, wie weit die Sonderausführung eines Motors in Anpassung an die Arbeitsbedingungen und die Eigenart der Maschine selbst gesteigert werden kann, zeigen die

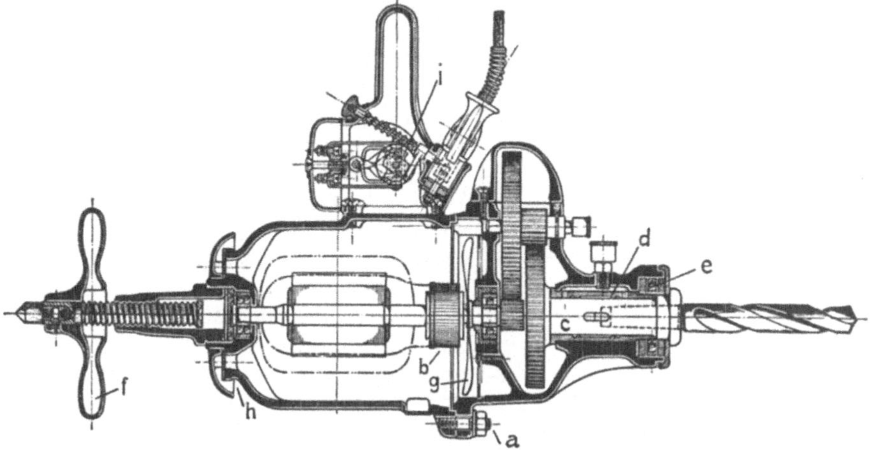

Abb. 81. Elektro-Bohrmaschine.

Elektrowerkzeuge. In Abb. 81 ist der Schnitt einer Elektrobohrmaschine dargestellt. Die eigentliche Arbeitsmaschine ist dabei mit dem Motor so eng verschmolzen, daß eine scharfe Trennung der beiden Bestandteile nicht möglich ist. Der Hauptteil der Arbeitsmaschine wird, wie Abb. 81 zeigt, durch das Motorgehäuse gebildet, in dem der Anker mit seinem Stromwender b und dem Lüfter g in Kugellagern läuft. Seitlich am Gehäuse ist der leicht zu bedienende Schalter i, der bei Gewindeschneidmaschinen auch als Umschalter ausgebildet werden kann, und der Leitungsanschluß angebracht. An der Vorderseite ist das besondere Vorgelege in öldichter Kapselung eingebaut, wobei für die Aufnahme des Bohrdruckes das Kugellager e und für die gute Führung das Gleitlager d vorgesehen ist. An der entgegengesetzten Seite befindet sich ein Spannkreuz f, durch dessen Drehung der Bohrdruck bei allen Maschinen, die nicht von Hand oder von der Brust aus gebraucht werden, also besonders bei größeren Bohrmaschinen, erzielt wird.

Die Beispiele zeigen deutlich, wie weit Sonderausführungen durchführbar sind, die bei richtiger Durchbildung oft erst die wirtschaftliche Verwendung des Elektromotors ermöglicht haben.

III. Antriebe.

A. Transmissionsantriebe.

54. Allgemeines über Transmissionsantriebe.

Das Wesentliche des Transmissionsantriebes besteht darin, daß mehrere Arbeitsmaschinen von gleichen oder auch von verschiedenen Arbeitsbedingungen mittels einer Transmission durch einen gemeinsamen Motor angetrieben werden. Eine Drehzahlregelung kommt für die größte Zahl der Transmissionsantriebe nicht in Frage, vielmehr wird wesentlicher Wert auf gleichbleibende Drehzahl bei allen Belastungen gelegt. Eine Ausnahme bildet der Gruppenantrieb von Arbeitsmaschinen mit stoßweiser Belastung, z. B. der Antrieb von Fallhämmern, wo zum Ausgleich der Belastungsstöße besondere Schwungmassen mit der Transmission gekuppelt werden, also ein gewisser Drehzahlabfall bei Überlastung erwünscht ist. Dieser Drehzahlabfall ist erforderlich, da ja sonst das Schwungrad nicht entladen wird und die Stöße vom Motor aufgenommen werden. Für Transmissionsantriebe ohne Drehzahländerung eignet sich am besten der asynchrone Drehstrommotor. Gegenüber einem Gleichstrommotor hat er den Vorteil der geringeren Anschaffungskosten, der einfacheren Wartung und des besseren Wirkungsgrades.

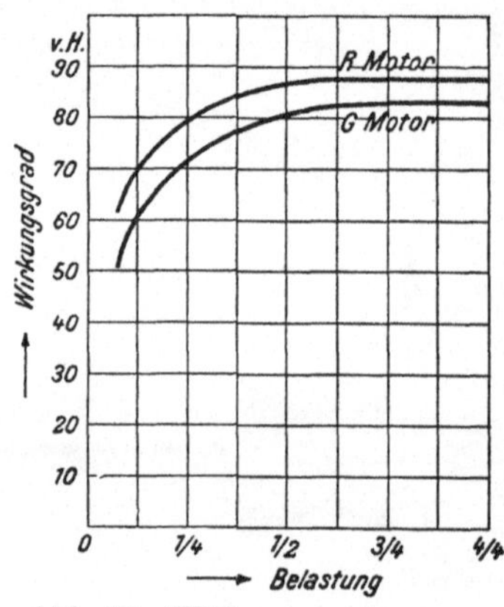

Abb. 82. Wirkungsgrade eines asynchronen Drehstrommotors und eines Gleichstromnebenschlußmotors.

Abb. 82 zeigt die Wirkungsgradkurve eines asynchronen Drehstrommotors (*R*) und eines Gleichstromnebenschlußmotors (*G*) für sonst gleiche Verhältnisse. Bei denjenigen Transmissionsantrieben jedoch, bei denen eine Nachgiebigkeit mit Rücksicht auf die Schwungmassen erwünscht ist, muß der asynchrone Drehstrommotor mit einem dauernd eingeschalteten Rotorwiderstand laufen, da sonst eine Nachgiebigkeit nicht vorhanden wäre. Durch diesen Widerstand wird erreicht, daß bei den stoßweisen Überlastungen ein Drehzahlabfall erfolgt, der je nach der Größe des Widerstandes etwa 5—10 v. H. betragen kann. Entsprechend der Größe des Schlupfwiderstandes verschlechtert sich der Wirkungsgrad. Ist Gleichstrom vorhanden, so eignet sich zum Antrieb besonders der Doppelschlußmotor, dessen Reihenschlußwicklung dann so bemessen wird, daß bei stoßweiser Überlastung gleichfalls ein Schlupf von 5—10 v. H. erzielt wird. Hierbei hat der Gleichstrommotor aber den wesentlichen Vorteil, daß sein Wirkungsgrad dadurch nicht verschlechtert wird. Für Transmissionsantriebe mit Schwungmassen ist daher der Gleichstrommotor dem asynchronen Drehstrommotor überlegen. Das mit der Transmission gekuppelte Schwungrad muß wegen der geringen Drehzahl der Transmission meist ein erhebliches Gewicht erhalten. Ein wesentlich leichteres Schwungrad erhält man dann, wenn die Schwungmassen mit dem raschlaufenden Motor gekuppelt werden. Allerdings hat diese Anordnung den Nachteil, daß die Stöße auf den Riemen übertragen werden, wodurch dieser entsprechend größer bemessen werden muß und auch eine geringere Lebensdauer aufweist. Es sei aber hier nochmals darauf hingewiesen, daß die Motoren bei allen Antrieben, bei denen Schwungmassen zum Entladen gebracht werden sollen, eine Nachgiebigkeit erhalten müssen. In dieser Beziehung findet man noch sehr viele Antriebe, bei denen hierauf nicht Rücksicht genommen ist, daher die Schwungmassen nicht in der gewünschten Weise zur Wirkung kommen. Wichtig ist die richtige Anordnung des Motors. Für gewöhnlich wird der Motor unterhalb der Transmission angeordnet. Es ergibt sich dann ein senkrechter Riementrieb[1]), der an und für sich ungünstig ist, und der vor allem ein Nachspannen des Riemens nur bei Verwendung besonderer Hilfskonstruktion zuläßt (vgl. Abb. 83). Diese besteht im wesentlichen darin, daß der Motor auf zwei Trägern festgeschraubt wird, die an der einen Seite drehbar gelagert und an der anderen zwischen Spiralfedern aufgehängt werden. Andere Ausführungen verwenden an allen vier Ecken Spiralfedern. An Stelle dieser Hilfskonstruktionen ist mit Vorteil eine Riemenspannrolle verwendbar. Günstiger werden die Riemenverhältnisse bei einem wagerechten oder wenigstens nahezu wagerechten Riementrieb. In solchem Falle wird es meist nötig sein, den Motor auf einer besonderen Konsole an der Wand oder unterhalb der Decke unterzubringen. Der Motor wird dann auf Gleitschienen gesetzt und dadurch ein richtiges Einstellen der Riemenspannung ermöglicht. Die Anordnung eines Motors auf der Konsole hat außerdem noch den Vorteil, daß der Motor gegen Verschmutzen und mechanische Beschädigung geschützt ist. Allerdings ist dann seine Wartung nicht so einfach, so daß die Gefahr besteht, wenn nicht eine systematische Betriebskontrolle durchgeführt wird, daß der Motor infolge ungenügender Wartung und Instandhaltung schadhaft wird.

Abb. 83. Hilfskonstruktion zum Nachspannen senkrechter Riementriebe.

Ist trotz einer geringen Drehzahl der Transmission ein möglichst schnellaufender Motor erwünscht, so kann dies durch Zwischenschaltung eines Riemen- oder Zahnradvorgeleges erreicht werden. Man kann dann ohne weiteres mit der Drehzahl des Motors auf 1500, bei kleinen Antrieben sogar bis 3000 hinaufgehen. Beide Anordnungen, also sowohl Riemenvorgelege als auch Zahnradvorgelege, haben außer den zusätz-

---

[1]) Über die Bemessung der Riementriebe sei auf die einschlägigen Taschenbücher (Hütte, Dubbel, Uhland u. a.) hingewiesen.

lichen Übetragungsverlusten noch den Nachteil, daß infolge des meist bedingten kurzen Riemenabstandes eine schlechtere Durchzugskraft erzielt wird. Das Zahradvorgelege wird meistens unmittelbar am Motor

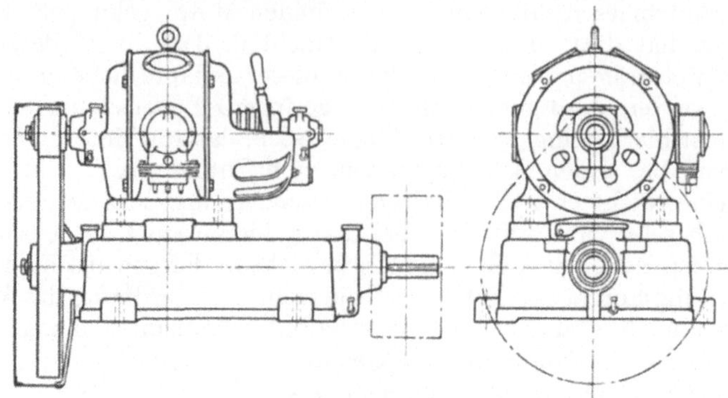

Abb. 84. Motor mit angebautem Zahnradvorgelege.

angebracht (vgl. Abb. 84). Vorteilhafter als Zwischenvorgelege ist die Verwendung einer Spannrolle. Hierbei kann man mit der Riemenübersetzung zwischen Motor und Transmission viel höher gehen, so daß man unter sonst gleichen Verhältnissen einen rasch laufenden Motor verwenden kann. Die Anordnung einer Spannrolle hat außerdem noch den Vorteil, daß bei Platzmangel der Motor in der nächsten Nähe der Transmission angeordnet werden kann, da ja die Spannrolle ganz geringe Achsenabstände zuläßt. Dort, wo allerdings starke periodisch auftretende Belastungsstöße vorkommen, ist eine Spannrolle nur nach besonderer Prüfung zu verwenden, da sonst leicht störende Schwingungen in den Spannrollengetrieben auftreten können. Es gibt auch Ausführungen, bei denen Riementriebe überhaupt vermieden wurden, indem der Motor so nahe an die Transmission herangesetzt wird, daß eine Zahnradübertragung zwischen Motorwelle und Transmissionswelle möglich wird. Eine in dieser Beziehung besonders typische Anordnung, die in Amerika angewandt wurde, zeigt Abb. 85. Hierbei treibt der Motor mittels

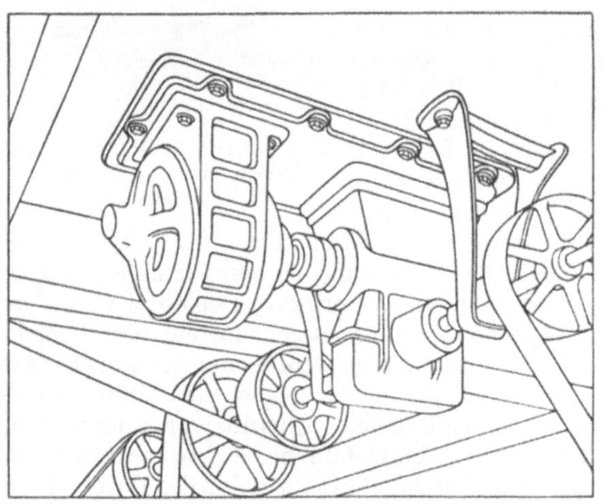

Abb. 85. Transmissionsantrieb. mittels Schnecke.

Schnecke und Schneckenrad die Transmission an. Da Schneckentriebe bekanntlich einen schlechten Wirkungsgrad haben, so dürfte diese Anordnung, bei der allerdings der geringste Raumbedarf erforderlich wird, einen verhältnismäßig schlechten Wirkungsgrad haben. Ein Nachteil dürfte darin zu suchen sein, daß mit Rücksicht auf das hohe Gewicht des Motors die Deckenkonstruktionen ziemlich schwer ausfallen werden.

Große Schwierigkeit bereitet meist die richtige Bestimmung der Motorleistung; sie ist bei vorhandenen Anlagen noch am ehesten möglich. In solchen Fällen baut man provisorisch einen Motor ein, dessen Leistungsaufnahme am besten durch registrierende Instrumente oder durch regelmäßiges Ablesen gewöhnlicher Instrumente über einen längeren Zeitraum ermittelt wird. Unter Berücksichtigung des Wirkungsgrades des Motors kann der endgültige Leistungsbedarf der

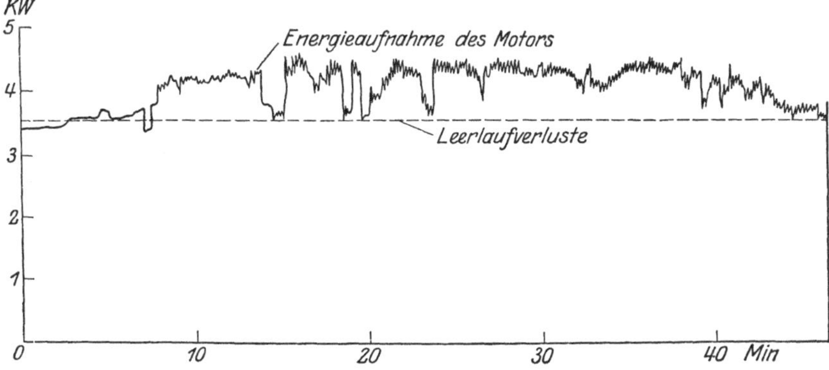

Abb. 86. Energieaufnahme eines Transmissionsmotors. Die hohen Leerlaufsverluste bedingen einen schlechten Wirkungsgrad.

Transmission bestimmt werden. Die Messungen mit Registrierinstrumenten haben aber auch sonst große Vorteile, so daß sie auch nach Einbau des endgültig vorgesehenen Motors in regelmäßigen Abständen vorgenommen werden sollten. Man kann unter Umständen aus den Ablesungen sofort schließen, daß bei der Kraftübertragung an irgendeiner Stelle in den Getrieben unzulässig hohe Verluste vorhanden sind. Abb. 86 zeigt z. B. das Diagramm der Energieaufnahme eines Transmissionsmotors, bei dem die Leerlaufsverluste der Transmission einschl. Motors viel zu hoch sind. Der Gesamtwirkungsgrad betrug in diesem Falle nur etwa 10 v. H. Es stellte sich heraus, daß an der Transmission eine ganze Anzahl Maschinen hingen, die nur sehr wenig gebraucht wurden, daß die Transmission an und für sich einen sehr schlechten Wirkungsgrad hatte, und daß auch der Motor viel zu reichlich bemessen war. Abb. 87 zeigt die Energieaufnahme eines Motors, der periodisch große stoßweise Überlastungen aufwies. Es stellte sich heraus, daß an der Transmission eine verhältnismäßig große Maschine hing, die nur zeitweise arbeitete und die im Verhältnis zu den anderen Maschinen einen zu großen Kraftbedarf hatte. Mit Rücksicht auf diese

Überlastungen müssen bei solchen Anlagen unverhältnismäßig große Motoren gewählt werden. Die Verhältnisse können wesentlich verbessert werden, wenn für solche Maschine mit häufig aussetzender Belastung ein Einzelantrieb gewählt wird, so daß die stoßweisen Überlastungen der Transmission fortfallen. Wichtig ist auch die Nachprüfung des Kraftbedarfs der Transmission deshalb, weil fast in allen Betrieben durch Umstellung oder durch Änderung des Fabrikationsprogramms wesentliche Änderungen in den Belastungsverhältnissen der Transmission auftreten können.

Schwieriger ist die Berechnung des Kraftbedarfs der Transmission bei neuen Anlagen. Sind die Arbeitsmaschinen bereits vorhanden, so

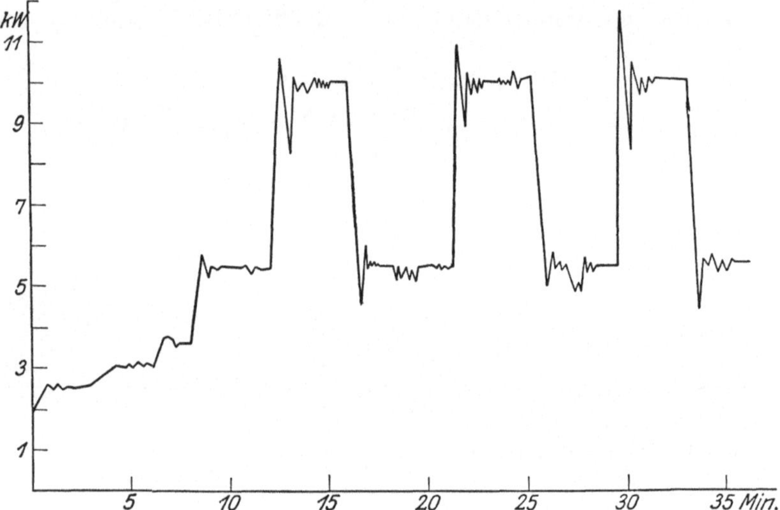

Abb. 87. Energieaufnahme eines Transmissionsmotors mit periodisch auftretenden stoßweißen Belastungen.

ist es leichter möglich, sich durch Nachmessungen jeder einzelnen Maschine ein Bild über deren Kraftbedarf zu machen; meistens wird man allerdings auf die Angaben des Lieferanten angewiesen sein. Die Erfahrung lehrt, daß diese Angaben meist zu hoch gegriffen sind.

Von wesentlichem Einfluß auf den tatsächlichen Kraftbedarf einer Arbeitsmaschine ist deren Belastungs- und Ausnutzungsfaktor. Unter dem Belastungsfaktor ist das Verhältnis zwischen der jeweils vorkommenden Belastung und der zulässigen Höchstbelastung der Arbeitsmaschine zu verstehen. Bei manchen Arbeitsmaschinen, z. B. bei Textilmaschinen, Druckmaschinen usw., wird es möglich sein, daß die Maschinen während eines längeren Zeitraumes mit der höchsten Beanspruchung laufen, so daß hierbei der Belastungsfaktor = 1 wird. Bei anderen Arbeitsmaschinen, z. B. bei Werkzeugmaschinen, wird hingegen sehr oft während eines längeren Zeitraumes, z. B. beim Schlichten, Bohren kleiner Löcher usw., ein Arbeiten mit bedeutend kleinerer

Belastung, also mit einem Belastungsfaktor, der kleiner als 1 ist, vorkommen.

Als Ausnutzungsfaktor bezeichnet man das Verhältnis der reinen Arbeitszeit, während der die Maschine arbeitet, zu der gesamten Schichtzeit. Auch dieser Faktor wird bei einer ganzen Anzahl der Maschinen sich dem Wert 1 nähern, bei der größten Zahl der Arbeitsmaschinen aber bedeutend kleiner sein als 1, oft bis auf den Wert 0,1 und noch niedriger heruntergehen. Bei Werkzeugmaschinen ergibt sich immer ein Ausnutzungsfaktor, der kleiner ist als 1, da gewisse Betriebspausen durch das erforderlich werdende Aufspannen, Ausrichten, Nachmessen, Umspannen, Auswechseln der Werkzeuge usw. erforderlich werden. So zeigen z. B. Versuche, die beim Bohren mit einer Radialbohrmaschine gemacht wurden, folgendes Ergebnis: Bei anstrengenden Arbeiten wurden von 8 Uhr früh bis abends 11 Uhr 4300 Löcher gebohrt. Dabei betrug die reine Arbeitszeit nur 5 Stunden, die übrigen 10 Stunden arbeitete der Bohrer nicht. Der Ausnutzungsfaktor betrug bei dieser Arbeit $\frac{5}{15} = 0{,}33$. Um den Kraftbedarf der Transmission zu ermitteln, muß man daher versuchen, von den einzeln angeschlossenen Arbeitsmaschinen, entsprechend dem Arbeitsprogramm der hauptsächlich vorkommenden Arbeiten, sowohl den mittleren Belastungs-, als auch den mittleren Ausnutzungsfaktor zu bestimmen, und das Produkt aus diesen beiden Werten gibt dann den mittleren Kraftbedarf. Zeigen die Ermittlungen beispielsweise bei einer Arbeitsmaschine, daß diese im Mittel nur 6 Stunden bei 10stündiger Schichtzeit ausgenutzt wird, und daß von dieser Zeit die Maschine 3 Stunden vollbelastet, 2 Stunden mit 50 v. H. und eine Stunde mit 10 v. H. arbeitet, so ergibt sich erstmalig ein Ausnutzungsfaktor von 0,6, ferner ein Belastungsfaktor von $\dfrac{3 \cdot 1 + 2 \cdot 0{,}5 + 1 \cdot 0{,}1}{10} = \dfrac{4{,}1}{10} = 0{,}41$. Der Gesamtfaktor beträgt $0{,}6 \cdot 0{,}41 = 0{,}246$. Würde als Höchstkraftbedarf der Maschine ein Wert von 10 kW ermittelt sein, so würde sich also ein Kraftbedarf dieser Maschine für den Gruppenmotor von $10 \cdot 0{,}246 = 2{,}46$ kW ergeben. Die so für einzelne Maschinen errechneten Werte addiert, ergeben dann den Gesamtkraftbedarf der an eine Transmission angeschlossenen Arbeitsmaschine, für welche dann der Motor unter Berücksichtigung der zusätzlichen Übertragungsverluste zu berechnen wäre. Wo eine solche Berechnung unter Berücksichtigung des Ausnutzungs- und Belastungsfaktors nicht möglich ist, kann ein Annäherungswert in der Weise bestimmt werden, daß von dem gesamten Kraftbedarf der einzelnen Maschine nur etwa $^1/_3$—$^1/_4$ für die Bemessung der Motorleistung zugrunde gelegt wird. Nachträgliche Kontrollmessungen sind dann aber sehr wichtig, um, falls sich die Wahl des Motors als nicht richtig ergeben sollte, diesen gegen einen passenden auszutauschen. Dabei ist darauf zu achten, daß die Leistung so gewählt wird, daß möglichst die längste Zeit der Motor mit seinem besten Wirkungsgrad arbeitet. Vorübergehende Überlastung hält jeder Motor aus, und zwar bestimmen die Vorschriften des Vereins Deutscher Elektrotechniker, daß Motoren für Dauerbetrieb im betriebswarmen Zustande während 2 Minuten den 1,5-fachen Nennstrom ohne Beschädigung oder bleibende Formveränderung aushalten müssen. Stoßweise Überlastung kann der Motor meistens bis über 100 v. H. ohne Schaden vertragen.

Was die Spannung anbelangt, so wird man diese so hoch wie möglich wählen, um möglichst kleine Zuleitungsquerschnitte zu erhalten. Bei Gleichstrom wird man also wenn möglich bis auf 440 Volt hinaufgehen. Kleinere Drehstrommotoren sind an 220 Volt oder 380 Volt anzuschließen. Größere Motoren wird

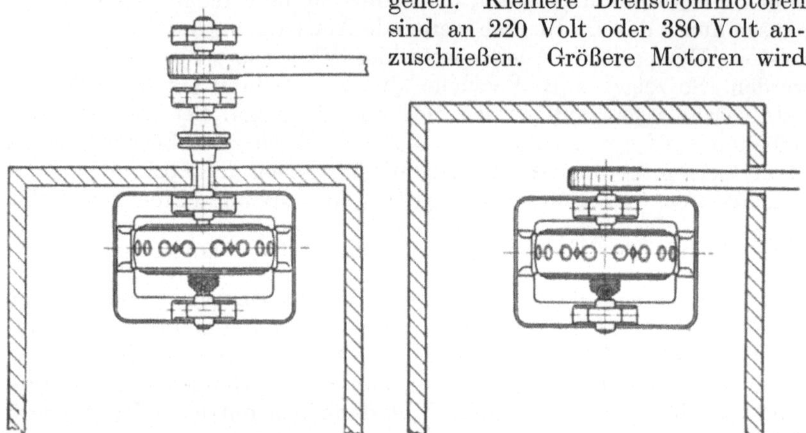

Abb. 88. Geschützte Aufstellung eines Motors in einem besonderen Betriebsraum, Ausführung a richtig, b falsch.

man, falls Hochspannung vorhanden ist, unmittelbar an diese Spannung anschließen.

Was die Auswahl der Motoren in bezug auf die mechanische Ausführung anbelangt, so ist hier naturgemäß der billige offene Motor in Lagerschildausführung am Platze. Dort, wo eine Verschmutzung oder Beschädigung möglich ist, oder die stromführenden Teile gegen Berührung zu schützen sind, ist ein ventiliert gekapselter Motor zu verwenden. Unbedingt ist zu vermeiden, offene Motoren zum Zwecke des Schutzes mit einem Blech- oder Holzkasten zu umgeben. Bei solchen Anordnungen ist meist nur eine sehr ungünstige Kühlung des Motors möglich, wodurch eine übermäßige Erwärmung der Wicklungen und eine Beschädigung der Isolation leicht eintreten kann. Große Motoren, besonders Hochspannungsmotoren, sind zweckmäßig in einem besonderen Betriebsraum aufzustellen. Ist der Arbeitsraum nicht staubhaltig, dann genügt es, den Betriebsraum des Motors durch einfache Schutzgitter von dem allgemeinen Arbeitsraum abzutrennen. Bei staubhaltigen oder sonst gefährdeten Räumen ist ein besonderer Betriebraum, der durch dichte Wände abzutrennen ist, vorzusehen, wobei auf gute Riemenführung und gute Entlüftung des Raumes Wert gelegt werden muß. Abb. 88 zeigt die richtige und die falsche Anordnung eines solchen Betriebsraumes; nur bei der richtigen Ausführung ist eine gute Abdichtung des Raumes nach außen möglich. Die Kühlluft ist bei solchen Räumen zweckmäßig von außen durch einen besonderen Luftkanal zuzuführen, wobei dessen Mündung möglichst unterhalb der Maschine anzuordnen ist. Für den Abzug der erwärmten Luft dient am besten ein Luftschacht, der, als Kamin über dem Motor angeordnet, ins Freie mündet.

B. Einzelantriebe.

55. Allgemeines über Einzelantriebe.

Die Entwicklung des Einzelantriebes von Arbeitsmaschinen reicht bereits einige Jahrzehnte zurück. Überall wurden die Vorteile, die sich mit dem Einzelantrieb erreichen lassen, erkannt, und man versuchte, entsprechende Antriebe durchzubilden. In der ersten Zeit der Entwicklung traten jedoch sehr oft Fehlschläge ein. Der hauptsächlichste Grund bestand in den nicht genügend durchgebildeten und nicht genügend betriebssicheren Motoren, die damals noch keine Wendepole besaßen, so daß keine hohen Überlastungen, sehr ungenügende Drehzahlregelungen und kaum eine elektrische Umkehrung möglich war. Außerdem kannte man seinerzeit fast nur offene Motoren, die sich für eine große Zahl von Betrieben nicht eigneten. Erst nach Durchbildung des Wendepolmotors und vor allem auch erst nach Einführung des Drehstromes erhielt die ganze Bewegung einen neuen Impuls. Es setzten wiederum Versuche zur Einführung des Einzelantriebes ein, die dann allmählich zu einem vollen Erfolg führten. Immerhin dauerte es noch eine ganze Reihe von Jahren, ehe ein tatsächlich brauchbarer Antrieb entwickelt wurde. So wurde z. B. im Jahre 1893 die erste elektrische Fördermaschine in Betrieb gesetzt, aber erst im Jahre 1903 setzte die tatsächliche Entwicklung durch Anwendung der Leonardschaltung ein.

Betrachtet man nun die Entwicklung des Einzelantriebes bei den Arbeitsmaschinen der einzelnen Anwendungsgebiete in der Industrie, so zeigt sich die Erscheinung, daß bereits zeitig elektrische Einzelantriebe für größere Maschinen, die vorher schon einzeln, meist durch Dampfmaschinen, angetrieben wurden, eine gute Durchbildung erfuhren und weitgehende Verbreitung fanden. Meist hat man es bei diesen Antrieben verstanden, die Vorteile des Einzelantriebes auszunutzen, und diese Vorteile, vereinigt mit dem Bestreben, die gesamte Krafterzeugung in großen Zentralen zu vereinigen, haben diesem Einzelantrieb immer mehr das Feld erobert. Ungünstiger sieht es bei dem Einzelantrieb für kleinere Arbeitsmaschinen aus, für die der Antrieb in der Hauptsache mittels Transmission gebräuchlich war und noch ist. Hier hat es viel längere Zeit gedauert, ehe sich der Einzelantrieb durchsetzen konnte. Erst nachdem man auch bei diesen kleinen Antrieben dazu übergegangen ist, ihre Eigenheit zu prüfen, sich ihr durch Schaffung von Sondermotoren anzupassen und alle Vorteile, die der Einzelantrieb bietet, auszuwerten, konnte sich der Einzelantrieb auch hier das Feld erobern. Am ungünstigsten ist es gegenwärtig noch mit dem Einzelantrieb von Werkzeugmaschinen (spanabhebenden Maschinen, Blechbearbeitungsmaschinen

usw.) bestellt, bei denen man zwar teilweise, hauptsächlich bei den
großen Arbeitsmaschinen, über erstklassige Einzelantriebe verfügt,
größtenteils aber jetzt noch Antriebe findet, deren
Durchbildung jedem technischen Empfinden
widerstrebt. Trotzdem gehen die meisten be-
teiligten Ingenieure gedankenlos an solchen un-

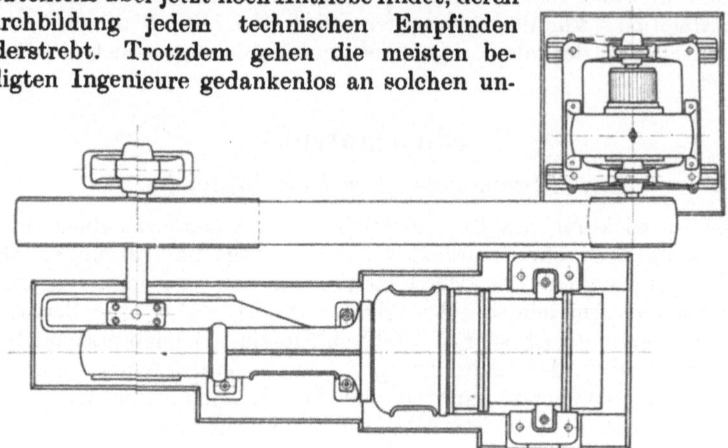

Abb. 89a. Antriebsmöglichkeiten einer Kolbenmaschine. Riementrieb.

wirtschaftlichen Antrieben vorbei, was sowohl auf Gleichgültigkeit,
sicher aber auch auf Unkenntnis der in Frage kommenden Probleme
zurückgeführt werden kann. Um
aber einen technisch richtigen Einzelantrieb durchzubilden, ist es
nötig, zu wissen und genau zu prüfen, welche Ausführungsmöglichkeiten vorhanden sind und welche
Vorteile mit dem richtig durchgebildeten Einzelantrieb erzielt werden können. Am besten läßt sich an
Beispielen ersehen, worauf es in erster Linie bei der Durchbildung eines
wirtschaftlichen Einzelantriebes ankommt und welche Ausführungs-

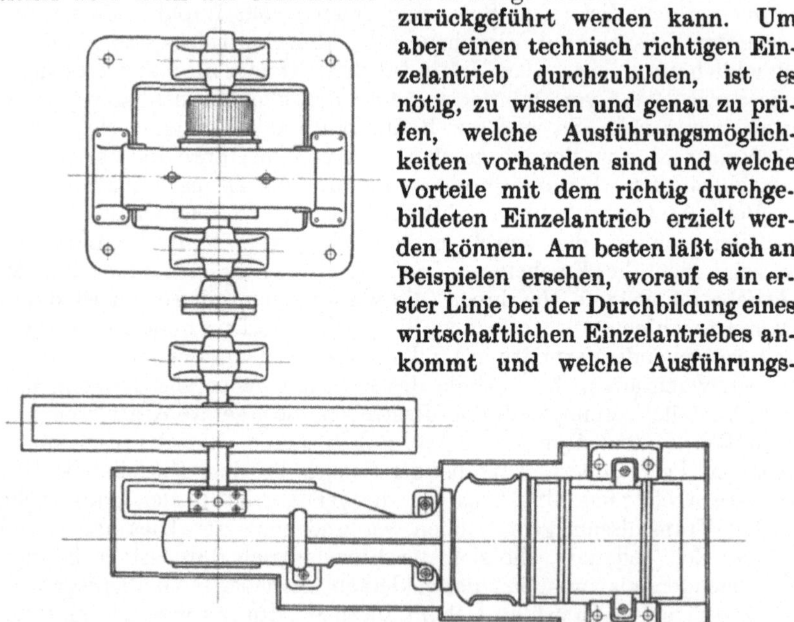

Abb. 89b. Antriebsmöglichkeiten einer Kolbenmaschine. Elastische Kupplung.

möglichkeiten gegeben sind. So zeigen die Abb. 89a—c die Antriebsmöglichkeiten einer Kolbenmaschine; es kann dies ein Luftkompressor

oder eine Kolbenpumpe sein. Der ursprünglichste Antrieb ist der mittels Riemen. Der Vorteil ist ein raschlaufender, daher billiger Antriebsmotor. Nachteilig ist jedoch die Riemenübertragung. Die Anschaffungskosten, vor allem aber die Erneuerungskosten des Riemens, seine Wartung und Instandhaltung, werden die Ersparnisse, die durch den billigen Motor erzielt werden, meistens aufheben. Bei der gezeigten Aus-

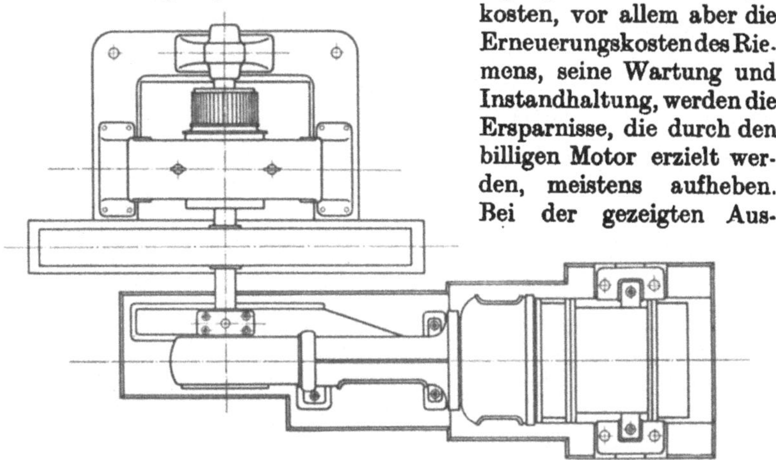

Abb. 89c. Antriebsmöglichkeiten einer Kolbenmaschine. Starre Kupplung.

führung (Abb. 89a) ist außerdem noch angenommen, daß der Riementrieb längs der Maschine verlegt werden kann, was aber nur selten möglich sein wird. Muß der Motor in der entgegengesetzten Richtung

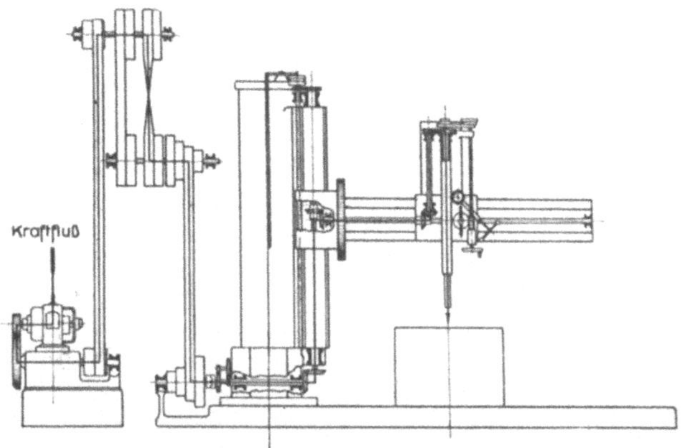

Abb. 90a. Unwirtschaftlicher Einzelantrieb einer Radialbohrmaschine.

aufgestellt werden, so ergibt sich für das gesamte Aggregat ein viel größerer Raumbedarf als bei unmittelbarer Kupplung. Dadurch muß auch das Gebäude größer gewählt werden, wodurch sich die Anlagekosten wesentlich erhöhen. Aber auch bei der unmittelbaren Kupplung gibt es noch verschiedene Ausführungsmöglichkeiten. So zeigt z. B. Abb. 89b eine Ausführung mit vier Lagern und elastischer Kupplung zwischen

Arbeitsmaschine und Motor, Abb. 89c eine Zweilagerausführung, wobei der Anker des Motors unmittelbar auf der Kurbelwelle sitzt. Weiter wird bei manchen Ausführungen noch die Möglichkeiten gegeben sein,

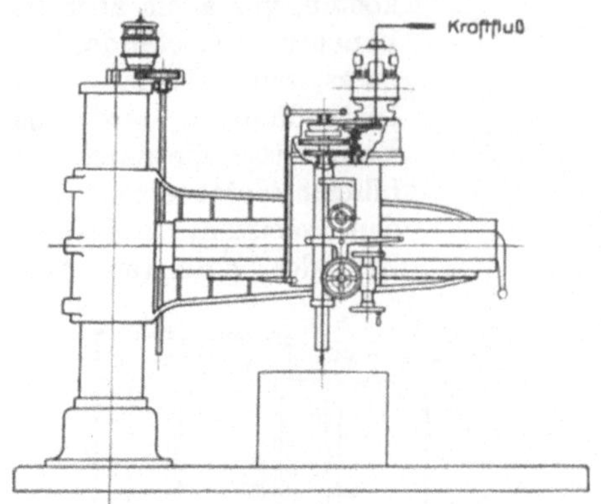

Abb. 90b. Wirtschaftlicher Einzelantrieb einer Radialbohrmaschine.

die gesamten Schwungmassen im Anker unterzubringen, wodurch sich die Anordnung eines getrennten Schwungrades erübrigen würde.

Ein weiteres markantes Beispiel für die Möglichkeit der verschiedenen Ausführungsformen zeigen die Einzelantriebe von Radialbohrmaschinen. So zeigt die Abb. 90a eine Radialbohrmaschine in älterer Ausführung, wie sie allerdings noch öfter in den Werkstätten anzutreffen ist, mit Stufenkonus und Riemenumschaltung, die an Stelle der Transmission von einem Einzelmotor angetrieben wird. Die Zahl der Geschwindigkeitsstufen ist, da der Motor keine Drehzahlregelung besitzt, dieselbe geblieben, ebenso die große

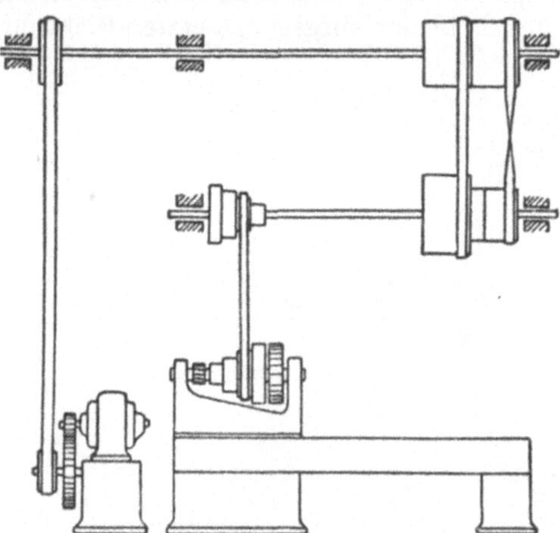

Abb. 91a. Unwirtschaftlicher Einzelantrieb einer Drehbank.

Anzahl der Übertragungsorgane. Demgegenüber zeigt Abb. 90b den technisch richtig durchgebildeten Einzelantrieb einer gleichen Maschine, bei der nunmehr der Motor unmittelbar auf den Support gesetzt ist. Die Zahl der Übertragungen, die bei dem alten Antrieb 9 betrug, ist auf 2 zurückgegangen. Der bei der Ausführung verwendete Motor ist ein Regelmotor, der eine feinstufige Einstellung der Drehzahlen ermöglicht. Die Umkehrung der Drehrichtung erfolgt auf elektrischem Wege, so daß besondere Wendegetriebe entfallen. Innerhalb dieser in der Abbildung wiedergegebenen extremen Ausführungsarten gibt es noch eine große Zahl Zwischenausführungen, z. B. Radialbohrmaschinen mit Räderkasten statt Stufenkonus, dann mit Motor auf dem Ausleger usw.

Ein weiteres Beispiel bieten die Einzelantriebe von Drehbänken.

So zeigt z. B. Abb. 91a eine Stufenscheibendrehbank in der gebräuchlichen Ausführung, die auch mit einem Einzelantrieb in der Weise versehen wurde, daß man das Deckenvorgelege von einem kleinen besonderen Motor antreibt.

Auch diese Ausführung ist durchaus unwirtschaftlich. Sie bietet gegenüber dem Transmissionsantrieb nur unbedeutende Vorteile. Abb. 91b zeigt eine moderne Maschine, bei der ähnlich wie bei der Radialbohrmaschine durch Einbau eines Regelmotors ein wirtschaftlicher Einzelantrieb mit allen seinen Vorteilen erzielt worden ist.

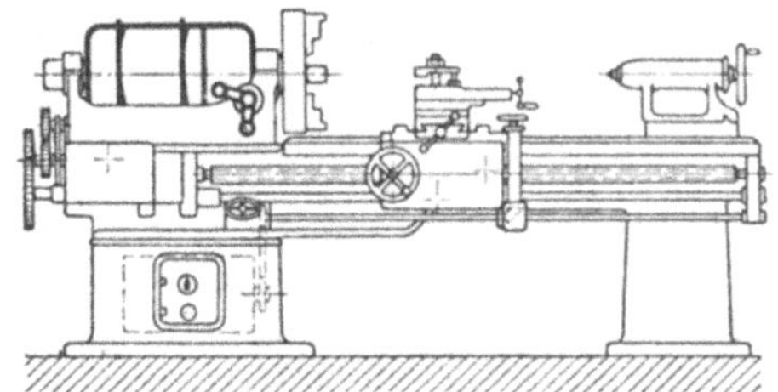

Abb. 91b. Wirtschaftlicher Einzelantrieb einer Drehbank.

Diese drei Beispiele zeigen bereits, daß die Ausführung des Einzelantriebes von Arbeitsmaschinen jeglicher Art eine genaue Durcharbeitung verlangt und eine Kenntnis der Arbeitsbedingungen des Motors und seiner Ausführungsmöglichkeiten voraussetzt. Allgemein sind die Vorteile des technisch richtig durchgebildeten Einzelantriebes folgende:

1. Der Baugrund kann ohne jede Rücksicht auf die Anordnung von Transmissionen voll ausgenutzt werden, was insbesondere bei unregelmäßigem oder nicht zusammenhängendem Baugrund von großer Wichtigkeit sein kann.

2. Infolge Wegfalls der gesamten Transmission kann das Fabrikgebäude wesentlich leichter ausgeführt werden, wodurch sich die Baukosten erheblich ermäßigen. So kann z. B. bei Shedbauten die Dachkonstruktion leichter und der Abstand der Säulen größer gewählt werden, wodurch wiederum eine bessere Platzausnutzung gegeben ist.

3. Es ergibt sich die Möglichkeit, die Aufstellung der verschiedenen Arbeitsmaschinen besser dem Verarbeitungsvorgang derart anzupassen, daß unnötige Transporte des Arbeitsgutes nach Möglichkeit vermieden und die Arbeitsmaschinen auch jederzeit leicht umgestellt werden können.

4. Die Schwierigkeiten, die beim Antrieb einzelner entfernt stehender Maschinen infolge von komplizierten Transmissionen entstehen würden, fallen weg.

5. Energieverluste beim Stillstand der Arbeitsmaschinen infolge leerlaufender Transmissionen treten nicht auf, da der Elektromotor beim Stillstand vom Leitungsnetz abgeschaltet ist und somit keinerlei Energie verbraucht. Es ergibt sich hieraus, insbesondere bei denjenigen Arbeitsmaschinen, die während der Arbeitsschicht längere Zeit stillstehen, eine erhebliche Ersparnis an Energiekosten.

6. Die Ersparnis an Energiekosten wird auch dann eine erhebliche

sein, wenn in den Überstunden und Nachtschichten oder bei Sonntagsarbeiten nur einige Arbeitsmaschinen oder einzelne Abteilungen der Fabrik in Betrieb gehalten werden müssen.

7. Der elektrische Einzelantrieb bietet eine bequeme Kontrolle über den Zustand der Triebteile der Arbeitsmaschine, da es mittels eines Stromzeigers jederzeit leicht möglich ist, die Kraftaufnahme der Arbeitsmaschine festzustellen und sich hieraus ein Bild über den Zustand derselben zu machen.

8. Bei einem evtl. Defekt an den Transmissionen kommen meistens ganze Gruppen von Arbeitsmaschinen, evtl. sogar ganze Abteilungen der Fabrik zum Stillstand, während bei elektrischem Einzelantrieb immer nur diejenige Arbeitsmaschine außer Betrieb kommt, deren Motor defekt geworden ist.

9. Durch den Fortfall der vielen Transmissionen ergibt sich eine größere Helligkeit und ruhigere Beleuchtung, da die Schatten der Transmissionswellen, Lager und Scheiben, sowie insbesondere die beweglichen Schatten der Riemen in Wegfall kommen. Diese beweglichen Schatten erschweren dem Bedienungspersonal die Beobachtung des Arbeitsgutes und der Maschinen außerordentlich.

10. Es ergibt sich eine größere Sauberkeit des ganzen Betriebes, da bei Fortfall der langen Riemen weniger Staub aufgewirbelt und das so oft vorkommende Abtropfen des Öles von den Transmissionen vermieden wird.

11. Bei jeder einzelnen Arbeitsmaschine kann die Geschwindigkeit entsprechend den jeweiligen Verhältnissen in bequemer Weise auch während des Betriebes geändert werden.

Um alle diese Vorteile zu erzielen, sind vor allem nachstehend behandelte Einzelheiten zu beachten:

56. Drehzahlverhältnisse.

Ein wichtiger Faktor für die Auswahl des Antriebsmotors und für die Durchbildung des Einzelantriebes sind die Drehzahlverhältnisse der eigentlichen Arbeitsmaschine. Am einfachsten wird die Anordnung dann, wenn die Arbeitsmaschine mit dauernd gleichbleibender Drehzahl durchläuft und nur in großen Zeitabschnitten ein Anlassen und Stillsetzen erforderlich ist, wie dies z. B. bei Pumpenantrieben für Wasserhaltungen und Wasserwerke, für Lüfterantriebe bei gleichbleibender Luftmenge, bei durchlaufenden Paternosterwerken usw. der Fall ist. Für solche Antriebe eignet sich infolge seiner Vorteile am besten der asynchrone Drehstrommotor, dessen Drehzahl von der Belastung unabhängig ist. Ist Drehstrom nicht vorhanden, so kommt der Gleichstromnebenschlußmotor in Betracht. Die Drehzahl des Motors bzw. des Antriebes ist so zu wählen, daß besonders bei raschlaufenden Maschinen eine unmittelbare Kupplung zwischen Motor und Arbeitsmaschine möglich wird. Bei asynchronen Drehstrommotoren wird man dadurch allerdings auf die Drehzahlen von etwa 1450, 950, 730 usw. (vgl. S. 32) angewiesen sein. Bei Gleichstrommotoren liegen die Verhältnisse günstiger, da man hierbei an diese Abstufung nicht gebunden ist.

Eine andere Gruppe von Arbeitsmaschinen arbeitet zwar auch längere Zeit mit der einmal eingestellten Drehzahl, jedoch ist eine verschiedene Einstellung dieser Drehzahl, also ein bestimmter Regelbereich, erforderlich. Der Gesamtregelbereich ist von der Art der Arbeitsmaschine abhängig und kann 1 : 2 bis 1 : 40 und mehr betragen. In diese Gruppe gehören sehr viele Arbeitsmaschinen, z. B. Lüfter für veränderliche Luftmengen, Papiermaschinen, Kalander, Textilmaschinen, durchlaufende Walzenstraßen und die große Zahl der Werkzeugmaschinen wie Drehbänke, Bohrmaschinen, Fräsmaschinen usw. Alle diese Maschinen verlangen innerhalb des gesamten Regelbereiches eine weitgehende feinstufige Regelung, da auf diese Weise eine bessere Anpassung der tatsächlichen Arbeitsgeschwindigkeit an die dem jeweiligen Arbeitsprozeß entsprechende wirtschaftliche Geschwindigkeit möglich wird, wodurch die Gesamtwirtschaftlichkeit des Antriebes wesentlich gesteigert werden kann. Diejenigen Arbeitsmaschinen — in erster Linie ist hierbei an solche von kleinster Leistung gedacht —, deren Antrieb durch Transmission gebräuchlich war oder noch gebräuchlich ist, erhalten, wenn nicht ein richtig durchgebildeter Einzelantrieb mit Regelmotor vorhanden ist, zum Einstellen der einzelnen Geschwindigkeiten innerhalb des Regelbereichs entsprechende mechanische Wechselgetriebe. Gebräuchlich sind Stufenscheiben, Räderkästen, und für ganz feinstufige Verstellung, z. B. wie bei Papiermaschinen, Riementriebe mit konischen Trommeln usw. Wie ungünstig, unwirtschaftlich und unzweckmäßig diese Getriebe besonders bei größerem Regelbereich oft ausfallen, zeigt nachstehendes Beispiel. Eine Drehbank soll mit einem Regelbereich von 1 : 36 ausgeführt werden; sie wird mit 4facher Stufenscheibe (vgl. Abb. 91 a) und einem umschaltbaren Zahnradvorgelege ausgeführt, hat also 8 Geschwindigkeiten. Hierbei beträgt der Sprung, also die Drehzahlzunahme von einer Geschwindigkeitsstufe zur anderen bei gleicher geometrischer Abstufung etwa 67 v. H. Infolge dieses hohen Sprunges können unter Umständen sehr unwirtschaftliche Verhältnisse eintreten. Abb. 92 zeigt ein Diagramm dieser Geschwindigkeitsregelung. Es ist so zu lesen, daß die einzelnen radialen Strahlen jeweils die einstellbaren Geschwindigkeitsstufen angeben. Durch die Festlegung dieser Geschwindigkeitsstufen ist dann die Abhängigkeit vom Drehdurchmesser und der Schnittgeschwindigkeit gegeben. Wird z. B. eine Drehzahl von 28 eingestellt, dann kann man bei 100 mm Durchmesser etwa 8 m, bei 200 mm etwa 17,5 m, bei 300 mm etwa 26 m Schnittgeschwindigkeit usw. erhalten. Infolge des großen Sprunges von 67 v. H. von Stufe zu Stufe können sich unter Umständen sehr ungünstige Betriebsverhältnisse ergeben. Soll z. B. ein Drehdurchmesser von 300 mm mit 20 m Schnittgeschwindigkeit gedreht werden, so kann man entweder eine Drehzahl von 16,6 oder von 28 einstellen; im ersteren Falle würde sich eine Schnittgeschwindigkeit von rund 15, im zweiten von etwa 26 ergeben. Da der Stahl in den meisten Fällen eine so erhebliche Steigerung der Schnittgeschwindigkeit um etwa 30 v. H. nicht zuläßt, so ist man gezwungen, mit etwa 15 m zu arbeiten, d. h. um etwa 25 v. H. weniger als der höchstzulässigen wirtschaftlichen Geschwindigkeit entspricht. Dies bedingt also einen Zeitverlust, bezogen auf die reine Arbeitszeit von 25 v. H. Will man günstigere Verhältnisse erreichen, dann muß die Zahl der einstellbaren

Drehzahlen, also die Zahl der Stufen innerhalb des Regelbereichs vergrößert werden. Bei den Geschwindigkeitsverhältnissen nach dem Diagramm mit Regelmotor ergeben sich im ganzen 27 Drehzahlen, wobei dann der Sprung von Stufe zu Stufe nur 15 v. H. betragen würde. Bei demselben Beispiel hätte man dann die Möglichkeit, mit etwa 22 oder mit etwa 18,5 m zu arbeiten. Der Zeitverlust würde dann nur noch 7 gegenüber 25 v. H. betragen. Sollten diese 27 Geschwindigkeiten rein mechanisch durch Wechselräder erreicht werden, dann würde sich ein ganz unwirtschaftlicher Aufbau des mechanischen Getriebes ergeben, da z. B. bei der Drehbank nach Abb. 91a durch Einbau eines zweiten Deckenvorgeleges die Zahl der Geschwindigkeiten erst auf 16 erhöht werden könnte. Wesentlich günstiger, einfacher und wirtschaftlicher wird der Aufbau der Arbeitsmaschine bei

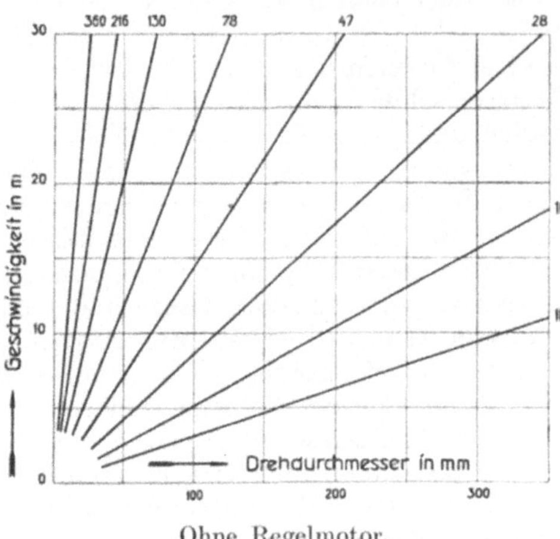

Ohne Regelmotor.

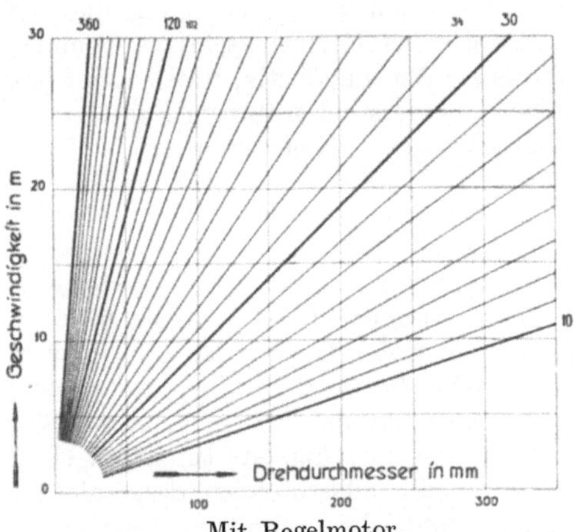

Mit Regelmotor.

Abb. 92. Geschwindigkeitsdiagramme einer Drehbank.

Anwendung eines Regelmotors. Am zweckmäßigsten wäre naturgemäß die Überbrückung des gesamten Regelbereichs auf elektrischem Wege durch entsprechende Drehzahlregelung des Motors. Auf diese Weise würden sich dann sämtliche Wechselgetriebe, da jede beliebige Drehzahl des Motors eingestellt werden kann, erübrigen. Bei geringem Regelbereich, etwa 1 : 3 bis 1 : 4 ist dies ohne weiteres und ohne erheblichen Kostenmehraufwand möglich durch Wahl eines Regelmotors. Da, wie anfangs erwähnt, angenommen wurde, daß die eingestellten Drehzahlen unabhängig von der Belastung gleich bleiben müssen, so eignet sich zum Antrieb solcher Arbeitsmaschinen am besten der Gleichstromnebenschlußmotor mit Feldregelung. Der Drehstromnebenschlußmotor ist gleichfalls verwendbar, jedoch ist er viel teurer als der Gleichstrommotor und hat auch einen schlechteren Wirkungsgrad. Welche Drehzahlverhältnisse sollen nunmehr dem Regelmotor zugrunde gelegt werden? Der Gleichstrommotor gestattet einen ziemlich weiten Spielraum bei der Auswahl der Drehzahl. Naturgemäß müßte, um die Verluste der Zwischenübertragung zu vermeiden und die Betriebssicherheit zu erhöhen, möglichst unmittelbare Kupplung zwischen der Arbeitsmaschine und dem Motor angestrebt werden. Dies wird nicht immer möglich sein, besonders wenn die Drehzahlen der Arbeitsmaschine sehr niedrig sind, da dann der Motor zu groß und zu teuer ausfallen würde. Da die Größe des Motors im wesentlichen durch den Wert $\dfrac{\text{Leistung}}{\text{Drehzahl}}$ bestimmt wird, so ist bei gegebener Leistung eine möglichst hohe Drehzahl anzustreben. Begrenzt wird die höchste Drehzahl einerseits durch die höchstzulässige Zahngeschwindigkeit des Ritzels bzw. die höchstzulässige Riemengeschwindigkeit und den dann noch zulässigen kleinsten Riemenscheibendurchmesser. Immerhin wird man bei kleineren Antrieben bis zu etwa 10 PS unter Verwendung von Stahlritzel bzw. Spannrollen bis auf eine Drehzahl von 3000 in der Minute heraufgehen können, so daß sich der Gesamtregelbereich eines Motors bei Regelung von 1 : 2 zu etwa 1500 : 3000, bei 1 : 3 zu 1000 : 3000 ergeben würde. Maßgebend für die Bestimmung der Motorgröße ist dabei die bei der kleinsten Drehzahl herzugebende Leistung (gleiche Leistung über den gesamten Regelbereich vorausgesetzt), d. h. man erreicht keine Verbilligung des Motors durch Verkleinerung des Regelbereichs, wenn dabei die Grunddrehzahlen, also die niedrigsten Drehzahlen, beibehalten werden. Ein Regelmotor für den Regelbereich 1000 : 2000 kostet dasselbe wie ein Motor von gleicher Leistung und dem Regelbereich 1000 : 3000. Es ist daher wichtig, bei der Auswahl des Regelmotors erst die höchste zulässige Drehzahl zu wählen und dann erst unter Berücksichtigung des gesamten Regelbereichs die niedrigste Drehzahl zu errechnen. Wo die Einschränkung bezüglich der Zahn- oder Riemengeschwindigkeit nicht vorhanden ist, z. B. bei direkter unmittelbarer Kupplung, kann auch bei den kleineren Gleichstrommotoren noch über 3000 Umdrehungen hinaufgegangen werden. Als Anhaltspunkt können für die höchstzulässigen Drehzahlen etwa folgende Angaben dienen:

Leistung des Motors	10	15	50	100 kW
Höchstzulässige Drehzahl etwa	6500	5000	3800	3000 i. d. Min. bei Gleichstrommotoren
„ „ „	1500	1500	1000	1000 i. d. Min. bei Drehstromkollektormotoren.

Ist die höchste und niedrigste Drehzahl des Motors festgelegt, so können alle dazwischen liegenden Drehzahlen auf elektrischem Wege eingestellt werden. Beim Gleichstromnebenschlußmotor erfolgt dies durch den

Nebenschlußregler, bei dem Drehstromkollektormotor durch Bürstenverschiebung oder Spannungsänderung. Die Einstellung kann unter
Vollast in kürzester Zeit und in einfachster Weise mit geringstem Kraft-
aufwand vom Standort des Arbeiters vorgenommen werden, im Gegensatz zu den mechanischen Wechselgetrieben, wo meist eine Entlastung,
zeitraubende Handgriffe und ein Verlassen des Standortes des Arbeiters
erforderlich werden. Außer dem Gleichstromnebenschlußmotor und dem
Drehstromnebenschlußmotor können noch Kaskadenschaltung und
Regelsätze mit Nebenschlußcharakteristik verwendet werden. Diese
Anordnung ist aber nur bei großen Antrieben, z. B. Walzenstraßen,
Bergwerksventilatoren usw. wirtschaftlich.

Ist der Gesamtregelbereich größer als 1 : 3 oder 1 : 4, dann ist die
Gesamtüberbrückung auf elektrischem Wege nur unter bestimmten
Voraussetzungen möglich. Es ist darauf hingewiesen worden, daß die
Größe des Motors im wesentlichen durch den Ausdruck $\dfrac{\text{Leistung}}{\text{Drehzahl}}$
bestimmt ist. Wird nun über den gesamten Regelbereich gleichbleibende
Leistung verlangt, und ist dieser Regelbereich größer als 1 : 3 oder
1 : 4, dann wird der Motor außerordentlich groß. Bei einem Regelbereich
von beispielsweise 1 : 40 und einer Höchstdrehzahl von 2000 würde sich
für die kleinste Drehzahl ein Wert von 50 ergeben, bei dem der
Motor die verlangte Leistung noch hergeben müßte. Dabei könnte die
Regelung nicht durch Änderung des Feldes, sondern durch Spannungsänderung, z. B. durch Zu- und Gegenschaltung oder durch Leonardschaltung erfolgen. Diese Schaltung kann man daher zur Überbrückung
des Gesamtregelbereichs nur dann verwenden, wenn nicht mit konstanter Leistung über den gesamten Regelbereich, sondern mit annähernd konstantem Drehmoment gerechnet werden kann. Die Leistung
des Motors fällt dann annähernd verhältnisgleich mit der Drehzahl und
der Wert $\dfrac{\text{Leistung}}{\text{Drehzahl}}$ wird dann für den gesamten Regelbereich praktisch konstant. Annähernd gleiches Drehmoment haben z. B. Förder-
maschinen mit Seilausgleich, Papiermaschinen usw. Bei manchen
Antrieben fällt das Lastdrehmoment mit der Drehzahl, z. B. bei Zen-
trifugalpumpen, Lüftern usw. Bei Antrieben mit annähernd gleichem
oder abnehmendem Drehmoment kann die Regelung mit Hilfe der
Zu- und Gegenschaltung oder der Leonardschaltung erfolgen. Innerhalb
des gesamten Regelbereichs kann dann ohne weiteres jede Drehzahl
auf elektrischem Wege eingestellt werden.

Bei großem Regelbereich und gleichbleibender Leistung über diesen
Regelbereich ist eine Überbrückung des gesamten Regelbereichs auf
elektrischem Wege nicht wirtschaftlich. Man muß sich dann begnügen
einen Regelmotor in den Grenzen von etwa 1 : 3 bis 1 : 4 zu verwenden,
wodurch dann noch umschaltbare Vorgelege erforderlich werden. In
welcher Weise dabei die Auswahl getroffen werden kann, zeigt nachstehende Tabelle. Angenommen ist eine Gesamtregelung 1 : 40. Wird
kein umschaltbares Vorgelege gewählt, dann müßte die Motorregelung

Zahl der Gänge	Zahl der umschaltbaren Vorgelege	Motorregelung	Geschwindigkeitsverhältnis der einzelnen Stufen
1	0	1 : 40	1 : 40
2	1	1 : 6,32	1 : 6,32 : 40
3	2	1 : 3,42	1 : 3,42 : 11,6 : 40
4	3	1 : 2,52	1 : 2,52 : 6,35 : 16 : 40
5	4	1 : 2,09	1 : 2,09 : 4,37 : 19,1 : 40

1 : 40 betragen. Dies ist, wie bereits erwähnt, bei gleichbleibender Leistung nicht möglich. Bei einem umschaltbaren Vorgelege würde die Regelung des Motors 1 : 6,32 betragen, und die Geschwindigkeitsverhältnisse der einzelnen Stufen würden sich wie 1 : 6,32 zu 40 verhalten. Bei 2 umschaltbaren Vorgelegen würde die Motorregelung auf 1 : 3,42, bei 3 umschaltbaren Vorgelegen auf 1 : 2,52 heruntergehen usw. Die Geschwindigkeitsverhältnisse sind aus der Tabelle ohne weiteres ersichtlich, und wäre bei der Auswahl des Motors nun folgendes zu beachten: Wird innerhalb des Gesamtregelbereichs nur eine geringe Stufenzahl verlangt, was allerdings nur selten vorkommen dürfte, so ist es naturgemäß das einfachste, man verzichtet auf den Regelmotor und schaltet mechanisch um. Dies würde dann zweckmäßig sein, wenn innerhalb des gesamten Regelbereichs von 1 : 40 die Drehzahleinstellung etwa in dem Verhältnis von 1 : 2,5 zu 6,3 zu 16 zu 40 erwünscht wäre, dann würde ein Getriebe mit 3 umschaltbaren Vorgelegen ausreichen. Meist wird aber eine möglichst feinstufige Einstellung der Drehzahlen innerhalb des Gesamtregelbereichs verlangt. Unter diesen Umständen wählt man dann einen möglichst weiten elektrischen Regelbereich und eine entsprechend geringere Anzahl mechanischer Stufen. Bezeichnet

$1 : A$ = Regelbereich des Motors,

p = Anzahl der mechanisch einstellbaren Geschwindigkeitsstufen,

n_1 = niedrigste Drehzahl der Arbeitsmaschine,

n_2 = höchste Drehzahl der Arbeitsmaschine,

so ergibt sich der Regelbereich des Motors zu

$$A = \sqrt[p]{\frac{n_2}{n_1}}.$$

Um bei gegebener Vorgelegeanzahl und bei gegebenem Motorregelbereich den Gesamtregelbereich zu erhöhen oder um mit einem Motor von geringstem Regelbereich bei gegebenem Gesamtregelbereich auszukommen, kann die Anordnung auch so getroffen werden, daß der Sprung zwischen den einzelnen Vorgelegen nicht vollständig vom Motor überbrückt wird, sondern daß der Sprung etwas größer als der Motorregelbereich gewählt wird[1]. Ist die Motorregelung z. B. 1 : 3, so kann man den Sprung größer machen, und zwar im Verhältnis 1 : (3·x). Die Größe dieses Wertes x könnte naturgemäß beliebig angenommen werden. Zweckmäßig ist es jedoch, einen gleichmäßigen

---

[1] Vgl. „Über Bestimmung von Regelmotor und Vorgelege bei Bohrmaschinen". Zeitschr. „Die Werkzeugmaschine" 1919, Heft 36.

Abstand aller Geschwindigkeiten über den gesamten Regelbereich nach
einer geometrischen Reihe zu erhalten. Bei einer gleichmäßigen
Drehzahlabstufung von beispielsweise 25 v. H. und einer Motorregelung
$1:3$ würde dann der Sprung zwischen den mechanischen Getrieben
$1:(3 \cdot 1{,}25) = 1:3{,}75$ betragen. In welcher Weise die Vorgelege bei
einem solchen Regelbereich errechnet werden, soll nachstehendes
Beispiel zeigen:

Vorhanden ist eine Arbeitsmaschine mit einem Gesamtregelbereich
von $1:20$, und zwar kommt als niedrigste Drehzahl 28, als höchste 560
in Betracht. Der Sprung zwischen den einzelnen Geschwindigkeiten und auch der zusätzliche Sprung soll 25 v. H., also $x = 1{,}25$ betragen. Es würde dann der Regelbereich des Motors bei Annahme von 3 mechanischen Geschwindigkeitsstufen betragen

$$A = \sqrt[p]{\frac{n_2}{n_1} \cdot \frac{1}{x^{p-1}}} = \sim 2{,}4.$$

Würde der Regelbereich des Motors so gewählt, daß er jeweils den gesamten Regelbereich zwischen den einzelnen Stufen überbrückt, dann würde er betragen

$$A = \sqrt[p]{\frac{n_2}{n_1}} = 2{,}71\,,$$

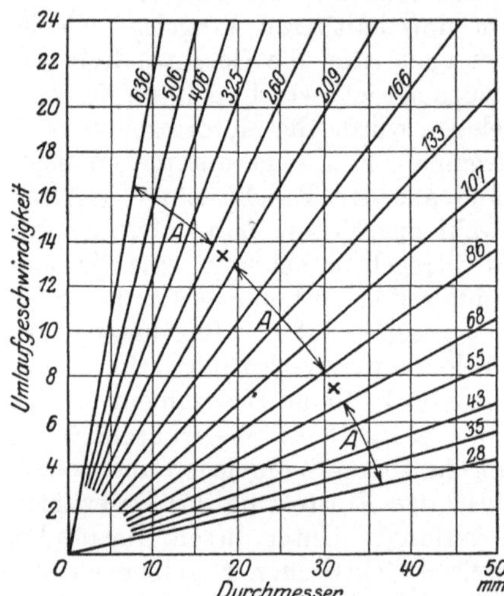

Abb. 93. Geschwindigkeitsdiagramm mit
Motorregelung (A) und zusätzlichem Sprung
im Getriebe (x).

also größer ausfallen.

Um die einzelnen Drehzahlstufen zu errechnen, kann von den niedrigsten Stufen ausgegangen werden, wobei für die nächstfolgende
jeweils 25 v. H. zuzuschlagen sind. Es ergibt sich dann das in Abb. 93
wiedergegebene Diagramm. Die Regelung zwischen 26—68 erfolgt
elektrisch. Dann wird auf 86 mechanisch umgeschaltet, hierauf bis
209 wieder elektrisch geregelt, dann auf 260 umgeschaltet, worauf dann
auf 260 umgeschaltet, worauf dann bis 636 wieder elektrisch geregelt
wird. Abb. 94 zeigt schematisch hierzu den Getriebeplan.

Bei der praktischen Ausführung wird naturgemäß eine Abrundung
der Drehzahlen mit Rücksicht auf die Wahl der zweckmäßigsten Zähnezahl und Zahnradübersetzung erfolgen.

Auf Grund dieses Schemas kann der Getriebeplan jeder Arbeitsmaschine, die für gemeinsame elektrische oder mechanische Regelung
ausgeführt werden soll, bestimmt werden.

Bei manchen Arbeitsmaschinen wird noch die Forderung gestellt,
daß zum Zwecke des Reinigens, des Vorrichtens usw. mit einer ganz
geringen Geschwindigkeit gearbeitet werden kann (z. B. bei Kalandern,

Rotationsdruckmaschinen usw.). Die zweckmäßigste Lösung ist dann die, für die geringen Geschwindigkeiten einen besonderen Hilfsmotor vorzusehen, dessen Übersetzung so groß gewählt wird, daß bei seiner höchsten Drehzahl die Arbeitsmaschine mit der gewünschten geringsten Drehzahl arbeitet. Da bei der normalen Arbeitsgeschwindigkeit der kleine Hilfsmotor eine unzulässig hohe Drehzahl annehmen würde, so muß eine besonders durchgebildete Überholungskupplung zwischen den kleinen Hilfsmotor und den Hauptmotor bzw. die Arbeitsmaschine geschaltet werden, die

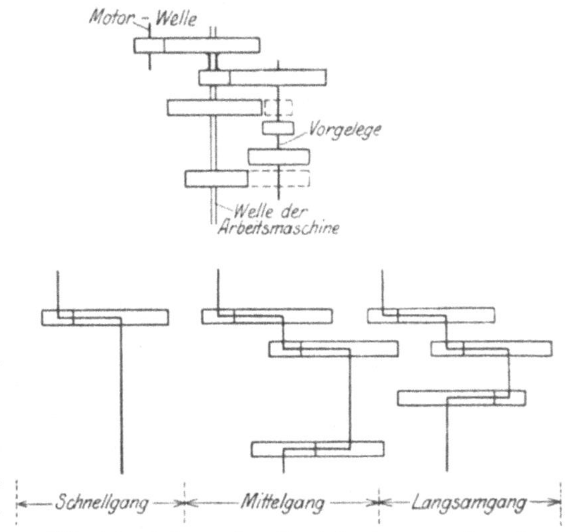

Abb. 94. Schema des Getriebeplanes zu dem Geschwindigkeitsdiagramm Abb. 93.

so arbeitet, daß nach Überschreitung der höchstzulässigen Motordrehzahl des Hilfsmotors seine Abkupplung selbsttätig erfolgt. Einen solchen Antrieb zeigt Abb. 95.

Abb. 95. Hauptmotor mit Überholungskupplung und Hilfsmotor zum Einstellen sehr niedriger Arbeitsgeschwindigkeiten.

Bei manchen Arbeitsmaschinen kann die Wirtschaftlichkeit wesentlich erhöht werden, wenn die Drehzahl innerhalb bestimmter Grenzen in Abhängigkeit von dem Arbeitsvorgang selbsttätig geregelt wird.

Ein Beispiel hierfür sind die Spinnmaschinen, bei denen, entsprechend dem Spinnprozeß, die Drehzahlen in bestimmten Grenzen geregelt werden müssen, oder z. B. Drehbänke, bei denen Wellendurchmesser nach Schablonen gedreht werden und wo entsprechend dem einzelnen Durchmesser verschiedene Geschwindigkeiten selbsttätig eingestellt werden müssen, oder Automaten, bei welchen in Abhängigkeit von der Stellung des Revolverkopfes verschiedene Geschwindigkeiten erwünscht sind. Durch Einhaltung dieser Bedingungen ist dann meist eine erhebliche Steigerung der Produktion möglich, da jeweils mit der wirtschaftlichsten Geschwindigkeit gearbeitet werden kann, im Gegensatz zu nicht regelbaren Antrieben, bei denen die Drehzahl für den ganzen Arbeitsprozeß nach der jeweils niedrigsten Drehzahl eingestellt werden muß. (Näheres vergleiche Abschnitt 74.)

Eine andere große Gruppe von Arbeitsmaschinen verlangt ein dauerndes Anlassen, Drehzahlregeln und Umsteuern. Hierher gehört die große Gruppe der Aufzüge, Haspeln, Fördermaschinen, Krane, Drehscheiben usw. Die Auswahl des Antriebes richtet sich nach der Eigenart und Größe der Maschine. Kleinere Antriebe, z. B. Krane, Spills, Schiebebühnen, Drehscheiben, bei denen zur Bedienung immer ein Arbeiter zur Verfügung steht, und bei denen große Lastmomente vorkommen, sind am besten durch den Gleichstromhauptschlußmotor anzutreiben. Dort, wo Gleichstrom nicht zur Verfügung steht, ist der asynchrone Drehstrommotor zu verwenden. Wo es auf sehr genaue Steuerung ankommt, z. B. bei Gießereikranen, ist der Gleichstromantrieb vorzuziehen.

Bei Reihenschlußmotoren ist zur Auswahl der Drehzahl des Motors das Drehmoment bei Leerlauf von Einfluß, da deren Drehzahl bei Entlastung, also bei Leerlauf der Arbeitsmaschine, erheblich in die Höhe geht. Je kleiner das Leerlaufdrehmoment ist, desto höher wird dann die Drehzahlsteigerung bei Entlastung sein. Für Antriebe mit niedrigem Leerlaufdrehmoment muß dementsprechend ein langsam laufender Hauptstrommotor gewählt werden.

Bei großen Arbeitsmaschinen, wie z. B. Fördermaschinen, ist die Leonardschaltung am zweckmäßigsten, weil dabei eine eindeutige Steuerung in Abhängigkeit von der Stellung des Steuerhebels und daher eine einfache und zweckmäßige Durchbildung geeigneter Sicherheitsapparate für das selbsttätige Stillsetzen der Fördermaschine erreicht werden kann. Bei mittelgroßen Maschinen ist auch der Repulsionsmotor, insbesondere in seiner Ausführung als Doppelmotor, und neuerdings auch der asynchrone Drehstrommotor gebräuchlich. Allerdings bedingen diese Motoren wegen ihrer nicht eindeutigen Steuerung in Abhängigkeit von der Stellung des Steuerhebels eine wesentlich schwierigere Durchbildung der Sicherheitseinrichtung.

Auch unter den kleineren Arbeitsmaschinen gibt es welche, die dauernd selbsttätig umgesteuert werden müssen; hierher gehören z. B. in erster Linie die Hobelmaschinen. Hierfür eignet sich am besten der Gleichstromnebenschlußmotor, der durch einen besonders durchgebildeten Anlasser in Abhängigkeit von der Bewegung des Tisches dauernd um-

gesteuert wird[1]). Da sich bei den meisten Hobelmaschinen ein Arbeits-
und ein Leergang abwechseln, so ist eine möglichst hohe Rücklauf-
geschwindigkeit für den Leergang zu verwenden, was durch die Wahl
eines Regelmotors erreicht wird. Die Regelmöglichkeit kann dann auch
für die Veränderung der Schnittgeschwindigkeit beim Arbeitsgang verwendet werden. Bei solchen Umkehrantrieben kommt es darauf an, ein
möglichst kleines Schwungmoment zu erhalten, um die Zeit für die
Umsteuerung tunlichst zu verkürzen. Da die Schwungmassen des
Motorankers meist den größten Prozentsatz der umzusteuernden Massen
(oft bis 80 v. H.) ausmachen,
so ist es sehr wichtig, einen
Motor auszuwählen, dessen
Arbeitsvermögen im Motor-
anker möglichst gering ist[2]).
Da das Anker-Schwungmo-
ment (GD^2) von leistungs-
gleichen Motoren durch die
zugrunde gelegte Drehzahl
bedingt wird, ist das Arbeits-
vermögen $\left(\dfrac{Jw^2}{2}\right)$ in doppelter
Beziehung von der Drehzahl
abhängig. Abb. 96 zeigt z. B.
die Änderung des Arbeits-
vermögens eines Motorankers,
Motorleistung etwa 7,5 kW, in
Abhängigkeit von der gewählten Drehzahl. In diesem Falle
würde man die geringste Um-
steuerungsenergie, also bei
gleicher Umsteuerungsleistung
die kürzeste Umsteuerzeit erhalten, wenn die Überset-

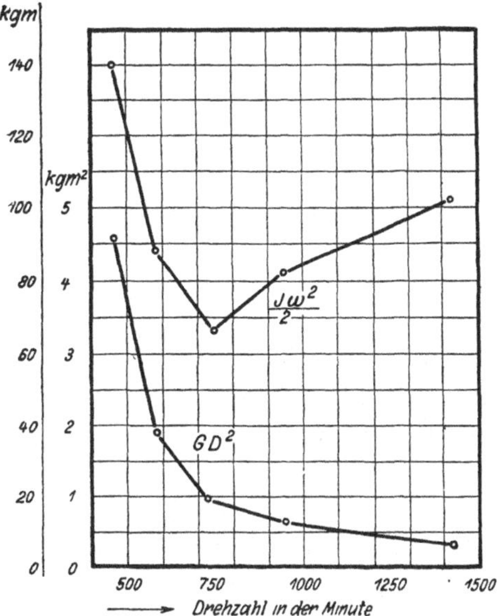

Abb. 96. Arbeitsvermögen und Schwungmomente von Ankern leistungsgleicher Motoren (7,5 kW) mit verschiedener Drehzahl.

zungen zwischen Arbeitsmaschine und Motor so gewählt würden,
daß sich für den Motor eine Drehzahl von etwa 730 ergibt. Eine
weitere Verkleinerung der Schwungmassen kann auch durch Unterteilung
der Leistung auf 2 Motoren, oder durch Ausbildung besonderer Motoren
mit geringem Ankerdurchmesser erzielt werden.

57. Bestimmung der Motorleistung.

Für die Wirtschaftlichkeit einer Arbeitsmaschine ist die richtige
Bemessung der Motorleistung außerordentlich wichtig. Ein zu großer
Motor bedingt unnötig hohe Anschaffungskosten; außerdem arbeitet

---

[1]) Chladek: „Zur Entwicklung des Hobelmaschinenantriebes", Zeitschr.
„Die Werkzeugmaschine" 1919, Heft 31.
[2]) Vgl. „Auswahl des asynchronen Drehstrommotors für Umkehrantriebe",
Dinglers Polytechnisches Journal 1919, Heft 21.

dann der Motor, weil er nicht genügend ausgenutzt ist, mit einem schlechten Wirkungsgrad. Es darf nicht verkannt werden, daß die Bestimmung der richtigen Leistung des Antriebsmotors oft sehr schwierig ist. Am einfachsten wird sie noch da sein, wo es sich um Antriebe handelt, die längere Zeit mit gleichbleibender Belastung durchlaufen, z. B. Pumpen, Lüfter, durchlaufende Aufzüge, Papiermaschinen usw., besonders dann, wenn sich dabei noch die Werte der Belastung der Arbeitsmaschine rechnerisch erfassen lassen.

In den einschlägigen Taschenbüchern sind meistens die für die einzelnen Arbeitsmaschinen gültigen Formeln zur Berechnung des Leistungsbedarfs angegeben. Wo die Formeln fehlen, oder es sich um überschlägige Rechnungen handelt, kann die Berechnung der jeweiligen Leistung in kW, die ein Antriebsmotor hergeben muß, abgeleitet werden von der Gleichung

$$N = \frac{P \cdot v}{\eta \cdot 75} \cdot 0{,}736 = \sim \frac{P \cdot v}{\eta \cdot 100} \text{ kW.}$$

Hierin bedeutet P = Kraft in kg,

v = Geschwindigkeit in m/sec,

η = Wirkungsgrad der Arbeitsmaschine.

Der Wert für P ist sinngemäß einzusetzen, z. B. ist bei senkrechten Aufzügen P das zu hebende, nicht ausgeglichene Gewicht, bei Werkzeugmaschinen der Schneiddruck usw., die Geschwindigkeit v in m/sec bedeutet je nach der Arbeitsmaschine die Hubgeschwindigkeit der Nutzlast bzw. die Schnittgeschwindigkeit, wobei zu beachten ist, daß in der Praxis meist die Schnittgeschwindigkeit in m/min angegeben wird, so daß dieser Wert, um auf m/sec zu kommen, durch 60 zu dividieren ist. Bei Pumpen ist es gebräuchlich, für P das Gewicht der in der Sekunde zu fördernden Wassermenge und für v die gesamte Förderhöhe in m einzusetzen.

Der Wirkungsgrad η richtet sich nach der Ausführung und dem Zustand der Arbeitsmaschine und der Zahl der Zwischenübertragungen (Näheres über den Wirkungsgrad der Arbeitsmaschinen und Zwischenübertragungen siehe „Hütte“, Dubbel u. a.). Sind gleiche oder ähnliche Arbeitsmaschinen vorhanden, so ist es sehr angebracht, durch Nachmessungen den Kraftbedarf festzustellen und die ermittelten Werte bei neuen Maschinen zu berücksichtigen. Auf Messungen wird man besonders bei solchen Maschinen angewiesen sein, bei denen sich der Leistungsbedarf rechnerisch schlecht ermitteln läßt, wie z. B. bei Textil- und Papiermaschinen.

Für die Bestimmung des Motors ist, sobald die Drehzahlverhältnisse festliegen, im wesentlichen die Leistung, die der Motor dauernd hergeben muß, ohne sich unzulässig zu erwärmen, und das höchstzulässige Drehmoment von Wichtigkeit. Bezüglich der Erwärmung der Motoren sind vom V.D.E. eindeutige Bestimmungen herausgegeben. Wird die Dauerleistung eines Motors mit einer bestimmten Kilowattzahl angegeben, so heißt dies, daß der betreffende Motor bei der angegebenen Drehzahl und Spannung diese Leistung dauernd abgeben kann, ohne daß die Erwärmung die festgelegten Höchstgrenzen überschreitet.

Ist bei einer Arbeitsmaschine ein bestimmter Kraftbedarf festgelegt worden, der über einen längeren Zeitraum, also z. B. 2 Stunden lang, benötigt wird, so ist dadurch die Größe des Motors eindeutig bestimmt. Es ist dann gleichgültig, ob der Motor auch längere Zeit mit einer bedeutend geringeren Leistung beansprucht wird, da mit Rücksicht auf die vorkommende höchste Dauerbelastung der Motor dementsprechend bemessen werden muß. Dadurch kann es vorkommen, daß der Motor während längerer Zeit nur mit sehr geringer Belastung und mit einem dementsprechend schlechten Wirkungsgrad arbeitet. Diesem Übelstand kann dann weniger durch die Auswahl des Motors als vielleicht durch Änderung des Arbeitsprogramms der Arbeitsmaschine abgeholfen werden. Es ist denkbar, daß dann die Arbeit auf der Maschine so verteilt wird, daß der während einer bestimmten Zeit benötigte hohe Kraftbedarf durch Verlängerung dieser Zeit erniedrigt wird, wodurch dann eine kleinere Motortype gewählt werden könnte. Um dies besser zu verstehen, seien folgende Zahlenbeispiele gewählt:

Eine Arbeitsmaschine arbeitet so, daß sie 2 Stunden am Tage mit 50 kW und 6 Stunden mit 10 kW belastet ist. Es ist dann ein Antriebsmotor erforderlich, der 50 kW leisten muß, und der dann innerhalb 6 Stunden nur mit 20 v. H. Belastung arbeitet. Bei einem solchen Antrieb muß dann geprüft werden, ob nicht die Arbeitsleistung der 2 Stunden auf 4 Stunden verteilt werden kann, wodurch der Kraftbedarf, gleichen Wirkungsgrad der Arbeitsmaschine vorausgesetzt, auf etwa 25 kW heruntergehen würde. Dementsprechend ergäbe sich eine Arbeitssteigerung innerhalb der restlichen Zeit, d. h. der Motor würde nunmehr nicht mehr 6 Stunden mit 10 kW, sondern 4 Stunden mit etwa 15 kW Belastung arbeiten. Es würde dann ein Motor von 25 kW erforderlich sein, der dann nur 4 Stunden mit einer günstigeren Belastung von nunmehr etwa 70 v. H. arbeitet.

Außer in bezug auf die Dauerleistung muß der Antriebsmotor noch in bezug auf das höchste vorkommende Drehmoment, es wird dies meist das Anlaufdrehmoment sein, geprüft werden. Dieses Anlaufdrehmoment setzt sich zusammen aus dem Lastmoment während der Anlaufzeit, vorausgesetzt, daß ein solches vorhanden ist, und dem zusätzlichen Beschleunigungsmoment, das zum Beschleunigen der gesamten bewegten Massen, also sowohl des Motorankers als auch der umlaufenden Teile der Arbeitsmaschine, erforderlich ist. Nur bei Maschinen mit sehr vielen Teilen und Lagerstellen ist noch eine Kontrolle in bezug auf das zu überwindende Reibungsmoment der Ruhe erforderlich. Die Prüfung des Anlaufdrehmomentes ist besonders wichtig bei Antrieben, bei denen große Massen in möglichst kurzer Zeit beschleunigt werden müssen, oder bei der Verwendung von Motoren, die nur ein kleines Anlaufdrehmoment entwickeln (z. B. Asynchronmotoren mit Kurzschlußanker, Synchronmotoren). Ergibt nun die Rechnung, daß bei den getroffenen Annahmen der gewählte Motor nicht in der Lage ist, das in Frage kommende Drehmoment zu entwickeln, dann muß versucht werden, dadurch die Verhältnisse zu verbessern, daß eine niedrigere Beschleunigung, also längere Anlaufzeit, gewählt wird, oder es müssen besondere Vorrichtungen zum Leeranlaufen des Motors geschaffen werden. Ist beides nicht möglich, dann bleibt nur der eine Ausweg, den Motor entsprechend stärker zu wählen, was aber auf die Wirtschaftlichkeit des Antriebes außerordentlich nachteilig wirkt.

Außer Antrieben mit gleichbleibender Dauerleistung gibt es noch eine sehr große Anzahl von solchen, bei denen eine dauernde Änderung der Belastung während des Arbeitsvorganges erfolgt. Hierbei kann auch· in periodischen Abständen Vollast, Teillast und Leerlauf abwechseln. Will man für solche Verhältnisse die Größe des Motors bestimmen, dann ist es erforderlich, für einen längeren Zeitraum oder für ein sich dauernd wiederholendes Spiel das Diagramm des Leistungsbedarfs aufzustellen, das dann für die Bestimmung der Motorgröße zugrunde gelegt werden kann. Da die Erwärmung in der Motorwicklung sich im quadratischen Verhältnis mit dem Strom ändert, so würde sich auch, wenn die Annahme gemacht wird, daß der Strom der Leistung verhältnisgleich

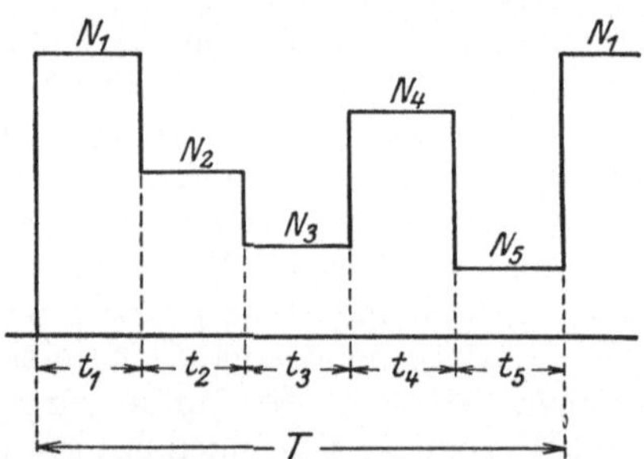

Abb. 97. Diagramm einer Arbeitsmaschine mit periodisch schwankendem Kraftbedarf.

ist, die Erwärmung im quadratischen Verhältnis mit der Leistung ändern. Dies stimmt nicht genau, da infolge des schlechten Wirkungsgrades, bei Wechselstrom meist auch wegen der schlechteren Phasenverschiebung bei Teillast der Strom sich nicht ganz im linearen Verhältnis mit der Leistung ändert. Besser ist daher zur genauen Bestimmung die Aufstellung des Stromdiagramms. Da dies aber bei der Vorausberechnung schwierig ist, indem der Wirkungsgrad und die Phasenverschiebung des Motors auch noch nicht eindeutig festliegen, so erhält man ein genügend genaues Ergebnis, wenn nach der Auswertung der Leistung noch ein Sicherheitszuschlag von etwa 5—10 v. H. gemacht wird. Hat der errechnete Leistungsverlauf etwa die Form der Abb. 97, dann kann man den für die Bestimmung des Motors in Frage kommenden Effektivwert der Leistung wie folgt errechnen:

$$N_{eff} = \sqrt{\frac{N_1^2 \cdot t_1 + N_2^2 \cdot t_2 + N_3^2 \cdot t_3 + \cdots}{T}}.$$

Bei Kurven, die rechnerisch nicht erfaßt werden können, ist eine Auswertung mit Hilfe des Planimeters möglich. Dabei wird, wenn periodisches Spiel in Frage kommt, der Effektivwert einer Periode ausgewertet, oder wo dies nicht zutrifft, muß die Auswertung für einen längeren Zeitraum vorgenommen werden. Nach Errechnung der Effektivleistung ist stets zu prüfen, ob die auftretenden Spitzenbelastungen von dem aus dem Effektivwert bestimmten Motor noch hergegeben werden können.

Bei einer Anzahl von Antrieben ist die Belastung aussetzend, d. h. nach einem kürzeren Arbeitsspiel erfolgt ein Stillsetzen des Motors und nach einer entsprechenden Pause ein Wiederanfahren. Hierbei können die Intervalle ziemlich regelmäßig sein, z. B. bei Haspeln, Förderanlagen (vgl. Abb. 98), oder das Spiel kann sehr ungleichmäßig sein wie bei Kranen, Spills, Drehscheiben usw. Im ersteren Falle kann das Leistungsdiagramm ziemlich genau nach den vorhandenen Daten, wie Nutzlast, Teufe, Geschwindigkeit usw. errechnet werden[1]). Aus dem aufgestellten Diagramm läßt sich dann der quadratische Mittelwert der Stromaufnahme, der für die Größe des Motors bestimmend ist, leicht ermitteln.

Bei manchen Arbeitsmaschinen wird es allerdings schwierig sein, ein Geschwindigkeits- und Leistungsdiagramm aufzustellen. Hierher gehören eine große Anzahl von kleineren Arbeitsmaschinen, bei denen aussetzender Betrieb in Frage kommt, wo auf kurze Arbeitszeiten kurze Ruhepausen folgen und sich außer der Zeitdauer auch noch die Belastung ändert. Ein Beispiel bieten die Bohrmaschinen, bei denen sich die Leistung ändert je nach dem Bohrdurchmesser und dem Material und ebenso die Arbeitszeiten je nach der Lochtiefe und dem Arbeitsstück. Um die Motorleistung solcher Maschinen zu bestimmen, ist es zweckmäßig, die beim betriebsmäßigen Bohren auftretende Höchstleistung N_{max} zu ermitteln. Da aussetzende Belastung vorhanden ist, so kann wegen der Abkühlung des Motors in den Pausen ein Motor mit einer geringeren Leistung gewählt werden als dieser Höchstleistung entspricht, und zwar um so kleiner, je geringer das Verhältnis der reinen Arbeitszeit t_a zu der Gesamtzeit, also Summe aus Arbeitszeit t_a und der Ruhezeit t_r wird. Dieses Verhältnis $u = \dfrac{t_a}{t_a + t_r}$ muß bei der betreffenden Arbeitsmaschine unter Berücksichtigung der höchstmöglichen praktisch vorkommenden Ausnutzung errechnet oder durch Messungen festgestellt werden. Wo dies nicht möglich ist, kann angenommen werden, daß bei wenig ausgenutzten Maschinen dieses Verhältnis etwa 0,1—0,15, bei stärker ausgenutzten etwa 0,2—0,25 und bei sehr angestrengten Maschinen etwa 0,3—0,45 betragen dürfte. Die effektive Motorleistung, für welche dann der Motor zu bemessen ist, läßt sich errechnen aus der Gleichung

$$N_{eff} = N_{max} \sqrt{u}.$$

Werden Motoren verwendet mit hoher Drehzahl und eingebauten Lüftern, so empfiehlt es sich, wegen der bei solchen Motoren bei Stillstand geringeren Abkühlung einen Aufschlag von 5—10 v. H. zu machen.

Bei solchen Antrieben, wo über das Verhältnis zwischen Arbeitszeit und Ruhezeit keine Unterlagen zu beschaffen sind, kann bei der Bestimmung der Motorleistung auch auf Erfahrungswerte zurückgegriffen werden. Hierbei ist für die Motorleistung der Begriff der Zeitleistung

---

[1]) Näheres siehe Prof. Dr.-Ing. W. Philippi: Elektrische Fördermaschinen Verlag Hirzel.

geschaffen worden, und zwar unterscheidet man Motoren für 30, 45, 60 und 90 Minuten Leistung.

Es ist dies diejenige Leistung, die der Motor 30, 45, 60 oder 90 Minuten lang hergeben kann, ohne die zulässige Erwärmung zu überschreiten. Es ist ohne weiteres verständlich, daß ein Motor, der nur 30 Minuten eine bestimmte Leistung abzugeben braucht, kleiner ausfallen wird als ein Motor, der die gleiche Leistung 90 Minuten hergeben muß. Dement-

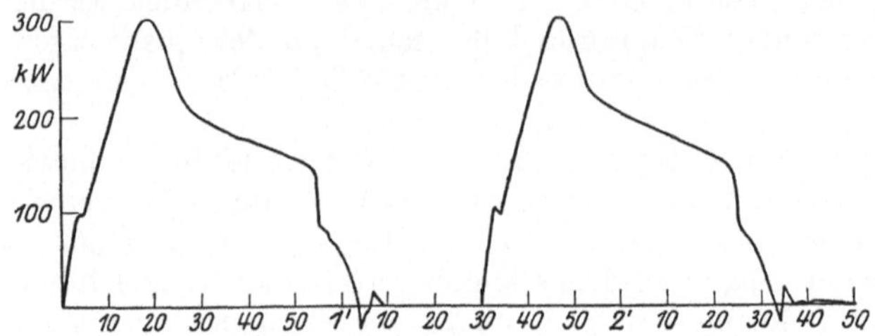

Abb. 98. Leistungsdiagramm eines Fördermotors.

sprechend wählt man, sobald die Leistung des Motors ermittelt ist, je nach Erfahrungswert einen Motor für 30, 45, 60 oder 90 Minuten Leistung. Als Anhalt für die Auswahl kann etwa folgende Tabelle dienen:

30-Minutenleistung: Krane in Kraftwerken, Drehscheiben, Spills, Schiebebühnen, Fahrwerke von Verladebrücken und Portalkranen, die selten verfahren werden.

45-Minutenleistung: Hafenkrane für Stückgüter, Werkstattgießerei und Werftkrane.

60-Minutenleistung: Hafenkrane für Massengüter, Hebezeuge mit Selbstgreifern, die meisten Hüttenkrane.

90-Minutenleistung: Stripperkrane, Gießkrane, Hebetische, Koksausdrückmaschinen.

Auch bei anderen Arbeitsmaschinen als den vorstehend angegebenen, z. B. bei Werkzeugmaschinen, kann eine Auswahl des Antriebsmotors unter Zugrundelegung der Zeitleistung erfolgen; so kann man z. B. bei den Motoren, die zum Heben und Senken von Querbalken, Supportträgern usw. dienen, mit einer Zeitleistung rechnen, die unter Umständen eine 15-Minutenleistung darstellt. Bei etwas stärker ausgenutzten Maschinen, bei denen aber trotzdem noch häufige Arbeitspausen vorkommen, z. B. bei Blechbiege- und Richtmaschinen, wird man für gewöhnlich auch mit 30- und 45-Minutenleistung auskommen.

58. Riemenantrieb.

Um die richtige Einstellung zu der Frage der Verwendung des Riemens bei einem elektrischen Einzelantrieb zu erhalten, ist es wichtig, sich darüber klar zu werden, welchen ursprünglichen und eigentlichen Zweck der Riemenantrieb gehabt hat. Als die elektrische Energieübertragung noch nicht bekannt war, mußten zwischen der eigentlichen Kraftquelle und der Arbeitsmaschine mechanische Zwischenübertra-

gungen angeordnet werden, die mit der Ausdehnung der Anlagen oft
recht umfangreich wurden. Hierzu diente in erster Linie der Riemen, der
auch jetzt noch sowohl bei Transmissionsanlagen als auch beim Einzelantrieb vorzufinden ist. Der eigentliche Zweck des Riemens, nämlich
die mechanische Energieübertragung, wozu er bei kürzerem Abstande
der Betriebsmittel hervorragend geeignet ist, wurde jedoch noch erweitert, indem die Riementriebe zum Ein- und Ausschalten, sowie zum Umsteuern der Arbeitsmaschine (z. B. mit Hilfe von offenen und gekreuzten
Riemen) und zum Drehzahlregeln der Arbeitsmaschine (z. B. mit Hilfe
von Stufenscheiben, konischer Trommel) verwendet werden. Solange
kein elektrischer Einzelantrieb vorhanden war, hatte diese Anwendung
des Riemens trotz ihrer erheblichen Mängel ihre Daseinsberechtigung,
da andere mechanische Ausführungsarten (Leerlaufkupplung, Zahnrad-
wendegetriebe, Friktionsscheibe, Planetengetriebe usw.) mehr oder weniger dieselben Nachteile aufwiesen. Nachdem aber beim elektrischen
Einzelantrieb sich auf elektrischem Wege durch den Motor allein das
Stillsetzen, Umsteuern und Regeln in viel zweckmäßigerer und wirt-
schaftlicherer Weise erreichen läßt, soll die Verwendung des Riemens
für diese Zwecke daher unbedingt vermieden werden. Betrachtet man
z. B. den Drehbankantrieb (Abb. 91a), so zeigt es sich, daß das Stillsetzen der Drehbank, da der Motor durchläuft, durch Verschiebung
des Riemens erfolgt. Dies bedingt Leerlaufverluste des Motors, des
Zahnradvorgeleges und des Deckenvorgeleges während der Arbeits-
pause. Zum Rücklauf der Bank dient der gekreuzte Riemen, der gleichfalls zusätzliche Verluste verursacht. Für die Drehzahlregelung ist
außer dem umschaltbaren Zahnradvorgelege auf der Drehbank noch eine
Stufenscheibe vorgesehen mit ihren bekannten Nachteilen, vor allem
mit dem schlechten Durchzug, besonders bei großem Drehmoment,
wenn also der Riemen auf der kleinsten Scheibe läuft. Es muß daher
bei der Durchbildung des Einzelantriebes immer versucht werden, das
Stillsetzen, Anlassen, Umsteuern und Regeln auf rein elektrischem
Wege zu erreichen. Dies läßt sich nur durch einen zweckmäßigen Zusammenbau unter Verwendung eines Regelmotors erreichen[1]). Außer
dem guten Wirkungsgrad infolge Fortfall aller unnötigen Zwischenübertragungen, ermöglicht vor allem die elektrische Drehzahleinstellung
die kürzesten Griffzeiten, im Gegensatz zu der Drehzahlregelung durch
Umlegung des Riemens auf der Stufenscheibe, die zeitraubend und um-
ständlich ist. Sie wird daher auch sehr oft aus Nachlässigkeit und Bequemlichkeit des Arbeiters unterlassen, so daß die Arbeitsmaschine
mit einer nicht wirtschaftlichen Geschwindigkeit arbeitet. Zu derselben
Überzeugung der Unzweckmäßigkeit der Riementriebe wird man unbedingt gelangen, wenn daraufhin die beiden Ausführungen des Antriebes von Radialbohrmaschinen nach Abb. 90a und b verglichen werden.

Der Riementrieb soll also nur dort angewendet werden, wo seine
besonderen Vorzüge, z. B. der Schutz vor Bruch der Getriebe durch

---

[1]) Vgl. „Einzelantrieb von Drehbänken", Zeitschr. „Die Werkzeugmaschine"
1920, Heft 35.

Riemenrutsch bei plötzlicher Überlastung, das Fernhalten der Erschütterungen von der Arbeitsmaschine bei besonders feinen Arbeiten, z. B. Schleif- und Schlichtarbeiten dies rechtfertigen. Aber auch bei den Antrieben, wo diese Bedingungen gestellt sind, ist ein anderer Ersatz des Antriebes oder der Zwischenübertragungen anzustreben, da der Riemen mit wenigen Ausnahmen bei Einzelantrieb meist infolge der bedingten kurzen Riemenabstände, wenn nicht besondere Hilfsmittel verwendet werden, keine guten Durchzugsverhältnisse zuläßt. Zweckmäßig ist es bei solchen Antrieben gegebenenfalls, den Motor im Keller aufzustellen, wodurch man in der Lage ist, größere Achsenabstände zu erhalten. Abb. 99 zeigt z. B. einen solchen Antrieb eines Holländers.

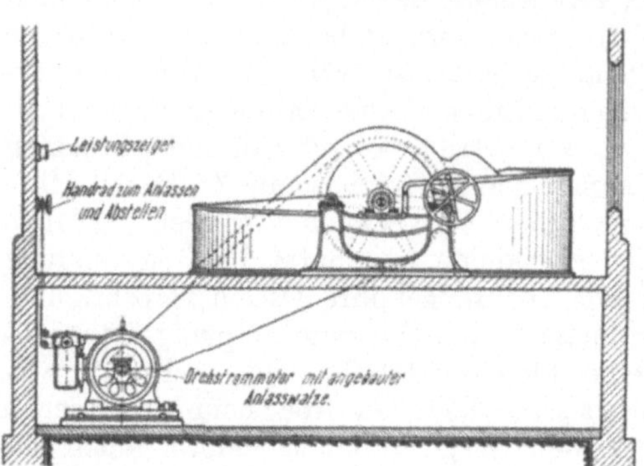

Abb. 99. Holländerantrieb mittels Riemen.

Als Richtlinie für die Bemessung der Abstände bei solchen Antrieben soll nachstehende Tabelle dienen:

Durchmesser d. kl. Riemenscheibe mm	Kleinste Riemenscheibenachsenentfernung bei einem Übersetzungsverhältnis von					
	1 : 2 mm	1 : 3 mm	1 : 4 mm	1 : 5 mm	1 : 6 mm	1 : 7 mm
200	—	2800	3000	3200	3400	3600
300	—	3200	3500	3800	4300	5100
400	—	3600	4000	4600	5700	6800
500	3500	4000	4500	5700	7100	8600
600	3800	4400	5100	6800	8600	10000
700	4100	4800	5800	7900	10000	—
800	4400	5200	6600	9100	—	—
900	4700	5600	7400	—	—	—
1000	5000	6000	8200	—	—	—

Ferner ist bei der Projektierung der Riemenantriebe darauf zu achten, daß bei den normalen listenmäßigen Riemenscheibenabmessungen der diesen Abmessungen entsprechende Riemen meist nur stoßweise Überlastungen bis etwa 20 v. H. noch überträgt. Kommen betriebsmäßig höhere Überlastungen vor, dann müssen breitere Riemen und dementsprechend breitere Riemenscheiben gewählt werden. Die breiteren Riemenscheiben veranlassen aber entsprechend höhere Beanspruchungen von Welle und Lager und sind oft nur bei Verstärkung dieser Teile zulässig.

Ist wegen einer Los- und Festscheibe am Motor eine doppeltbreite Riemenscheibe vorhanden, so ist darauf zu achten, daß der belastete

Riemen am Lager läuft. Wirtschaftlicher als durch Los- und Festscheibe ist das Stillsetzen der Arbeitsmaschine durch Stillsetzen des
Motors, was daher möglichst überall vorzusehen ist.

Daß auch die Eigenschaften der Riemenantriebe, die Getriebeteile
vor Brüchen zu bewahren, sich auf anderem Wege erreichen lassen, zeigt
das Beispiel des Antriebes eines Webstuhles. Der Webstuhl muß,
sobald das Schiffchen zwischen den Kettenfäden stecken bleibt, augenblicklich stillgesetzt werden, da sonst durch das Aufschlagen der Lade
auf das Schiffchen ein Zerreißen der Kettenfäden erfolgen würde. Die
Schutzvorrichtung ist nun so getroffen, daß durch eine Sperrvorrichtung
auch tatsächlich ein fast augenblickliches Stillsetzen des Webstuhles
erfolgt. Wäre nun der Anker des Antriebsmotors starr mit der Welle
des Webstuhles gekuppelt, dann würde infolge der verhältnismäßig
großen lebendigen Energie des raschlaufenden Ankers eine Zerstörung
der Zahnräder bei dem augenblicklichen Stillsetzen des Webstuhles
erfolgen. Ist aber ein Riemen zwischen Motoranker und Webstuhl-
welle eingeschaltet, so wird im Augenblick des Festbremsens durch ein
Rutschen des Riemens die lebendige Energie des Ankers gefahrlos vernichtet. Diesem Vorteil steht aber wieder der Nachteil entgegen, daß
im normalen Betriebe dann, wenn das Schiffchen durch einen kräftigen
Schlag durch die Kettenfäden geschlagen wird, gleichfalls ein Riemenrutsch eintritt, wodurch dann ein Zeitverlust und eine geringere Produktion des Webstuhles bedingt wird. Um den Nachteil des betriebsmäßigen Rutschens zu vermeiden, ist man daher zu einer Lösung gekommen, bei der die Zahnradübertragung beibehalten wird. Um
dabei trotzdem einen Bruch der Zahnräder zu vermeiden, ist zwischen
Motoranker und der Welle der Arbeitsmaschine eine Rutschkupplung
eingebaut (vgl. Abb. 79). Die Einstellung dieser Rutschkupplung erfolgt
in der Weise, daß während des Betriebes auch bei stoßweiser Überlastung ein Rutschen unbedingt vermieden wird und dieses nur bei dem
plötzlichen Stillbremsen des Webstuhles erfolgt. Es hat sich dabei gezeigt, daß bei diesem Antrieb mit den Stühlen etwa 7—10 v. H. mehr
Ware in derselben Zeiteinheit hergestellt werden kann als bei Riemenantrieb[1]).

Was nun die Übertragung der evtl. Erschütterungen des Motors
auf die Arbeitsmaschine anbelangt, so kann durch genaues dynamisches
Auswuchten des Motorankers ein unbedingt ruhiger Lauf des Motors
erzielt werden. Dieses dynamische Auswuchten des Motors bedingt
meist nur einen geringen Mehrpreis.

Oft wird allerdings der Fortfall des Riemens nur durch einen vollständigen Umbau bzw. einen grundsätzlichen Neuaufbau der Arbeitsmaschine nach ganz neuen Gesichtspunkten möglich sein. Ein Beispiel
hierfür zeigt die in Abb. 100 wiedergegebene Schleif- bzw. Gußputz-
maschine. Bei diesen Maschinen, besonders wenn sie in Gießereien aufgestellt werden, ist es mit Rücksicht auf die allgemeine Raumfrage und

---

[1]) Vgl. Kuhl: „Elektrischer Einzelantrieb von Webstühlen", Zeitschr. f.
Textilindustrie 1912, Heft 10—12.

auch mit Rücksicht darauf, daß oft nur eine sehr beschränkte Zahl dieser
Maschinen aufgestellt wird, sehr schwer möglich, eine Transmission zu
verwenden. Bei den normalen für Transmissionsantrieb gebauten Maschinen mußte man sich meist damit begnügen, den Motor neben der
Maschine aufzustellen, wodurch sich eine ungünstige Riemenführung
und schlechte Raumausnutzung ergab. Durch vollständigen Umbau
der Maschine in der Form der Abb. 100 sind diese Mängel behoben, und
ein durchaus wirtschaftlicher Einzelantrieb ist geschaffen worden.

Abb. 100. Schleifmaschine mit technisch richtigem Einzelantrieb.

Naturgemäß wird es nicht überall möglich sein, die Riemen zu vermeiden, besonders bei Umbauten vorhandener Maschinen von Trans-
missions- in Einzelantrieb. Muß also unbedingt ein Riemen angeordnet
werden, dann ist auf gute Nachspannmöglichkeit Wert zu legen und
dort, wo ein kurzer Riemenantrieb sich nicht vermeiden läßt, sind
Spannrollen zu verwenden. Bei großen Riemenabständen wird man
nach Möglichkeit einen wagerechten Trieb vorsehen, da dabei die Durchzugsverhältnisse am günstigsten sind, und den Motor zwecks Nachspan-
nung des Riemens auf Gleitschienen setzen. Senkrechte Triebe mit normalen Motoren benötigen besondere Nachspannvorrichtungen, die etwa

in der Form, wie sie Abb. 83 zeigt, ausgeführt sein können. Bei kleinen
Antrieben ist die Verwendung von Sondermotoren mit Riemenwippe vorteilhaft. Dabei ist die richtige Lage der Motoren bzw. des Drehpunktes
sehr wichtig. Der Riemenzug muß möglichst rechtwinklig zum Drehpunkt angreifen (vgl. Abb. 101). Ist ein kurzer Riementrieb mit Spannrolle vorhanden, so kann eine zweckmäßige Anordnung dadurch erreicht
werden, daß der Motor mit um 90⁰ gedrehten Füßen unmittelbar an der
Rückseite der Arbeitsmaschine angebracht wird (vgl. Abb. 102).

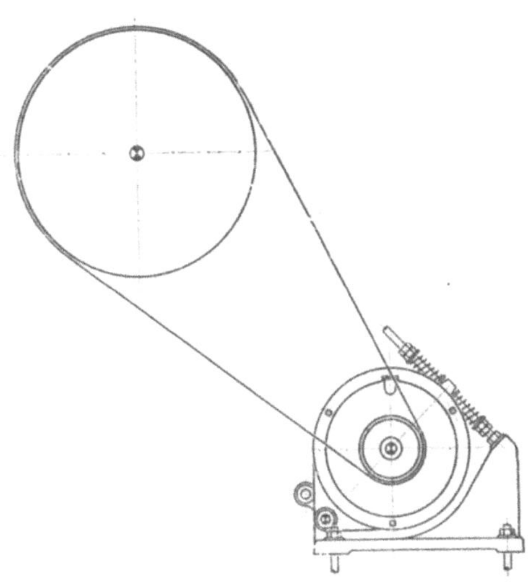

Abb. 101.
Sondermotor mit Riemenwippe.

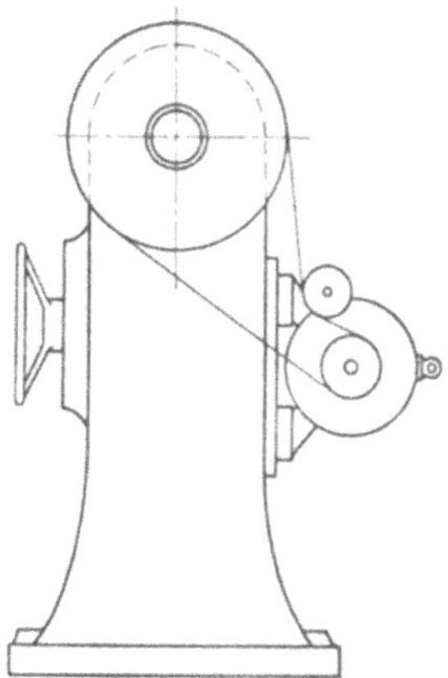

Abb. 102.
Einzelantrieb mittels Riemen
und Spannrolle. Der Motor
ist mit um 90⁰ gedrehtem
Gehäuse unmittelbar an der
Rückwand der Antriebs-
maschine angebracht.

Zum Schluß soll noch der Kettentrieb erwähnt werden. Dieser hat
hat im großen und ganzen nur geringe Anwendung gefunden, und zwar
vor allem dort, wo der Achsenabstand für Riemen zu klein, für Zahnradübersetzung aber zu groß war. Auch von diesen Antrieben gilt dasselbe,
was von den Riemen gesagt worden ist. Auch hier soll das Bestreben
dahin gehen, durch einen zweckmäßigen organischen Aufbau der Arbeitsmaschinen diese Zwischenübertragungen zu vermeiden.

59. Zahnradantrieb.

Obwohl Zahnradgetriebe im wesentlichen ein Mittel der Energieübertragung darstellen, dienen sie vielfach noch als Wechsel- und Um-
schaltgetriebe. Da naturgemäß jedes Zahnradgetriebe auch bei noch
so guter Ausführung Übertragungs- und Leerlaufsverluste bedingt und
bei nicht sorgfältiger Wartung und Schmierung zu Betriebsstörungen
Veranlassung geben kann, so muß bei der Durchbildung des Einzelantriebes von Arbeitsmaschinen besonders darauf geachtet werden,
möglichst wenig Zahnradgetriebe zu erhalten.

Dienen die Getriebe zur Änderung der Drehrichtung und der Geschwindigkeit, so können sie, ebenso wie beim Riemen, mit Vorteil durch einen Regelmotor ersetzt werden. Bei sehr weitem Regelbereich wird man allerdings oft nicht ganz ohne Wechselgetriebe auskommen (vgl. Abschnitt 53). Immerhin werden sich bei richtiger Anwendung des Regelmotors ganz bedeutend günstigere Verhältnisse für den Räderkasten ergeben als bei Verwendung eines nicht regelbaren Motors. Nachstehende Gegenüberstellung gibt einen Vergleich zwischen den Getriebeteilen von ausgeführten Räderkästen bei Verwendung eines nicht regelbaren Motors und eines regelbaren Motors bei verschiedener

Zusammenstellung der Bestandteile verschiedener Getriebe.

	Reiner Räderantrieb														Regel-motor
Zahl der Geschwindigkeitsstufen	8	8	8	8	8	8	8	8	9	9	10	10	12	12	12
Räder	10	8	12	12	12	12	12	9	10	11	21	15	13	13	4
Wellen	4	2	5	5	4	3	3	4	4	3	3	5	3	5	2
Lager	8	4	10	10	8	6	6	8	8	6	6	10	6	8	4
Steuerung durch: Kupplungen	3	5	2	3	3	—	1	3	—	—	—	—	2	2	—
Verschiebestangen	—	—	2	—	—	3	1	1	2	2	1	—	—	1	—
exzentrische Lager	—	—	—	—	—	—	—	—	—	—	—	1	—	2	—
Schwingen	—	—	—	—	—	—	—	—	—	—	—	1	1	—	1
Nebenschlußregler	—	—	—	—	—	—	—	—	—	—	—	—	—	—	1

Anzahl von Geschwindigkeitsstufen. Es ist ohne weiteres ersichtlich, wie einfach der Räderkasten bei Verwendung eines Regelmotors aufgebaut ist. Vor allem ist es aber wichtig, bei Arbeitsmaschinen, bei denen eine Umkehrung der Drehrichtung in Frage kommt, die Umkehrung nicht in das Getriebe zu legen, sondern in den Motor, da auf diese Weise ein besonders einfacher Aufbau erzielt wird und vor allem auch die Leerlaufverluste des in den unvermeidlichen Pausen durchlaufenden Motors und der Getriebeteile vermieden werden. Besonderes Augenmerk muß auf den Zusammenbau des Motors mit der Arbeitsmaschine gerichtet werden. Bei kleineren Antrieben wird für gewöhnlich das Ritzel auf den Wellenstumpf des Motors gesetzt. Es ist dann wichtig, daß der der Motor mit der Arbeitsmaschine organisch verbunden ist, um ein dauernd gutes Kämmen der Zahnräder zu erhalten. Bei getrennter Aufstellung von Arbeitsmaschine und Motor, z. B. auf getrennten Fundamentsockeln wird dies auf die Dauer nicht erreicht, da meistens ein ungleiches Setzen der Fundamente eintritt. Motor und Arbeitsmaschine sind daher möglichst auf eine gemeinsame Grundplatte oder gemeinsamen Grundrahmen zu setzen. Bei kleineren Arbeitsmaschinen ist oft eine vollständige Vereinigung zwischen Motorvorgelege und der eigentlichen Arbeitsmaschine möglich. Auch Handbohrmaschinen sind ein Beispiel für einen zweckmäßigen Zusammenbau (vgl. Abb. 81). Wo ein organischer Zusammenbau nicht möglich ist, ist es besser, besonders bei größeren Maschinen, eine getrennte Lagerung des Ritzels vorzunehmen und den Motor mittels einer elastischen Kupplung mit dem Ritzel zu verbinden. Diese Anordnung hat allerdings den Nachteil, daß sie eineVerteuerung der Arbeitsmaschinen und eine Vergrößerung der Schwungmassen bedingt, da die Kupplungen oft ganz erhebliche Schwungmassen haben. Daher müssen bei Umkehrantrieben, bei denen ein dauerndes Beschleunigen und Verzögern

Abb. 103. Fräsmaschine mit unwirtschaftlichem Einzelantrieb.

dieser Massen in Frage kommt, nach Möglichkeit Kupplungen vermieden werden. Auch raschlaufende Bremsscheiben erhöhen die zu beschleunigenden und zu verzögernden Massen erheblich, sind also möglichst durch elektrische Motorbremsung zu ersetzen.

Besonderes Augenmerk muß bei der Durchbildung des Einzelantriebes auch auf diejenigen Zahnradgetriebe gerichtet werden, die in der Hauptsache zur Energieübertragung dienen. Es kann sich dabei sowohl um die Antriebsteile handeln, die für die eigentliche Energieübertragung, also beispielsweise für die Energieübertragung zwischen Motor und Bohrspindel, zwischen Motor und Fräser einer Werkzeugmaschine usw. dienen, als auch um Hilfsgetriebe, die z. B. bei Arbeitsmaschinen, insbesondere bei Werkzeugmaschinen für die

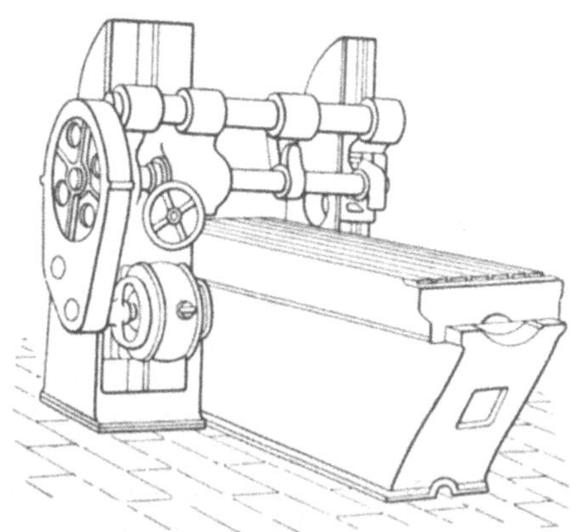

Abb. 104. Fräsmaschine mit technisch richtigem Einzelantrieb.

Vorschubschaltung, also für die Supportverstellung, Querbalkenverstellung usw. erforderlich sind. Im ersteren Falle wird es in der Hauptsache darauf ankommen, den Motor so anzuordnen, daß möglichst wenig Zwischenübertragungen nötig werden. Ein gutes Beispiel hierfür bietet die Radialbohrmaschine. Diese Maschinen

müssen, sobald sie für Transmissionsantrieb gebaut werden, so
ausgeführt werden, daß mit Rücksicht auf die Stabilität die Riemenscheiben, sei es nun Stufenscheiben- oder Einscheibenantrieb,
am Fuße des Bohrständers angeordnet werden (vgl. Abb. 90a). Bei
einem Einzelantrieb, bei dem auf die Vermeidung der Zwischenübertragungen nicht genügend Wert gelegt wird, kann naturgemäß der Regelmotor auch an dieser Stelle angeordnet werden. Bei solchem Einzelantrieb ist die Zahl der Zwischenübertragungen nicht geringer als beim
Transmissionsantrieb. Wesentlich günstiger werden die Verhältnisse,
wenn der Motor nicht am Fuße des Bohrständers, sondern unmittelbar
auf dem Support angebracht wird. In ähnlicher Weise kann auch der
Antrieb von Fräsmaschinen vereinfacht werden. Abb. 103 zeigt z. B.
das Schema einer Horizontalfräsmaschine, wo gleichfalls der Motor
am Fuße der Maschine angeordnet ist. Es sind 2 Kegelradübersetzungen
erforderlich. Außerdem macht die Führung der Welle, da der Querbalken verstellbar sein muß, bei den meisten Ausführungen Schwierigkeiten. Viel einfacher wird der Aufbau, wenn der Motor unmittelbar auf
den Querbalken aufgesetzt wird (Abb. 104). Besonders vorteilhaft kann
der richtig durchgebildete Einzelantrieb auch dann werden, wenn es sich
um eine Arbeitsmaschine handelt, bei der die zugeführte Energie
an mehreren Stellen in mechanische Energie umgesetzt werden muß,
z. B. bei einer größeren Fräsmaschine, die mehrere Fräser besitzt. Bei
solchen Maschinen sind, wenn der Antrieb nur von einer zentralen Stelle
durch einen Motor erfolgt, oft recht ungünstige Räder- und Wellen-
übertragungen erforderlich. Wie weit sich hierbei die Anordnung vereinfachen läßt, zeigt z. B. die Ausführnug einer großen Fräsmaschine[1]),
bei der 3 Fräser vorhanden sind, von denen jeder durch einen eigenen
Motor angetrieben wird. Außerdem hat jeder Fräser einen besonderen
Vorschubmotor, und da auch für den Tischvorschub ein besonderer
Motor vorgesehen ist, so besitzt diese Fräsmaschine insgesamt 7 Motoren. Naturgemäß wird durch die Verminderung der Zwischenübertragungen der Wirkungsgrad der Maschine entsprechend verbessert, so daß
die Motoren für eine entsprechend kleinere Leistung gewählt werden können.

Auch bei den Getrieben, die für das Auf- und Abwärtsbewegen von
Querbalken und Supporten und sonstigen Hilfsbewegungen, wie z. B.
das Verstellen der Walzen bei Blechbiege- und Richtmaschinen dienen,
kann durch Verwendung besonderer Hilfsmotoren wesentliche Vereinfachung erzielt werden. Es ist dann nicht erforderlich, diesen Hilfs-
antrieb vom Hauptantrieb abzuleiten, sondern es ist dann zweckmäßiger,
einen besonderen Hilfsmotor zu verwenden. Wesentlich ist, daß diese
Motoren für das im Höchstfalle vorkommende Drehmoment bemessen
sein müssen, daß sie aber mit Rücksicht auf ihre meist aussetzende Belastung in ihrer Dauerleistung entsprechend kleiner gewählt werden
können. Besonders zweckmäßig sind hierbei Reihenschlußmotoren, weil
sie unter Verringerung der Drehzahl sehr gut durchziehen.

---

[1]) Vgl. Weil: „Ein neuartiges Fräswerk und seine elektrische Einrichtung“,
Zeitschr. d. Ver. d. I. 1919, S. 1141ff.

60. Unmittelbare Kupplung zwischen Arbeitsmaschine und Motor.

Das Wesentliche der unmittelbaren Kupplung besteht darin, daß zwischen dem Motor und der eigentlichen Arbeitsmaschine keine Zwischenübertragungen, sei es in Form von Riemen, Zahnrädern, Friktionsscheiben usw. angeordnet sind. Daher wird die unmittelbare Kupplung nur bei bestimmten Arbeitsmaschinen möglich sein, und zwar in der Hauptsache bei solchen, bei denen sich die gesamte Bewegung nur auf wenige Teile beschränkt, so z. B. bei Schleifmaschinen, wo hauptsächlich nur die Schleifscheibe anzutreiben ist (vgl. Abb. 100), Ventilatoren, Pumpen, Fördermaschinen, Kompressoren usw. Im wesentlichen ist

hierbei zu unterscheiden zwischen der elastischen und der starren Kupplung. Elastische Kupplungen werden entweder dort verwendet, wo von vornherein nicht genügend Rücksicht auf den gemeinsamen Zusammenbau zwischen Arbeitsmaschine und Motor genommen

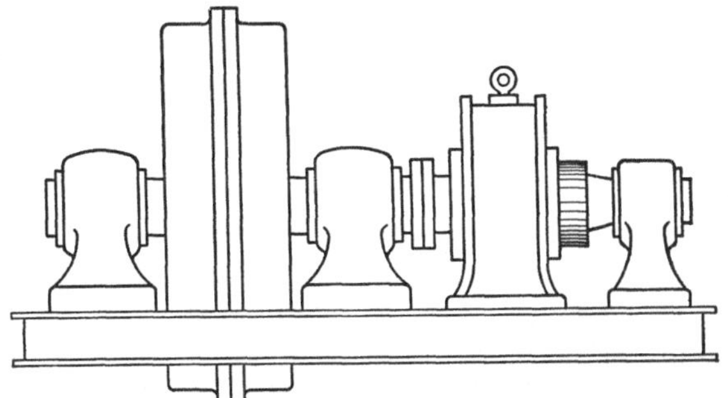

Abb. 105. Zusammenbau einer Treibscheibenfördermaschine mit dem Motor.

worden ist, oder dort, wo eine starre Kupplung nicht möglich ist oder auch keine wesentlichen Vorteile bietet. So zeigt Abb. 89 b eine elastische Kupplung zwischen Motor und Arbeitsmaschine, die, verglichen mit der anderen Ausführung, den mangelhaften organischen Zusammenbau erkennen läßt, der bei solchen Antrieben als unzweckmäßig zu vermeiden ist. Die elastische Kupplung hat den Vorteil, daß Arbeitsmaschine und Motor keine gemeinsame Grundplatte zu haben brauchen, andererseits wird aber die Baulänge meist größer. Da aber besonders bei größeren Maschinen Arbeitsmaschine und Motor sowieso eine gemeinsame Grundplatte erhalten müssen, so ist eine starre Kupplung unbedingt vorzuziehen, wobei auf Verkürzung der Baulänge durch möglichst organischen Zusammenbau besonders zu achten ist. Hierbei kann der Motor je nach Bedarf mit oder ohne Welle und Lager geliefert werden. So zeigt z. B. Abb. 105 das Schema des Antriebes einer Treibscheibenfördermaschine durch Motor mit Flanschwelle auf gemeinsamer Grundplatte und Dreilagerausführung. Sind wegen der Größe zwei Motoren erwünscht, dann ist an jeder Seite, wenn es der Aufbau der Arbeitsmaschine zuläßt, je ein Motor anzubringen. Bei kleineren Arbeitsmaschinen kann der Motor auch ohne Außenlager, also mit fliegend aufgebautem Anker, angeordnet werden, wodurch die Baulänge verkürzt werden kann. Umgekehrt kann auch der Motor der Hauptträger der Arbeitsmaschine werden, wie dies bei der Schleifmaschine Abb. 100 der Fall ist.

C. Apparate und Leitungen.

61. Anlasser und Regler.

Erfolgt das Anlassen der Motoren lediglich durch Betätigung eines Schalters, so kommt ein eigentlicher Anlasser nicht in Frage. Dies trifft naturgemäß nur für Motoren kleinerer Leistung zu, besonders für kleine Gleichstromhauptschlußmotoren oder Drehstromkurzschlußankermotoren. Wird ein solcher Motor nicht oft angelassen, so genügt zum Einschalten ein gewöhnlicher Schalter. Bei solchen Antrieben, bei denen ein häufiges Ein- und Ausschalten in Frage kommt, z. B. bei Webstuhlmotoren, sind sogenannte Walzenschalter gebräuchlich. Bei diesen erfolgt die Unterbrechung gleichzeitig an mehreren Stellen, wodurch bei sonst gleichen Abmessungen erheblich größere Schaltleistungen erzielt werden können.

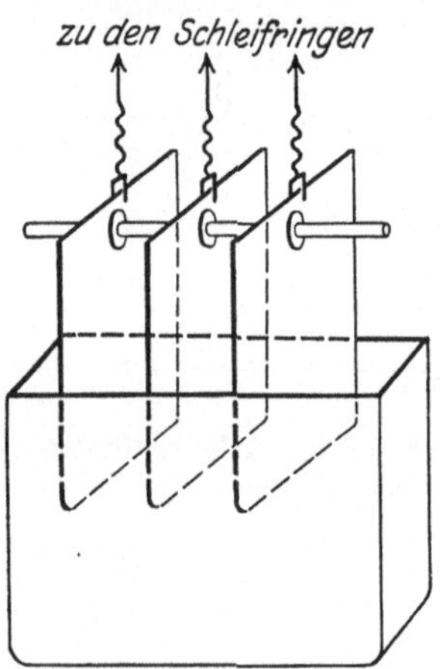

Abb. 106. Flüssigkeitsanlasser.

Am gebräuchlichsten sind die Anlaßmethoden, bei denen ein Widerstand verwendet wird, dessen Größe mit zunehmender Drehzahl verringert wird. Der einfachste für diese Bedingung durchgebildete Anlasser ist der Flüssigkeitsanlasser. Er besteht im wesentlichen aus einem Behälter, in den Metallplatten, meist Eisenplatten, allmählich beim Einlassen in eine Sodalösung eingetaucht werden. Indem die benetzte Oberfläche der Bleche beim Eintauchen vergrößert wird, verkleinert sich der Widerstand der Flüssigkeit zwischen den Elektroden. Abb. 106 zeigt das Schema eines Flüssigkeitsanlassers für |Drehstrom. Bei größeren Flüssigkeitsanlassern ist auch eine Anordnung gebräuchlich, bei der die Bleche feststehen, hingegen der Flüssigkeitsspiegel durch Zuströmen von Flüssigkeit beim Anlassen gehoben wird. Durch die richtige Einstellung des Wasserzuflusses kann die Anlaßzeit so bemessen werden, daß große Stromstöße oder Überlastungen des Motors beim Anlauf verhindert werden. Der Flüssigkeitsanlasser erfordert fachkundige Bedienung, da ein rechtzeitiges Nachfüllen der Sodalösung erforderlich ist. Störend ist beim häufigen Anlassen auch die Dampfentwicklung.

Eine andere Ausführung stellen die Flachbahnanlasser dar. Eine solche Anordnung zeigt schematisch die Abb. 108. Der Anlaßwiderstand besitzt verschiedene Anschlüsse, die zu den einzelnen Kontakten des Anlassers führen. Diese einzelnen Kontakte liegen kreisförmig nebeneinander in einer Ebene, so daß sie beim Drehen der Anlaßkurbel mit dem an dieser angebrachten Kontakt nacheinander in leitende Verbindung treten. Die Flachbahnanlasser eignen sich am besten für kleinere Stromstärken und selteneres Schalten. Zufolge ihres Aufbaues werden sie selbst bei größerer Kontaktzahl verhältnismäßig billig und handlich. Für die Widerstände wird meist ein Draht mit sehr hohem spezifischen Widerstand verwendet (Nickelindraht), der in Spiralen aufgewickelt, in besonderen Rahmen befestigt wird. Da in dem Widerstand beim Anlassen elektrische Energie vernichtet wird, d. h. in Wärme umgesetzt wird, so muß für eine gute Abkühlung der Widerstände gesorgt werden. Bei den gebräuchlichsten Anordnungen wird der Kasten, in dem die Widerstände untergebracht sind, mit perforierten Blechen umgeben, wodurch ein Luftumlauf ermöglicht wird. Meistens wird auch die Platte mit den Kontakten und dem Hebel mit dem Widerstandskasten zusammengebaut, wodurch die Verbindungsleitungen zwischen den Kontakten und den Widerstandsspiralen am kürzesten werden. Luftgekühlte Anlasser eignen sich nur zur Aufstellung in trockenen, staub- und säurefreien Räumen.

Bei einer anderen Art von Anlassern werden die Widerstände in Sand oder in Öl gebettet. Sandgekühlte Anlasser sind nur für sehr

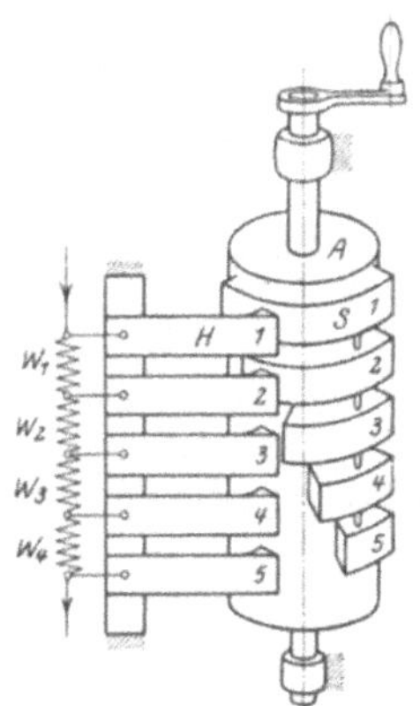

Abb. 107. Schematischer Aufbau ein. Schaltwalze.

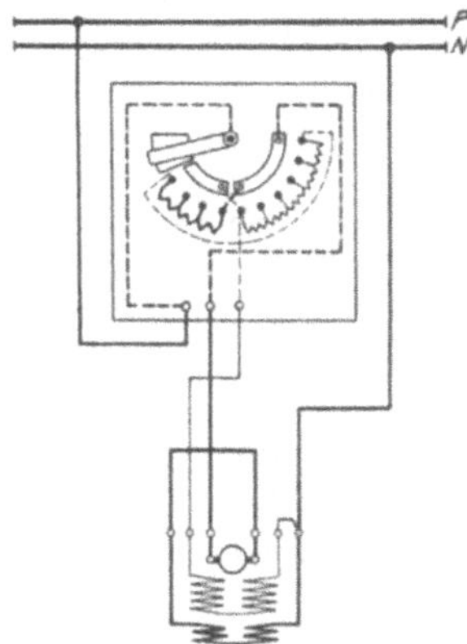

Abb. 108. Vereinigter Anlasser und Nebenschlußregler.

seltenes Anlassen bestimmt und daher weniger gebräuchlich. Ölgekühlte Anlasser gestatten ein häufigeres Anlassen, doch muß zwischen den einzelnen Anlaßzeiten der Anlasser die Möglichkeit haben, sich wieder abzukühlen. Die Ölanlasser sind in bezug auf Verschmutzen nicht so empfindlich wie Anlasser mit Luftkühlung, sie können sogar in feuergefährlichen oder mit Gas gefüllten Räumen aufgestellt werden, nur müssen dann die Kontakte eine gasdichte Kapselung erhalten.

Bei solchen Antrieben, bei denen ein dauerndes Anlassen in Frage kommt, würde bei den Flachbahnanlassern ein viel zu schneller Verschleiß der Kontakte auftreten. Für solche Fälle verwendet man besser sogenannte Steuerwalzen, auch Walzenanlasser oder Kontroller genannt. Das Wesentliche in dem Aufbau dieser Walzen besteht darin, daß für jeden Kontakt auch ein besonderer Kontakthammer vorgesehen ist. Abb. 107 zeigt schematisch den Aufbau eines solchen Anlassers. Auf

einer in einem Gehäuse untergebrachten drehbaren Walze A werden in
geringen Abständen voneinander eine größere Anzahl Ringsegmente S_{1-5}
isoliert aufgeschraubt. Die Ringsegmente entsprechen einer Reihe eben-
falls isoliert, aber fest angeordneter Kontakthämmer H_{1-5}. Beim
Drehen der Walze kommen diese Kontakthämmer mit den auf der Walze
angebrachten Ringsegmenten in Berührung, und zwar ist die Länge
der Segmente so abgestuft, daß beim Drehen der Walze die Kontakthämmer nacheinander in einer bestimmten Reihenfolge mit den Seg-
menten in Berührung kommen, wodurch die einzelnen Widerstandsstufen zu- oder abgeschaltet werden. Steht z. B. in der Anfangsstellung
die Walze so, daß nur der Hammer H_1 auf dem Segment S_1 aufliegt, so
muß der Strom durch den gesamten Anlaßwiderstand W_{1-4} fließen.
Wird die Walze weitergedreht, so daß der Hammer H_2 mit Segment S_2 in
Berührung kommt (wie in Abb. 107 gezeichnet), so wird der Widerstand
W_1 kurzgeschlossen werden, da alle Segmente leitend verbunden sind.
Beim Weiterdrehen wird, sobald Hammer H_3 Kontakt bekommt, Widerstand W_2, sobald Hammer H_4 Kontakt bekommt, W_3 usw. kurzgeschlossen und somit der Anlaßwiderstand allmählich ausgeschaltet.

Die Anordnung der Hämmer und Segmente ist naturgemäß je nach
Ausführung der Walze verschieden. Im Schaltungsschema wird die
Abwicklung der Walze wiedergegeben. Die starken Linien (vgl. Abb. 109)
stellen dabei die Segmente dar, die senkrechten Linien mit den Zahlen die
einzelnen Schaltstufen. Die seitlich gezeichneten Punkte entsprechen
den Kontakten der einzelnen Hämmer. Für die einzelnen Schaltstellungen muß man sich diese Kontaktpunkte über die Walzenab-
wicklung bis zu den Linien, die den einzelnen Schaltstellungen entsprechen, verschoben denken. Die Widerstände zu diesen Anlaß-
walzen werden bei kleineren Leistungen an die Walzen unmittelbar
angebaut. Bei größeren Leistungen ist eine getrennte Aufstellung der
Widerstände mit Rücksicht auf deren Abmessungen gebräuchlich, wobei
an Stelle von Drahtwiderständen auch Gußeisenwiderstände verwendet
werden. Je nach Verwendungszweck können die Walzenanlasser stehend
oder liegend angeordnet werden.

Bei größeren Schaltleistungen und sehr häufigem Schalten werden
sogenannte Steuerschalter mit Kohlekontakten verwendet, die in
bezug auf die Schaltzahl auch den stärksten Anforderungen gewachsen
sind. Ein solcher Steuerschalter besitzt eine entsprechende Anzahl
Kontakte, die als Druckkontakte ausgebildet sind. Sie bestehen aus
einem feststehenden, leicht nachstellbaren und auswechselbaren Kupfer-
kohlekontakt und einem Kontakthammer mit gleichfalls auswechsel-
barem Kupferkontakt. Der Kontakthammer ist in einem Gelenk be-
weglich und führt keine schleifende Bewegung aus, da er durch Drehen
einer mit Kurvenringen versehenen Schaltwelle auf den Kohlekontakt
des feststehenden Teiles aufgelegt oder abgehoben wird. Der besondere
Vorzug der Ausrüstung besteht darin, daß die Kohle als weicher Teil
sich in ihren Kontaktflächen stets dem metallischen Gegenkontakt
anpaßt, so daß bei einer Abnutzung des Metallkontaktes immer auf der
ganzen Fläche eine innige Berührung stattfindet.

Soll mit den Anlassern gleichzeitig eine dauernde Drehzahlregelung vorgenommen werden, was z. B. bei Asynchronmotoren und Hauptstrommotoren ohne weiteres möglich ist, so muß vor allem bei der Auswahl der Widerstände darauf Rücksicht genommen werden, daß eine dauernde Energievernichtung und dementsprechende Umsetzung in Wärme stattfindet. Werden Drahtwiderstände verwendet, so muß für

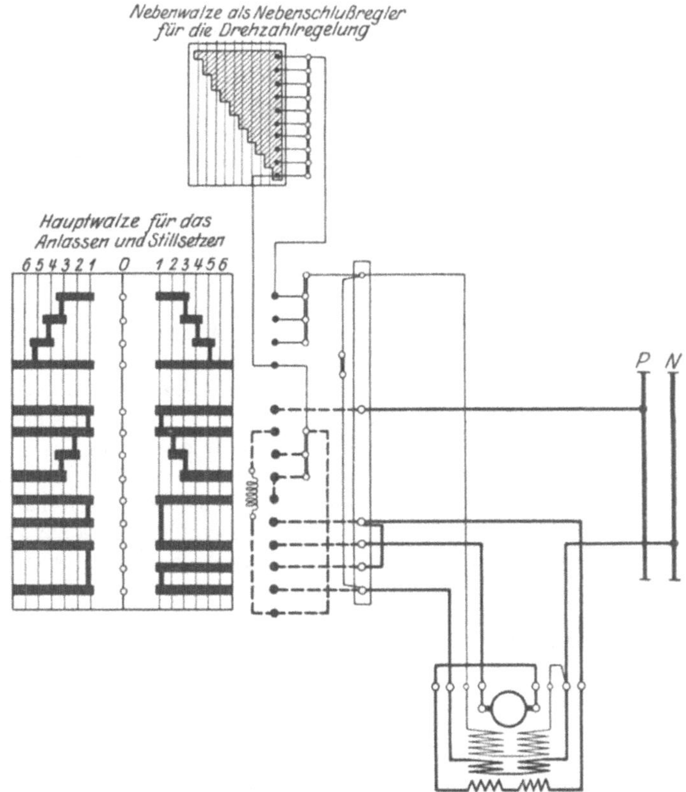

Abb. 109. Schaltbild einer Steuerung mit einer Hauptwalze für Anlassen in 2 Drehrichtungen und Stillsetzen, sowie mit getrennter Nebenwalze für die Drehzahleinstellung.

eine besonders reichliche Bemessung und gute Abkühlung Sorge getragen werden. Bei Ölanlassern muß gegebenenfalls eine Rückkühlung des Öles durch eingebaute Kühlschlangen erfolgen. Auch bei Flüssigkeitsanlassern ist durch ein Kühlmittel eine Rückkühlung des Wassers erforderlich. Erfolgt die Drehzahlregelung verlustlos, also z. B. durch Feldregelung bei Gleichstrommotoren, so ist die zu vernichtende Energie verhältnismäßig gering. Diese sogenannten Nebenschlußregler können dann ohne weiteres in der Form der Flachbahnanlasser ausgeführt werden. Dabei ist eine getrennte Anordnung oder ein Zusammenbau mit dem Anlasser ohne weiteres möglich. Abb. 108 zeigt die Anordnung eines Flachbahnregelanlassers, bei dem die ersten Kontakte zum Anlassen, die anderen Kontakte zum Regeln dienen. In gleicher Weise kann auch ein Walzenanlasser mit einem Regler vereinigt werden. Hier besteht allerdings die Schwierigkeit, daß die Zahl der Kontakte für die Nebenschlußregelung beschränkt ist, da anderenfalls die Walze sonst außerordentlich lang würde. Wo es daher auf eine sehr große Anzahl Drehzahlstufen ankommt und gleichzeitig mit Rücksicht auf die Häufigkeit der Schaltung ein Walzenanlasser erforderlich ist, käme eine getrennte Anordnung des Nebenschlußreglers, der als Flachbahnregler ausgebildet werden kann, in Frage. Dieser Nebenschlußregler wird dann zu den Nebenschlußkontakten der Anlaßwalze parallel geschaltet, wobei diese für den Nebenschluß nur 2—3 Kontakte zu haben braucht. Bei manchen Antrieben, z. B. Papiermaschinen, Kalandern, ist es erwünscht, innerhalb des Regelbereichs eine möglichst feinstufige Einstellung zu erreichen. Um die Zahl der Kontakte möglichst niedrig zu halten, verwendet man für gewöhnlich 2 Regler, einen sogenannten Grobregler und einen Feinregler. Diese 2 Regler sind so geschaltet, daß durch den Feinregler eine Regelung der Drehzahl innerhalb der einzelnen Stufen des Grobreglers erfolgt. Die Gesamtzahl der erreichbaren Regelstufen ist dann das Produkt aus der Zahl der Grob- und der Zahl der Feinstufen. Hat also der Regler z. B. 7 Grob- und 10 Feinstufen, so können insgesamt 70 Drehzahlstufen eingestellt werden.

Neben den grundsätzlichen Ausführungsarten der Anlasser gibt es noch verschiedene Sonderausführungen, die besonderen Anforderungen dienen. Handelt es sich z. B. um sehr ungeschultes Personal und um längere Anlaufzeiten, so ist bei den einfachen Anlassern die Möglichkeit gegeben, daß durch zu schnelles Schalten von Kontakt zu Kontakt die Anlaufstromstärke unzulässig hoch wird. In solchen Fällen kann man das zu schnelle Schalten durch eine besondere Verzögerungsvorrichtung vermeiden, die bei den Anlassern z. B. darin bestehen kann, daß eine Übersetzung zwischen der Kurbel und der Anlasserwelle in der Weise eingebaut wird, daß zum Schalten von Kontakt zu Kontakt eine volle Kurbelumdrehung erforderlich wird.

Bei Anlagen, bei denen leicht ein Rückgang der Spannung oder ein Ausbleiben derselben erfolgt, können die Anlasser auch mit Nullspannungsvorrichtung ausgeführt werden. Die grundsätzliche Anordnung besteht darin, daß durch eine Feder die Kurbel beim Loslassen selbsttätig in die Nullstellung zurückgeführt wird. Es ist daher erforderlich, die Kurbel in der Endstellung durch einen Elektromagneten festzuhalten. Bleibt die Spannung aus, oder fällt sie um einen bestimmten Betrag, beispielsweise bis auf 50 v. H., so reicht die Kraft dieses Festhaltemagneten nicht mehr aus und die Kurbel des Anlassers wird durch die Feder in die Nullstellung zurückgedreht (über Schutzvorrichtung beim Ausbleiben der Spannung s. auch Abschnitt 68).

Da bei manchen Antrieben auch eine gewisse Abhängigkeit verschiedener Apparate verlangt wird, so werden die Anlasser auch mit besonderen Hilfskontakten ausgeführt. Ein solcher Hilfskontakt ist z. B. der

Bremskontakt, der den Zweck hat, in der Nullstellung des Anlassers eine elektromagnetisch betätigte Bremse auszulösen. Solche Hilfskontakte sind auch erforderlich, um bei Antrieben mit mehreren Motoren eine gegenseitige Abhängigkeit zu erzielen (näheres hierüber vgl. Abschn. 71).

62. Umkehranlasser.

Für Antriebe, bei denen ein Anlassen in beiden Drehrichtungen in Frage kommt, ist es zweckmäßig, einen Anlasser zu verwenden, bei dessen Durchbildung auf diese Forderung Rücksicht genommen wurde und der eine leichtere Handhabung ermöglicht als ein einfacher Anlasser unter Verwendung eines getrennten Umschalters. Kommt die Änderung der Drehrichtung nur in größeren Zeitabschnitten vor, so genügt ein Anlasser, in den ein Umschalter, der durch einen besonders kleinen Hebel, eine Kurbel oder ein Handrad bedient werden kann, einzubauen ist. Um die Betätigung dieses Umschalters nur in der Nullstellung der Anlaßkurbel zu erzwingen und dadurch ein falsches Schalten zu verhindern, ist es zweckmäßig, hierbei eine Verriegelung zwischen Umschalter und Anlasser so vorzunehmen, daß die Umschaltung nur in der Nullstellung des Anlassers erfolgen kann. Für Antriebe, bei denen eine dauernde Änderung der Drehrichtung in Frage kommt, sind hingegen sogenannte Umkehranlasser vorzuziehen. Bei diesen ist für beide Drehrichtungen die entsprechende Anzahl von Anlaß- und gegebenenfalls auch Regelkontakten vorhanden. Hierbei kann der Anlasser als Flachbahn- oder auch als Walzenanlasser durchgebildet sein. Abb. 109 zeigt die Abwicklung einer Hauptwalze für das Anlassen und Stillsetzen eines Gleichstromnebenschlußmotors für beiderlei Drehrichtung. Um die Zahl der Regelstufen zu erhöhen, ist zu den Nebenschlußkontakten in der Walze noch ein besonderer Nebenschlußregler für die Drehzahlregelung vorgesehen. Dadurch wird erreicht, daß beim Anlassen des Motors die Hauptwalze immer bis zu dem letzten Kontakt gedreht werden kann, wobei die Motordrehzahl jedoch jeweils nur bis zu dem Wert ansteigt, auf den der getrennte Nebenschlußregler eingestellt ist. Während des Betriebes kann die Drehzahl ohne weiteres durch Betätigung des getrennten Nebenschlußreglers geändert werden.

Bei Umkehrantrieben wird es meist erwünscht sein, eine rasche Bremsung beim Stillsetzen zu erzielen. Wo die Bremsung nicht durch Gegenstromgeben erfolgt, wird dies durch Ankerkurzschlußbremsung oder mit Hilfe von magnetisch betätigten mechanischen Bremsen möglich sein. Zu diesem Zwecke müssen die Umkehranlasser mit besonderen Hilfskontakten ausgeführt werden.

63. Schützensteuerung.

Bei einem gewöhnlichen Schalter (vgl. vorhergehenden Abschnitt) erfolgt die Bewegung des Kontaktes auf rein mechanischem Wege von Hand. Im Gegensatz hierzu kann der Kontakt auch mit Hilfe der elektromagnetischen Anziehung bewegt werden. Zu diesem Zweck erhält der Schalter einen Elektromagneten, dessen Wicklung mittels eines Hilfsschalters eingeschaltet wird. Der Hauptschalter bleibt dann so lange geschlossen, solange der Hilfsstromkreis geschlossen bleibt. Wird dieser unterbrochen, dann öffnet sich der Schalter selbsttätig. Eine solche Ausführung nennt man Schütz. Die Schütze können ein- oder mehrpolig ausgeführt werden für Gleich- oder Wechselstrom. Ebenso können sie als Umschaltschütze durchgebildet werden; bei diesen ist aber eine Mittelstellung (0-Stellung) nicht möglich. Die einzelnen Schütze werden hauptsächlich bei solchen Antrieben verwandt, bei denen es darauf ankommt, Schaltungen in verschiedenen Abhängigkeiten mit Hilfe von Druckknöpfen oder Hilfskontakten vorzunehmen. Eine Anwendungsmöglichkeit der Schütze besteht z. B. in der Verwendung als Statorschalter beim Drehstromasynchronmotor. Um einen Drehstromasynchronmotor mit Schleifringanker stillzusetzen und abzuschalten, muß nicht nur der Anlasser in die Nullstellung gedreht, sondern es muß außerdem auch der Statorschalter geöffnet werden. Würde der Statorschalter nicht geöffnet, so würde der Motor einen hohen Magnetisierungsstrom aufnehmen, der zu einer Verschlechterung der Phasenverschiebung des Netzes und zu einer unzulässigen Erwärmung des Motors führen würde. Um ein Ausschalten des Statorstromes von Hand zu vermeiden, kann der Statorschalter als Schütz ausgebildet werden. Dieses

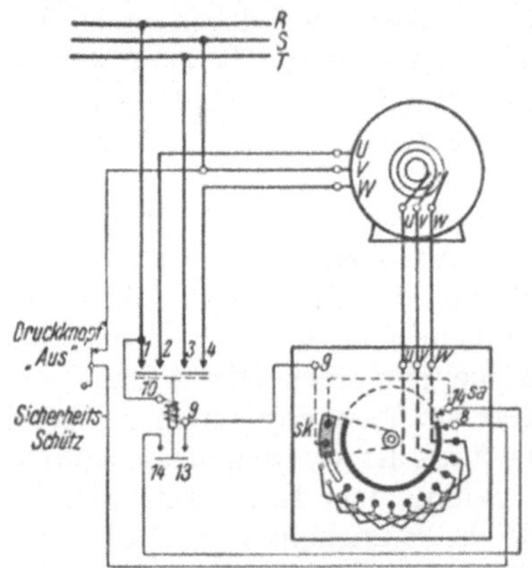

Abb. 110. Selbsttätige Ständerschaltung eines asynchronen Drehstrommotors.

Schütz wird (vgl. Abb. 110) durch einen Hilfskontakt am Anlasser so gesteuert, daß es in der Nullstellung des Anlassers den Motor selbsttätig vom Netz abschaltet, beim Drehen aus der Nullstellung, und zwar auf der ersten Anlaßstufe selbsttätig einschaltet. Auf diese Weise wird die Bedienung des Motors vereinfacht, also die Griffzeit verkürzt, was bei häufigem Anlassen und Stillsetzen besonders ins Gewicht fällt. Die Schütze können auch zur gegenseitigen Verriegelung von Motoren bei Abhängigkeitsschaltung (vgl. Abschnitt 70 und 71) verwendet werden. Ebenso sind sie auch dort am Platze, wo es darauf ankommt, einen nicht in handlicher Nähe befindlichen Schalter oder Umschalter durch Betätigung von Hilfsströmen auf elektrischem Wege ein- und aus-, bzw. abzuschalten. Die Schütze werden außer einzeln auch noch zu mehreren vereinigt als sogenannte Schützensteuerungen verwendet. Bei großen Motorleistungen stellen z. B. die mechanisch von Hand betätigten Steuerschalter an die Bedienung, besonders beim häufigen Schalten, sehr große Anforderungen. Die Bedienung kann dann wesentlich erleichtert werden, wenn die einzelnen Steuerkontakte nicht mechanisch, sondern einzeln elektromagnetisch betätigt werden. Grundsätzlich wird bei dieser Ausführung jeder Steuerkontakt durch ein Schütz ersetzt. Das Ein- und Ausschalten der Schütze, also das Steuern, erfolgt durch eine besondere Hilfswalze, die sogenannte Meisterwalze. Diese braucht nur für die Hilfsströme bemessen zu sein, wodurch sie viel kleiner und leichter bedienbar wird.

Eine andere Verwendung der Schütze ist die als Selbstanlasser (Näheres siehe nächsten Abschnitt).

64. Selbstanlasser und Druckknopfsteuerung.

Die Bedienung der einfachen Anlasser erfordert immerhin eine gewisse Aufmerksamkeit. Wo ungeschulte Arbeiter vorhanden sind, wird es daher erwünscht sein, den Anlaufvorgang lediglich einzuleiten, z. B. durch Betätigung eines Druckknopfes, und dann selbsttätig erfolgen zu lassen. Ferner wird eine solche Anordnung auch zweckmäßig sein, wo die Unterbringung der Anlasser in handlicher Nähe des Arbeiters nicht möglich ist und ein mechanisches Gestänge zwischen Arbeitsstand und Anlasser sich schwer unterbringen läßt, besonders auch dann, wenn die Bedienung von verschiedenen Stellen aus erfolgen soll. Ferner gibt es auch Arbeitsmaschinen, bei denen während des Anlaufs der Arbeitsvorgang genau beobachtet werden muß, und es daher erwünscht ist, daß der Arbeiter möglichst wenig durch die Bedienung des Motors in Anspruch genommen wird. Sind solche Verhältnisse gegeben, so ist zu prüfen, ob nicht die Verwendung sogenannter Selbstanlasser wirtschaftlicher ist. Grundsätzlich wirken die Selbstanlasser in gleicher Weise wie die einfachen Anlasser. Der Unterschied besteht im wesentlichen darin, daß die Betätigung nicht von Hand, sondern durch einen Hilfsmotor oder einen Elektromagneten

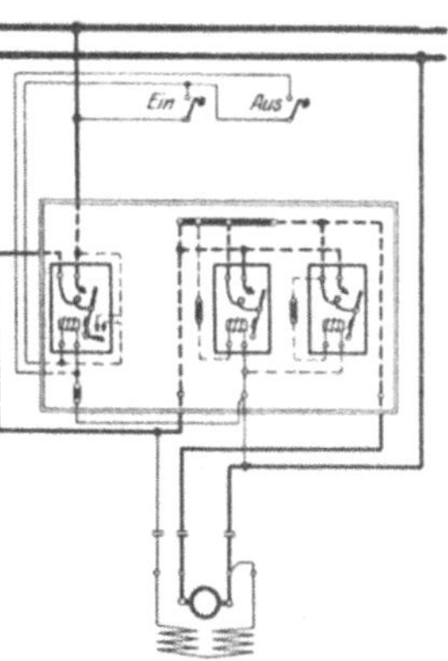

Abb. 111. Schützen-Selbstanlasser.

erfolgt. Ist ein Hilfsmotor vorhanden, so wird das Anlassen durch Ingangsetzen dieses Hilfsmotors bewirkt, der, nachdem dadurch der Anlasser in die Endstellung gedreht worden ist, selbsttätig abgeschaltet wird. Bei Verwendung eines Elektromagneten wird die Drehbewegung des Anlassers durch dessen Zugkraft erreicht, wobei eine geeignete Verzögerungsvorrichtung, z. B. ein Luftpuffer oder eine Windflügelhemmung, vorgesehen werden muß, damit das Anlassen nicht zu schnell erfolgt. Gebräuchlich sind zum Anlassen auch sogenannte Schützenselbstanlasser, bei denen die einzelnen Widerstandsstufen selbsttätig durch das Ansprechen der einzelnen Schütze abgeschaltet werden. Abb. 111 zeigt einen solchen kleinen Schützenselbstanlasser, bei dem das Anlassen durch das Einschalten des ersten Schützes mittels Druckknopf in die Wege geleitet wird. Durch geeignete Wahl der einzelnen Magnetspulen der Schützenselbstanlasser wird die zeitliche Reihenfolge des Ansprechens der einzelnen Schütze erreicht. Das Stillsetzen des Motors erfolgt bei den Selbstanlassern gleichfalls nur durch einfache Betätigung eines Druckknopfes, wobei je nach Ausführung das Zurückdrehen des Anlassers durch Rückwärtslauf des Hilfsmotors, durch eine Feder oder ein Gewicht beim Abschalten des Zugmagneten, oder durch Abschalten und Abfallen der Schütze erreicht wird.

Die Selbstanlasser in Verbindung mit Druckknopfschaltung können auch zum selbsttätigen Ein- und Ausschalten von Antrieben in Abhängigkeit von einem bestimmten Arbeitsverlauf verwendet werden, z. B. für das Ein- und Ausschalten von Pumpen in Abhängigkeit von der Höhe des Wasserspiegels, vom Druck bei Kompressoren usw. (Näheres s. auch Abschnitt 69).

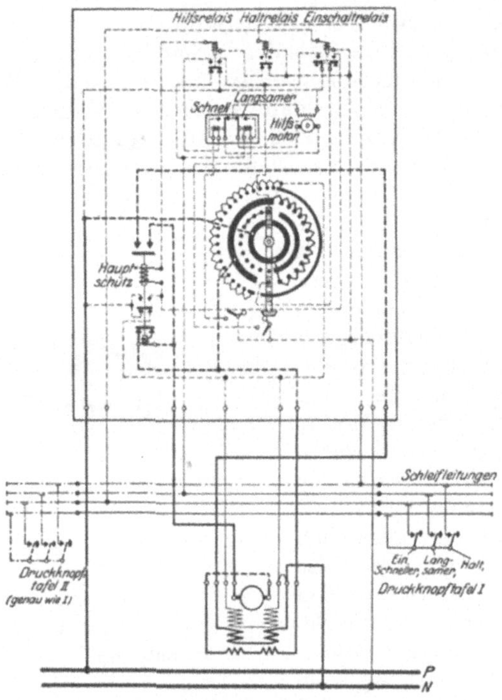

Abb. 112. Druckknopfsteuerung für Anlassen, Drehzahlregeln und Stillsetzen.

Bei manchen Arbeitsmaschinen, bei denen eine Drehzahlregelung des Motors in Frage kommt, wird es erwünscht sein, nicht nur das Anlassen und Stillsetzen, sondern auch das Umsteuern oder das Drehzahlregeln mittels Druckknöpfen vornehmen zu können. Hierher gehören z. B. größere Werkzeugmaschinen, bei denen es darauf ankommt, von verschiedenen Stellen aus die Maschine anlassen, umsteuern und in der Drehzahl regeln zu können. Diese Regelung braucht sich nicht nur auf den Hauptantrieb zu erstrecken, sondern sie kann auch mit besonderem Vorteil für die Verstellung der Querbalken oder der Supporte verwendet werden, um das Einrichten zu vereinfachen. Ein weiteres Anwendungsgebiet bieten z. B. die Rotationsdruckmaschinen, bei denen es gleichfalls erwünscht ist, von verschiedenen Stellen aus in leichter Weise die Maschine steuern zu können. Für solche Druckknopfsteuerungen werden motorisch angetriebene Selbstanlasser verwendet. Abb. 112 zeigt z. B. eine solche Druckknopfsteuerung für einen Gleichstrommotor mit Nebenschlußregelung. Die Druckknopftafel erhält 3 Druckknöpfe für die Betätigung:

"Ein — Schneller"
"Langsamer"
"Halt".

Die Zahl der Druckknopftafeln kann beliebig sein. Durch Drücken des Druckknopfes "Ein — Schneller" wird das Hauptschütz, dadurch der kleine Hilfsmotor eingeschaltet, und dadurch der Anlasser aus seiner Anfangsstellung gedreht. Wird nach Einschalten der Druckknopf losgelassen, so läuft der Hilfsmotor so lange, bis der Anlaßwiderstand ausgeschaltet ist, der Motor also die niedrigste Zahl seines Regelbereiches erreicht hat (z. B. 1000, wenn der Motor für eine Regelung von 1000 auf 3000 gebaut ist). Soll der Motor in der Drehzahl heraufgeregelt werden, so ist es nötig, den Druckknopf "Ein — Schneller" weiter zu betätigen. Dadurch wird der Hilfsmotor wieder eingeschaltet und der Anlasser weiter über die Nebenschlußkontakte gedreht, und zwar so lange, bis entweder der Druckknopf freigegeben oder der Anlasser, nachdem der Motor seine Höchstdrehzahl erreicht hat, in der Endstellung angekommen ist. Soll während des Betriebes die Drehzahl erniedrigt werden, so braucht nur der Druckknopf "Langsamer" gedrückt zu werden, worauf der Hilfsmotor in entgegengesetzter Richtung angelassen und der Anlaßregler über die Regelkontakte solange zurückgedreht wird, bis der Druckknopf "Langsamer" freigegeben oder der Anlaßregler die der Grunddrehzahl entsprechende Stellung erreicht hat. Ein Stillsetzen des Motors erfolgt durch die Betätigung des Druckknopfes "Halt", wodurch der Anlasser in die Anfangsstellung zurückgedreht wird.

Bei der sogenannten Universaldruckknopfsteuerung kann die Schaltung noch so erweitert werden, daß durch Verwendung von Umschaltschützen ein Anlassen und Regeln des Motors in beiden Drehrichtungen erreicht wird. Eine solche Anordnung hat dann 4 Druckknöpfe, nämlich

"Vorwärts — Schneller",
"Rückwärts — Schneller",
"Langsamer",
"Halt".

65. Isolierte Leitungen.

Soweit die zu einem Antrieb gehörigen Apparate nicht unmittelbar mit dem Motor zusammengebaut sind, wird eine Verbindung durch besondere Leitungen erforderlich sein. Zu diesem Zwecke erhalten sowohl Motor als Apparate besondere Anschlußklemmen, die ein Anschließen der Leitungen in einfacher Weise ermöglichen. Diese Anschlußklemmen sind, da sie spannungführend, durch besondere abnehmbare Klemmenkästen gegen Berührung geschützt. Da betriebssicheres Arbeiten eines elektromotorischen Antriebes von der richtigen Auswahl und Verlegung der Verbindungsleitungen abhängig ist, so soll auch bereits bei dem Entwurf die richtige Auswahl und zweckmäßigste Anordnung getroffen werden. Die Auswahl der Leitungen wird sich im wesentlichen nach der Stromstärke, mit der der Leiter belastet wird,

ferner nach der Höhe der Spannung und nach der mechanischen bzw.
auch chemischen Beanspruchung richten. Als Leiter kommt durchweg
nur Kupfer in Frage, wobei die kleineren Querschnitte massiv, die größeren verseilt ausgeführt werden. Die einzelnen Leitungsausführungen
unterscheiden sich im wesentlichen durch die Art ihrer Ummantelung.
Die Ausführungen, die in erster Linie für die Ausrüstung von Antrieben
in Frage kommen, sind folgende:

Gummiaderleitungen (verbandsnormale Bezeichnung NGA) be-
sitzen eine vulkanisierte Gummihülle, die mit gummiertem Baum-
wollband bewickelt ist. Darüber befindet sich eine Beflechtung aus
Baumwolle, Hanf oder gleichartigen Stoffen (vgl. Abb. 113). Diese
Leitungen werden für die meisten Ausrüstungen genügen und zwar für
Spannungen bis 750 Volt.

Spezialgummiaderleitungen, NSGA, kommen für höhere Spannungen von 2000—25000 Volt in Betracht. Bei diesen besteht die

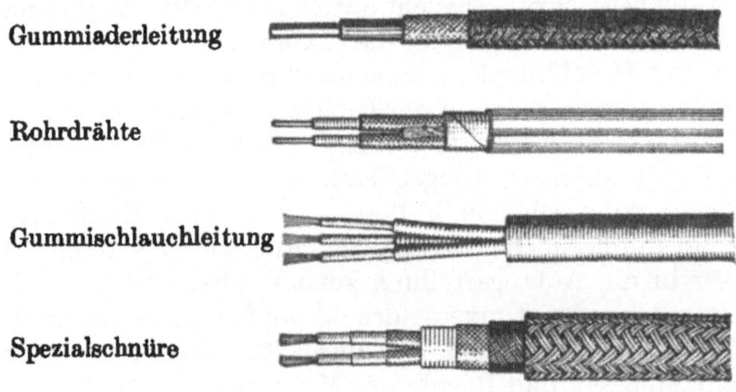

Abb. 113. Isolierte Leitungen.

Gummihülle aus mehreren Lagen von wesentlich größerer Stärke. Im
übrigen ist der Aufbau derselbe wie bei den normalen Gummiaderleitungen. Um die Umhüllung gegen mechanische Beschädigungen zu
schützen, können die Gummiaderleitungen in einem Rohr verlegt
werden. Bei Arbeitsmaschinen ist es am zweckmäßigsten, für diese
Verlegung normales Gasrohr zu verwenden, da dieses starke mechanische
Beanspruchungen aushält und sich außerdem auch am besten dem
Charakter der Maschine anpassen läßt. Bei Verlegung des Gasrohres ist
darauf zu achten, daß sich keine Feuchtigkeit in den Rohren ansam-
meln kann. Wagerechte Rohre müssen daher immer mit einer geringen
Neigung verlegt werden. Außerdem ist als Schutz für Leitungen Isolier-
rohr gebräuchlich. Es ist dies ein dünnwandiges Eisenrohr mit einer
Papierisolation. Der Schutz gegen mechanische Beschädigung ist nur
gering. Besser ist Stahlpanzerrohr (mit Papierisolation) und Stahlrohr
(ohne isolierte Auskleidung). Bei Wechselstrom müssen jeweils alle
zwei bzw. drei Leitungen in einem Rohr verlegt werden.

Rohrdrähte, HRA, besitzen einen unmittelbar der Leitung um-
gepreßten Metallmantel. Diese Rohrdrähte (Abb. 113) sind Gummiader-

leitungen mit enganliegendem gefalztem Metallmantel, der an Stelle der getränkten Beflechtung tritt. Da die Wandstärke des Mantels sehr gering ist (die Mindestmantelstärke ist z. B. vom Zentralverband mit 0,25 mm festgelegt), so eignen sie sich weniger für größere mechanische Beanspruchungen.

Panzerader, NPA, sind Spezialgummiaderleitungen für 2000 Volt, die gegen mechanische Beschädigungen mit einer Hülle von Metalldrähten versehen sind. Sie eignen sich gut zur Verlegung an Maschinenteilen, da sie sich Unebenheiten gut anpassen. Zur Befestigung dienen einfache Schellen.

Bleikabel. Sollen die Leitungen im Erdboden verlegt werden, wo sie der Feuchtigkeit und chemischen Beanspruchungen ausgesetzt sind, so eignen sich hierfür am besten Bleikabel. Diese werden als Ein- oder Mehrleiterkabel ausgeführt. Die Isolierschicht, die den Kupferleiter umgibt, besteht aus mit Isoliermasse getränktem Papier, dessen Stärke von der Betriebsspannung abhängt. Nach erfolgter Einzelisolation werden die isolierten Leitungen seilartig zusammengedreht und die Zwischenräume zum Erzielen eines zylindrischen Körpers mit Masse ausgefüllt. Hierbei erfolgt die gemeinsame Isolierung und Umpressung mit einem Bleimantel. Ist die Gefahr vorhanden, daß das Kabel stark chemisch beansprucht wird, dann wird um den Bleimantel eine getränkte Papierschicht und eine asphaltierte Juteschicht gelegt. Für besonders gefährliche mechanische Beanspruchung können die Kabel außerdem noch mit einer Bandeisenarmatur versehen werden.

Bei manchen Antrieben, besonders bei Einzelantrieben, wird es nicht möglich sein, die Leitung immer ortsfest zu verlegen, da sich z. B. der Aufstellungsort des Motors oder des Anlassers ändert. Dies ist besonders dann der Fall, wenn die Antriebsmotoren auf beweglichen Teilen der Arbeitsmaschine sitzen, z. B. auf dem Support einer Radialbohrmaschine, auf dem Querbalken einer Hobelmaschine usw. Die Verbindungsleitungen müssen in solchen Fällen so ausgeführt sein, daß sie eine mehrfache Biegung ohne Beschädigung aushalten. Für Arbeitsmaschinen kommen verschiedene Ausführungen in Frage.

Gummischlauchleitungen, SHZ, sind besonders für transportable Werkzeuge, fahrbare Motoren usw. gebräuchlich. Sie bestehen meist aus zwei oder mehreren Gummiaderleitungen, die jedoch eine Hülle von gummiertem Baumwollband besitzen und mit Gummi so umpreßt sind, daß alle Hohlräume ausgefüllt sind. (Abb. 113.)

Spezialschnüre, NSGK, sind für besonders rauhe Betriebe gebräuchlich. Diese Schnüre sind ähnlich aufgebaut wie die Gummischlauchleitungen. Über der gemeinsamen Gummiumpressung ist jedoch noch ein gummiertes Baumwollband, dann eine Beflechtung aus Faserstoff und hierüber eine zweite Beflechtung aus besonders widerstandsfähigem Stoff vorhanden (Abb. 113).

Die Anordnung solcher biegsamer Leitungen wird sich jeweils nach der Art der Arbeitsmaschine richten. Ist der Abstand, innerhalb dessen sich z. B. ein auf einem Support angebrachter Motor verschiebt, nicht allzu groß, vielleicht $1\frac{1}{2}$—2 m, dann wird es genügen, die Leitung einfach an den zwei Enden, also z. B. an dem feststehenden Ständer und an dem verschiebbaren Support, zu befestigen und sonst frei durchhängen zu lassen. Bei größeren Verschiebelängen, bei den dann die Gefahr besteht, daß sich in der durchhängenden Leitung Schlingen bilden, oder daß die durchhängende Leitung auf dem Erdboden schleift, wird es erforderlich sein, eine besondere Leitungsführung vorzusehen. Diese wird im wesentlichen in der Anordnung von Führungs- und Gewichts-rollen bestehen, wodurch die Leitung gespannt gehalten wird. Abb. 114 zeigt ein einfaches Ausführungs-beispiel. Das Seil ist mit einem Ende an dem feststehenden Teil (dem Stän-der), mit dem anderen an dem Sup-port befestigt. Beim Verschieben des Supports nach außen wird die Ge-wichtsrolle gehoben, beim Verschie-ben nach innen gesenkt. Das Gewicht muß so bemessen sein, daß es die Leitung spannt, ohne sie jedoch un-zulässig auf Zug zu beanspruchen. In ähnlicher Weise lassen sich auch bei anderen Arbeitsmaschinen die Leitungsführungen anordnen, wobei nach Möglichkeit die Leitungsschlinge mit der Gewichtsrolle im Innern der Arbeitsmaschine anzuordnen ist.

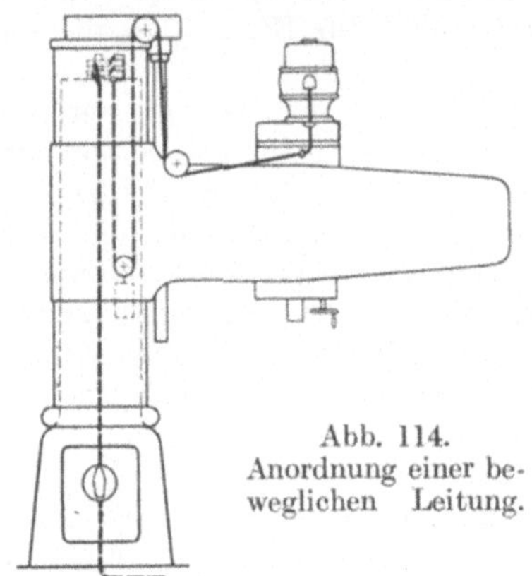

Abb. 114.
Anordnung einer be-weglichen Leitung.

Bei ortsveränderlichen Maschinen, deren Arbeitsbereich sehr groß ist und außerdem sehr wechselt, wie z. B. bei Bohrmaschinen, läßt man die Leitungen meist lose auf dem Boden liegen. Nur bei besonders langen Leitungen werden die Leitungen in Schlingen auf besondere Trag-bügel gelegt oder auf besondere Kabeltrommeln aufgerollt (über Schleif-leitungen siehe nächsten Abschnitt).

Der Querschnitt sämtlicher Leitungen ist abhängig von der Strom-stärke und dem zulässigen Spannungsabfall. Die Höchststromstärke ist gegeben durch die höchstzulässige Erwärmung, die durch Bestimmungen des Verbandes Deutscher Elektrotechniker festgelegt ist. Danach können belastet werden:

Kupferquerschnitt in qmm	1	1,5	2,5	4	6	10	16	25	38	80	70	95
1. Belastung von isolierten Leitun-gen in Amp.	11	14	20	25	31	43	75	100	125	160	200	240
2. Belastung von Einleiterbleikabeln in Amp.	24	31	41	55	70	95	130	170	210	260	320	385
3. Belastung von Zweileiterbleikab.	—	—	—	42	53	70	95	125	150	190	230	275
4. Belastung von Dreileiterblei-kabeln	—	—	—	37	47	65	85	110	135	165	200	240

Die Werte für die Kabel gelten nur für Spannungen bis 7000 Volt bei Gleichstrom und bis 3000 Volt bei Wechselstrom unter der Voraussetzung, daß die Verlegung im Erdboden erfolgt. Freiverlegte Kabel dürfen infolge der ungünstigeren Abkühlung nur mit den Stromstärken der Zeile 1 belastet werden. Außer auf die zulässige Beanspruchung in bezug auf die Stromwärme, muß besonders bei längeren Zuleitungen geprüft werden, ob der Spannungsabfall in der Leitung innerhalb der zulässigen Grenzen bleibt. Der Spannungsabfall bedingt einerseits Verluste, andererseits macht er sich aber bei manchen Motoren dadurch unangenehm bemerkbar, daß z. B. wie beim Asynchrondrehstrommotor das Drehmoment mit dem Quadrate der Spannung abfällt. Es muß daher eine Nachprüfung erfolgen, wie hoch der Spannungsabfall nicht nur bei Normallast, sondern auch bei den vorkommenden Spitzenbelastungen ist, um in dieser Beziehung ein unbedingtes Durchziehen der Motoren zu verbürgen. Bedeutet:

l = einfache Länge der Leitung in m,
i = Stromstärke in einem Leiter in Amp.,
E = Spannung zwischen den Leitern in Volt,
p = Spannungsabfall in v. H. der Betriebsspannung,
k = Leitfähigkeit des Leiters (Kupfer = 56,2),
q = Leiterquerschnitt in qmm,

dann errechnet sich der Spannungsabfall zu

$$p = \frac{i \cdot 2\,l}{q \cdot k}.$$

Die Höhe des Spannungsabfalles soll nicht mehr als 3—5 v. H. betragen. Bei Motoren, die aussetzend und selten vollbelastet arbeiten, wird die obere Grenze zulässig sein, wohingegen bei dauernd vollbelastetem Antriebe der Spannungsabfall möglichst niedrig zu bemessen ist.

Naturgemäß kann aus der Formel bei Annahme des Spannungsabfalles der Leiterquerschnitt errechnet werden zu

$$q = \frac{i \cdot 2\,l}{p \cdot k}.$$

Die Stromstärke errechnet sich aus der jeweils aufgenommenen Leistung zu

$$J = \frac{N_1}{E} \cdot 1000 \text{ für Gleichstrom (vgl. S. 3)},$$

$$J = \frac{N_1}{\sqrt{3} \cdot E \cdot \cos \varphi} \cdot 1000 \text{ für Drehstrom (vgl. S. 14).}$$

Hierin ist N_1 die aufgenommene Leistung $= \dfrac{\text{Motorleistung}}{\eta}$ in kW.

66. Schleifleitungen.

Läßt sich bei Arbeitsmaschinen eine bewegliche Leitung mit Rücksicht auf die Ausführung der Arbeitsmaschine oder die zu große Länge der Verschiebungen, wie z. B. bei Kranen, nicht anwenden, so sind Schleifleitungen vorzusehen. Bei diesen werden längs des Verschiebeweges die Zuleitungen als blanke Leitungen verlegt und die Verbindung mit dem beweglichen Teil mit Hilfe von Schleifkontakten hergestellt. Die Leitungen können hierbei als freigespannte Drähte oder als festverlegte Schienen ausgeführt werden. Freigespannte Leitungen werden an ihren Enden mit Hilfe von Isolatoren abgespannt und bei größeren Spannweiten auf besonders isolierte Stützen aufgelegt. Von diesen Stützen werden dann die Drähte bei Vorbeifahren der Schleifkontakte durch diese selbst abgehoben. Für gewöhnlich werden die Drähte untereinander angeordnet, da hierbei der Raumbedarf geringer ist als bei wagerechter Anordnung. Bei Arbeitsmaschinen wird die Anwendung der Schleifleitungen wegen der beschränkten Raumverhältnisse nur sehr selten möglich sein. In solchen Fällen sind festverlegte Schienen vorzuziehen, und zwar werden meist blanke Kupferschienen von quadratischem oder rechteckigem Querschnitt verwendet, die mittels Isolierstückchen auf dem feststehenden Teil der Maschine zu befestigen sind. Abb. 115 zeigt z. B. im Querschnitt eine Schleifleitungsanordnung. Auf dem Ausleger einer Radialbohrmaschine sind in einem Abstand von etwa 30 mm blanke Kupferschienen verlegt, und zwar sind die Schienen auf Isolierstückchen befestigt, die ihrerseits in einem Abstand von 100 bis 200 mm in der Längsrichtung des Auslegers sitzen. Auf diesen Schienen schleifen die drei Abnehmer, die auf dem isolierten Ende eines besonderen, an dem Support angebrachten Bügels sitzen. Der eigentliche Bügel ist hohl, um die Leitung darin verlegen zu können. Da die Schienen unter Spannung stehen, so muß für eine geeignete Abdeckung gesorgt werden, die nicht nur ein zufälliges Berühren, sondern auch ein Hereinfallen der Späne verhindert. Abb. 115 zeigt eine Ausführungsform einer solchen Abdeckung aus Eisenblech. Läßt es die Ausführung der Arbeitsmaschine zu, dann ist eine Verlegung der Schienen in entsprechend angeordneten Aussparungen, die naturgemäß auch eine Blechabdeckung erhalten müssen, vorzusehen. Bei manchen Arbeitsmaschinen wird es erforderlich sein, eine Verbindung zwischen einem feststehenden und einem drehenden Teil anzuordnen. Beträgt die Drehung nur einige Grad, dann wird man mit biegsamen Leitungen auskommen. Ist aber eine Drehung mehrmals

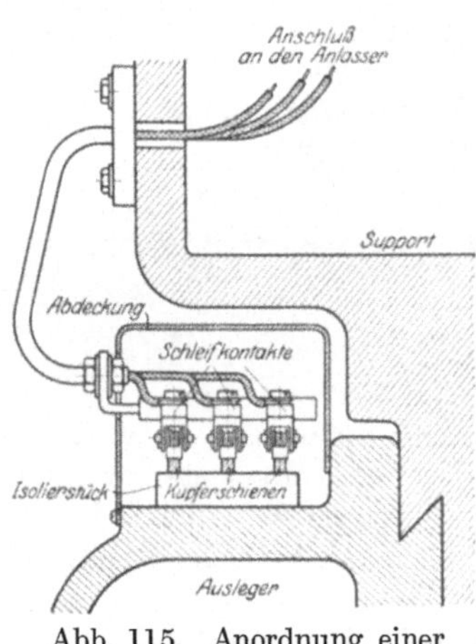

Abb. 115. Anordnung einer Schleifleitung.

um die Achse möglich, dann müssen besondere Schleifleitungen vorgesehen werden. Im wesentlichen bestehen dieselben, entsprechend der Anzahl der Leitungen, aus einzelnen Schleifringen, die mittels Isolierstücken auf dem feststehenden Teil befestigt werden, wohingegen die Schleifkontakte auf dem drehenden Teil sitzen.

Abb. 116 zeigt eine solche Ausführung für eine Stromstärke bis zu 100 Amp. und eine Spannung von 600 Volt. Listenmäßig werden die Schleifringe für verschiedene Durchmesser (etwa 100—300 mm) ausgeführt. Ein praktisches Beispiel für die Anwendung solcher Schleifringe zeigt die Radialbohrmaschine, bei der der Ausleger um 360⁰ gedreht werden kann (vgl. Abb. 90b u. 114). Hierbei werden dann die Schleifringe auf der feststehenden Innensäule, die Schleifkontakte im Innern des Außenmantels befestigt.

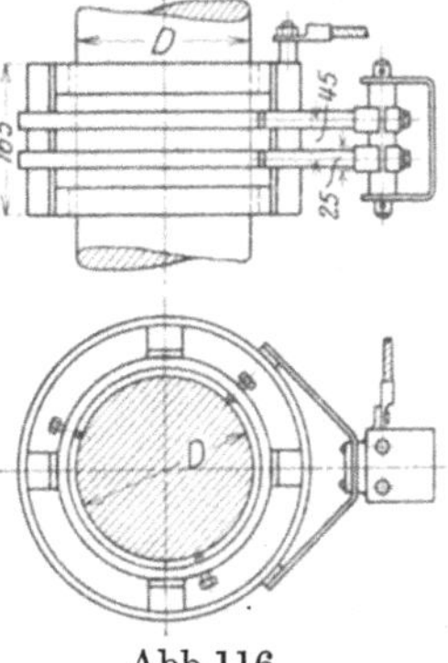

Abb. 116.
Ringschleifleitung.

IV. Allgemeine Gesichtspunkte für die Projektierung.

67. Schutz gegen Überlastung.

Wird ein Motor dauernd überlastet, so tritt eine immer stärker werdende Erwärmung ein, die zu allmählicher Zerstörung der Isolation führt. Dadurch wird die Isolation so weit verringert, daß dann an der am meisten geschwächten Stelle ein Durchschlag erfolgt, durch den dann oft eine umfangreiche Zerstörung am Motor eingeleitet wird. Beschädigungen an dem Motor werden aber auch ebenso durch ein plötzliches Festbremsen veranlaßt, sobald nicht gleichzeitig ein Abschalten des Motors erfolgt, da dann, besonders bei Gleichstrommotoren, durch ein sehr starkes Ansteigen des Stromes eine unzulässige Erwärmung eintritt. Daher müssen bei jedem Antrieb Schutzvorrichtungen vorgesehen werden, die den Motor und gleichzeitig auch die Zuleitung zum Motor vor dem Verbrennen schützen sollen. Dazu dienen im wesentlichen folgende Mittel:

Sicherungen. Das Prinzip der Sicherungen besteht in der Verwendung eines Metalldrahtes, oder bei höheren Stromstärken eines Metallstreifens, der so bemessen wird, daß er bei einer bestimmten Stromstärke durchschmilzt, wodurch die Stromleitung unterbrochen wird. Bei einer Stromstärke bis zu 200 Amp. und 500 Volt können diese Drähte noch in sogenannten Patronensicherungen untergebracht werden. Diese Patronen bestehen im wesentlichen aus einem starkwandigen Porzellanhohlzylinder, in dem der Draht eingebettet ist. Eine technisch richtige Patrone muß so durchgebildet sein, daß bei dem oft explosionsartig auftretenden Durchbrennen des Drahtes keine Stichflamme oder Zerstörung der Patrone auftritt, wodurch Kurzschlüsse und Brände entstehen können. Die Patronen werden in geeignete Sicherungselemente eingesetzt und dadurch in den betreffenden Stromkreis eingeschaltet. Bei größeren Stromstärken sind Metallstreifen gebräuchlich, die zwischen 2 auf einer Isolierplatte angebrachten Klemmen befestigt werden. Zum Schutz sind die Metallstreifen entweder in Röhren eingesetzt oder von einer Schutzkappe umgeben. Wo ein öfteres Durchbrennen der Sicherungen zu erwarten ist, empfiehlt es sich, bei den höheren Stromstärken die später beschriebenen Selbstschalter zu verwenden.

Die Sicherungen werden für verschiedene Stromstärken (Nennstromstärken) gebaut, und zwar beträgt die Abstufung der Nennstromstärke 2, 4, 6, 10, 15, 20, 25, 35, 50, 60, 80, 100, 125, 160 und 200 Amp. Entsprechend der Eigenart der Schmelzsicherungen, die in erster Linie für die Sicherung der Verteilungsleitungen von Beleuchtungsanlagen verwendet werden, ist es schwierig, eine richtige Auswahl und Anpassung für den Schutz der Motoren zu erreichen. Dies liegt in der Charakteristik der Sicherung, d. h. in der Abhängigkeit der Abschmelzzeit von der Überlastung. Maßgebend für die Konstruktion der Patronensicherungen sind die vom Verband Deutscher Elektrotechniker in nachstehender Tabelle festgelegten Daten:

Nennstrom Amp.	Niedrigster Prüfstrom	Höchster Prüfstrom
6— 10	1,5 faches des Nennstromes	2,1 faches des Nennstromes
15— 25	1,4 faches des Nennstromes	1,75 faches des Nennstromes
35—200	1,3 faches des Nennstromes	1,6 faches des Nennstromes

Den niedrigsten Prüfstrom müssen die Sicherungen bis 20 Amp. mindestens 1 Stunde, diejenigen bis 200 Amp. mindestens 2 Stunden aushalten; mit dem höchsten Prüfstrom belastet müssen sie innerhalb dieses Zeitraumes abschmelzen. Die Vorschriften gewähren daher in bezug auf die Ausführung der Sicherungen ziemlich weiten Spielraum, wobei noch zu berücksichtigen ist, daß Sicherungen, die sonst unter gleichen Umständen hergestellt sind, in ihrer Charakteristik abweichen.

Abb. 117 zeigt beispielsweise die Charakteristik einer 20-Amp.-Sicherung bei besonders hoher Überlastung. Obwohl z. B. diese Sicherung 2 Stunden lang $20 \times 1,4 = 28$ Amp. vertragen muß, tritt ein Durchschmelzen bei etwa 45 Amp. schon in 10 Sekunden, bei 50 Amp. schon in 1 Sekunde ein. Unterhalb einer Belastung von 45 Amp. nähert sich die Kurve asymptotisch einer Geraden. Da Motoren innerhalb bestimmter Grenzen überlastbar sind, so muß die Sicherung diese Überlastungen noch aushalten; ebenso muß sie den hohen Strom beim Anlauf vertragen ohne durchzuschmelzen. Werden nun die Sicherungen für diese hohen Anlaufströme bemessen, so bieten sie oft nur einen unvollkommenen Schutz gegen länger dauernde geringe Überlastung. Beträgt z. B. der Nennstrom des Motors (entsprechend seiner Dauerleistung) etwa 20 Amp. und der Anlaufstrom das 2,5 fache des Nennstromes, also

50 Amp. (beim Drehstrommotor mit Kurzschlußanker kann der Anlaufstrom noch höher werden), so könnte wohl kaum eine 20-Amp.-Sicherung verwendet werden, da diese entsprechend ihrer Charakteristik (Abb. 117) bereits nach 1 Sekunde abschmelzen würde, also innerhalb einer Zeit, während der die meisten Motoren kaum angelaufen sein dürften. Wird aber eine 25-Amp.-Sicherung verwendet, so würde sie 2 Stunden lang eine Überlastung von $25 \times 1,4 = 35$ Amp. vertragen, was für das gewählte Beispiel einer Mehrbelastung des Motors von etwa 75 v. H. entspräche. Diese Überlastung würde der Motor aber nicht mehr so lange aushalten. Hingegen würde bei plötzlich hoher Belastung, z. B. wenn beim Festbremsen der Strom plötzlich auf 60 Amp. anstiege, die Sicherung bereits in einer halben Sekunde durchschmelzen. Es ergibt sich daraus, daß Schmelzsicherungen besonders für kurze und hohe Überlastungen sehr geeignet sind, dafür weniger Schutz für geringe lang andauernde Überlastungen bieten.

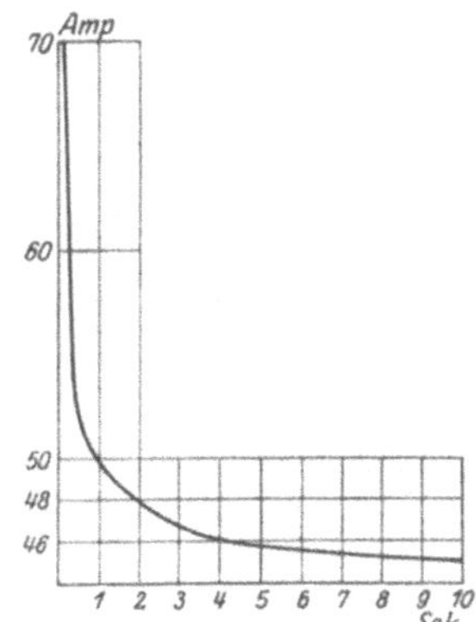

Abb. 117. Kennlinie einer Schmelzpatrone für 20 Amp. Nennstrom.

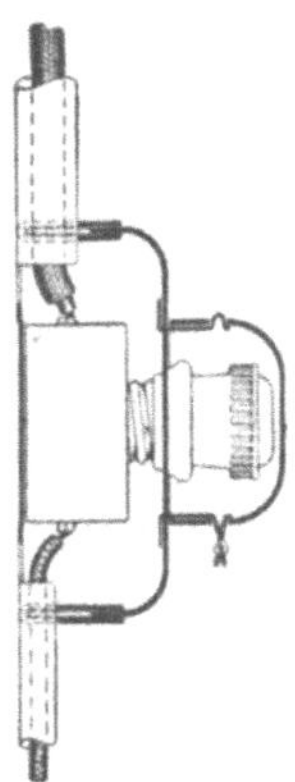

Abb. 118. Gekapselte Sicherung.

Sollen die Sicherungen an der Arbeitsmaschine angebracht werden, dann ist ein Einbau in eine Schalttafel, auf der auch noch die übrigen Apparate unterzubringen wären, am zweckmäßigsten (Näheres s. Abschnitt 76). Wo dies nicht möglich ist, z. B. beim Umbau vorhandener Maschinen von Transmissions- auf Einzelantrieb, sind am zweckmäßigsten gekapselte Sicherungen zu verwenden. Abb. 118 zeigt den Schnitt durch eine schmiedeeiserne gekapselte Sicherung. Im wesentlichen besteht die Kapselung darin, daß die Sicherungen in einen schmiedeeisernen Blechkasten eingebaut werden. Durch Abnahme des Deckels ist eine leichte Erneuerung der Patronen möglich. Dort, wo besonders gefährdete Betriebe sind, wo also z. B. leicht eine mechanische Beschädigung der Sicherungen vorkommen kann, sind gußeisengekapselte Sicherungen vorzusehen, die auch in feuchten Räumen Verwendung finden können.

Selbstschalter. Diese schalten den Motor bei einer Überlastung selbsttätig ab. Der grundsätzliche Aufbau der Selbstschalter besteht darin, daß beim Einschalten eine Feder gespannt und der Schalter in seiner Einschaltungstellung dann mit Hilfe einer Klinkvorrichtung gehalten wird. Diese Klinkvorrichtung wird in Abhängigkeit von der Stromstärke ausgelöst und dadurch infolge der Federspannung der Schalter selbsttätig ausgeschaltet. Abb. 119a zeigt schematisch die Anordnung eines solchen Schalters. Die Auslöser sind kleine Drehmagnete, deren Drehmoment von der Größe des durch deren Wicklung fließenden Stromes abhängt. Das Gegendrehmoment wird durch eine Feder ausgeübt und verhindert ein Herausschlagen der Klinke, solange der Strom, und dementsprecehnd das Drehmoment des Auslösers, eine bestimmte Größe nicht überschreitet. Die Höhe des Auslösestromes

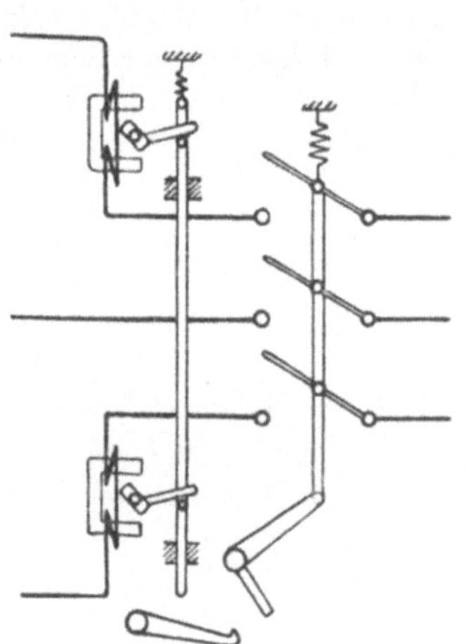 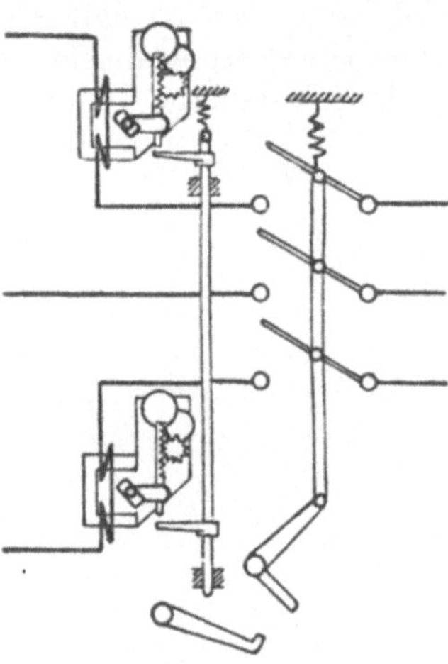

<table>
<tr><td>Abb. 119a.
Höchststrom-Ausschalter mit
Schnell-Auslösung.</td><td>Abb. 119b.
Höchststrom-Ausschalter mit verzögerter Auslösung.</td></tr>
</table>

steht in einem gewissen Verhältnis zu dem Nennstrom (Dauerstrom), mit dem die betreffenden Schaltertypen belastet werden können; sie ist meist in bestimmten Grenzen einstellbar. Nachstehende Tabelle gibt einen Anhalt über die gebräuchlichen Verhältnisse:

Nennstrom in Amp.	6	10	25	40	60	75	100
Auslösestrom einstellbar in Amp.	8—12	14—20	35—50	56—80	84—120	105—150	140—200

Wird ein solcher Schalter für eine bestimmte Auslösestromstärke eingestellt, so bedeutet dies, daß nach Erreichung dieser Stromstärke plötzlich ein Abschalten des Motors erfolgt. Es ergeben sich dann in bezug auf den Schutz des Motors gegen geringere, jedoch zeitlich andauernde Überlastungen noch ungünstigere Verhältnisse als bei der Sicherung. Dies kann dadurch behoben werden, daß zwischen den Auslösemagneten und der Klinke eine Verzögerungsvorrichtung eingeschaltet wird (Abb. 119b), die im wesentlichen aus einem Laufwerk mit einer einstellbaren Hemmung besteht. Dieses Laufwerk wird bei Überschreitung der eingestellten Auslösestromstärke durch das Drehmoment des Auslösers betätigt. Nachdem das Laufwerk dann einen bestimmten Weg zurückgelegt hat, erfolgt das Auslösen des Klinkwerkes und dadurch das Abschalten des Motors. Dabei steht der Verlauf der Verzögerungszeit in Abhängigkeit vom Überstrom. Abb. 120 zeigt z. B. die Charakteristik eines solchen Schalters mit verzögerter Auslösung. Demnach würde bei etwa 1,4 facher Überlastung die Auslösung erst in 22 Sekunden, oberhalb der 4 fachen Überlastung bereits nach 3 Sekunden erfolgen.

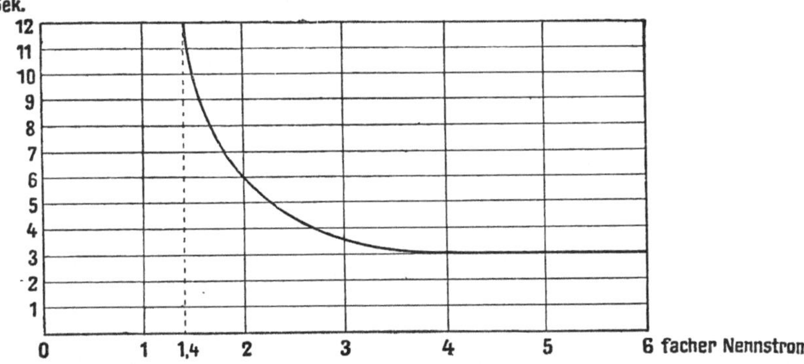

Abb. 120. Abhängigkeit von Überstrom und Auslösezeit bei einem Selbstschalter.

Neben der Durchbildung der Schalter mit magnetischer Auslösung und Hemmwerk sind auch solche mit sogenanntem Hitzdrahtrelais gebräuchlich. Bei diesen werden in den Stromkreis Drähte besonderer Legierung eingeschaltet. Diese erhitzen sich, sobald die Stromstärke über den Nennstrom ansteigt. Durch diese Erwärmung werden sie so lange ausgedehnt, bis sie nach Erreichung einer bestimmten Temperatur den Schalter selbsttätig auslösen. Auch hier wird dadurch eine Abhängigkeit zwischen Auslösezeit und Überstrom erreicht, insofern, als die Auslösezeit um so kürzer wird, je schneller die Erwärmung erfolgt, also je größer der Überstrom ist.

68. Schutz gegen Spannungsrückgang.

Sind Anlagen vorhanden, bei denen die Spannung öfter wegbleibt oder erheblich sinkt, so ist es zweckmäßig, einen Schutz vorzusehen, der in solchen Fällen den Motor selbsttätig abschaltet. Ist eine solche selbsttätige Abschaltung nicht vorhanden, dann muß der Anlasser jeweils von Hand zurückgedreht werden. Wird dies verabsäumt, dann besteht die Gefahr, daß beim plötzlichen Wiederkommen der Spannung die Anlaufströme infolge des kurzgeschlossenen Anlassers eine unzulässige, die gesamte Anlage gefährdende Höhe annehmen.

Der Schutz läßt sich in der Weise erreichen, daß der Schalter für den Motor mit einem Auslösemagneten versehen wird. Ein solcher Schalter heißt dann Spannungsrückgangsschalter. Auch bei diesen Schaltern wird, ähnlich den Schaltern gegen Überlastung, beim Einschalten eine Feder gespannt und die Klinke beim Ausbleiben der Spannung ausgelöst. Die Wirkungsweise des Auslösemagneten besteht darin, daß durch einen kleinen Elektromagneten ein Gewicht in der Schwebe gehalten wird. Beim Wegbleiben der Spannung schlägt dieses Gewicht, da es nicht mehr festgehalten wird, die Klinke heraus, wodurch der Schalter durch die Feder ausgeschaltet wird. Spannungsrückgangsausschalter lassen sich sehr gut mit Höchststromausschaltern vereinigen.

Einen Schutz gegen Spannungsrückgang bieten auch Anlasser, bei denen eine selbsttätige Zurückführung in die Nullstellung erfolgt, sobald die Spannung unter ein zulässiges Maß gesunken ist (Näheres vgl. auch Seite 112).

69. Grenzschaltung.

Bei manchen Arbeitsmaschinen wird eine selbsttätige Stillsetzung des Antriebes innerhalb bestimmter Grenzen (Grenzschaltung) erwünscht sein. Die Anforderungen an eine solche Grenzschaltung sind je nach dem Wesen der Arbeitsmaschinen verschieden. So kann die Grenzschaltung eine räumliche sein, d. h. die selbsttätige Stillsetzung muß dann erfolgen, wenn längs eines Weges eine bestimmte Grenzstellung erreicht ist. Hierher würden z. B. gehören die Antriebe für das Heben und Senken von Auslegern bei Bohrmaschinen, von Querbalken und Supportträgern bei Hobel- und Fräsmaschinen und ähnliche Ausführungen, bei denen also die Gefahr besteht, daß bei nicht rechtzeitigem Ausschalten des Antriebsmotors ein Gegenfahren und dadurch eine Beschädigung erfolgt. Weitere räumliche Grenzschaltungen sind bei Kranen erforderlich, z. B. für das Verfahren der Kranbrücke und der Krankatze, oder für das Heben des Kranhakens. Die räumliche Grenzschaltung kann sich aber auch beziehen auf andere Arten von Arbeitsmaschinen, z. B. auf Pumpen, bei denen nach Auffüllen eines bestimmten Wasserbehälters ein selbsttätiges Stillsetzen erwünscht ist.

Die selbsttätige Stillsetzung läßt sich in allen diesen Fällen durch Verwendung von sogenannten Endausschaltern meist sehr einfach erreichen. Abb. 121 zeigt z. B. das Schema einer Endausschaltung, wobei M der Antriebsmotor ist, der z. B. den Querbalken bewegt oder die Kranbrücke verfährt. Der Anschlag a ist unmittelbar an den zu bewegenden Teil der Einrichtung befestigt. Die Endausschalter e werden so angeordnet, daß

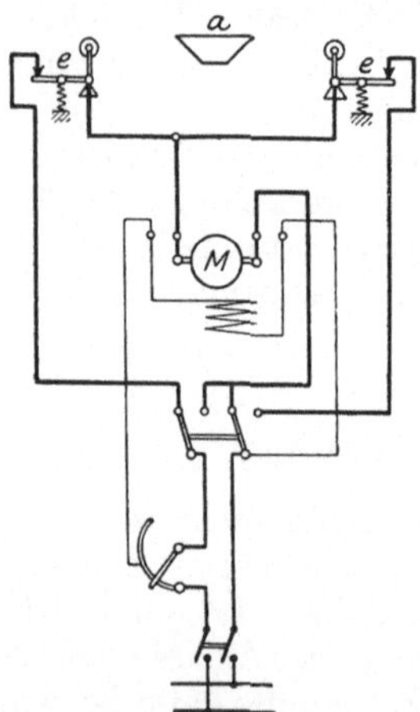

Abb. 121. Endausschaltung mit unmittelbarer Betätigung der Endschalter.

unter Berücksichtigung des Auslaufs der Maschine der Anschlag a beim falschen Steuern noch so rechtzeitig ausschaltet, daß eine Beschädigung ausgeschlossen ist. Das Schema der Abb. 121 zeigt, daß nach selbsttätigem Ausschalten des einen Endausschalters durch Umsteuern des Motors die Möglichkeit besteht, in der entgegengesetzten Richtung zurückzufahren. Auf diese Möglichkeit muß bei allen Endausschaltungen besonders Rücksicht genommen werden. Ist der Weg, innerhalb dessen eine Bewegung erfolgt, sehr groß, liegen also die Endausschalter räumlich weit auseinander, so kann die dadurch bedingte lange Leitungsführung dadurch verkürzt werden, daß die Verschiebung des Anschlages durch einen kleinen Kopierapparat erfolgt. Abb. 122 zeigt z. B. eine solche Ausführung, bei der der Anschlag in Übereinstimmung mit der eigentlichen Bewegung mit Hilfe einer Wandermutter verschoben wird. Die Spindel zur Verschiebung der Wandermutter ist mit dem Getriebe der Arbeitsmaschine mit Hilfe einer entsprechend bemessenen Übersetzung verbunden.

Bei Wasserbehältern ist eine Betätigung der Endausschalter durch den Schwimmer erforderlich. Zu einer räumlichen Endausschaltung würde grundsätzlich auch die Endausschaltung in Abhängigkeit von einem erreichten Druck bei Druckluftanlagen zu gelten haben. Bei solchen Anlagen wird ein Kontaktmanometer verwendet, das nach Erreichung einer bestimmten Zeigerstellung einen Hilfsstromkreis schließt, wodurch dann z. B. mit Hilfe eines Zwischenrelais eine Abschaltung des Antriebes erfolgen kann.

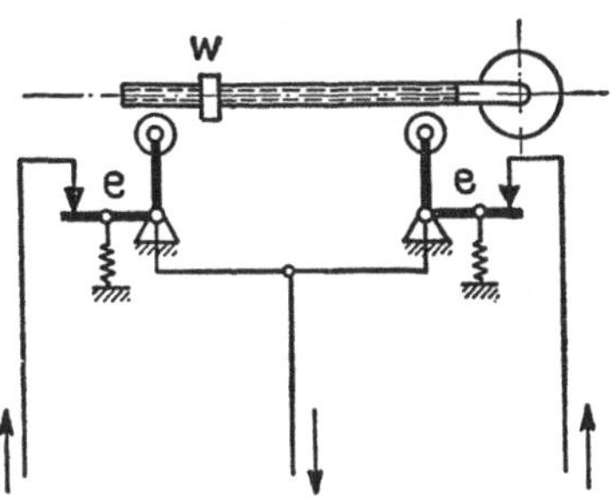

Abb. 122.
Endschalter mit Kopierapparat.

Endausschaltungen finden sich bei manchen Arbeitsmaschinen auch in Abhängigkeit von der Zeit. Für gewöhnlich ist dann bei solchen Arbeitsmaschinen das Zeitspiel jeweilig für bestimmte länger andauernde Arbeitsvorgänge dasselbe, so daß die Abschaltung dann mit Hilfe eines Uhrwerkes, das auf eine bestimmte Zeitdauer oder einen bestimmten Zeitpunkt eingestellt werden kann, erfolgt. Auch hier wird dann nach Erreichung der Zeit durch Hilfe eines Kontaktes ein Stromkreis geschlossen, wodurch die Abschaltung des Antriebes veranlaßt wird.

Bei allen Endausschaltern, die durch Anschläge betätigt werden, ist auf eine möglichst rasche Stromunterbrechung Rücksicht zu nehmen, damit ein möglichst schnelles Abreißen des Lichtbogens erfolgt. Ist eine verhältnismäßig schnelle Bewegung des Anschlages vorhanden, so wird man mit gewöhnlichen Ausschaltern auskommen, besonders wenn die Kurve des Anschlages noch möglichst steil gewählt wird. Bewegt sich der Anschlag aber sehr langsam, so müssen besondere Endausschalter gewählt werden, bei denen dann das Ausschalten nach Zurücklegen eines bestimmten Schaltweges durch Überschnappen über eine Totpunktstellung augenblicklich erfolgt.

70. Selbsttätige Einschaltung.

In Verbindung mit der Grenzausschaltung ist oft ein selbsttätiges Einschalten des Antriebes in Abhängigkeit von einem bestimmten Arbeitsvorgang oder Zustand erwünscht. Hierher gehören z. B. Antriebe von Pumpen, die auf einen Wasserbehälter arbeiten, bei denen zwar der Motor nach Erreichung des Höchstwasserstandes abgeschaltet, wiederum aber auch nach Erreichung des niedrigsten Wasserstandes eingeschaltet werden soll. Ähnliche Arbeitsbedingungen finden sich bei Druckluftanlagen oder auch bei Arbeitsmaschinen, bei denen sich ein zeitlicher Arbeitsvorgang wiederholt und der in Abhängigkeit von der Zeit nicht nur eine selbsttätige Ausschaltung, sondern auch ein selbsttätiges Einschalten erfordert. Bei solchen Antrieben ist grundsätzlich ein Selbstanlasser erforderlich, vorausgesetzt, daß es sich nicht um ganz kleine Antriebe handelt, bei denen das Anlassen lediglich durch einen Anlaßschalter erfolgt. Der Selbstanlasser wird dann durch einen besonderen Hilfsschalter gesteuert, der bei Wasserbehältern unmittelbar durch den Schwimmer, bei Druckluftanlagen durch den Zeiger des Kontaktmanometers usw. geschaltet wird.

71. Verriegelungsschaltungen.

Manche Arbeitsmaschinen lassen sich in ihrem Getriebeaufbau wesentlich vereinfachen, wenn an Stelle eines Antriebsmotors mehrere verwendet werden. Ein Beispiel für eine solche Arbeitsmaschine ist die

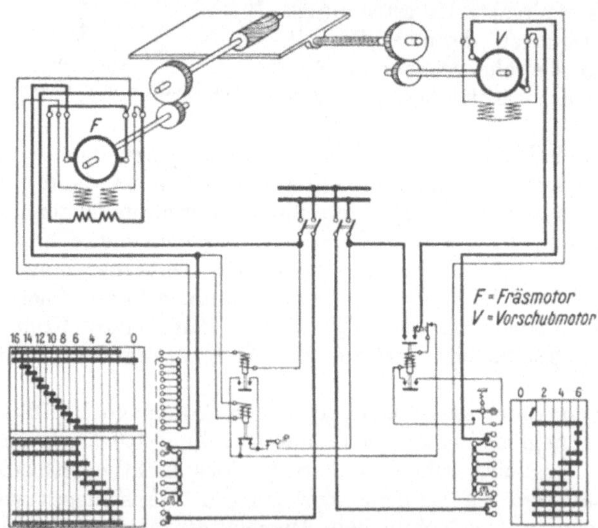

Abb. 123. Verriegelungs-Schaltung bei einer Zweimotoren-Fräsmaschine.

Fräsmaschine, bei der z. B. durch Verwendung eines besonderen Vorschubmotors die Getriebe ganz wesentlich vereinfacht werden können. Abb. 123 zeigt schematisch die Anordnung eines solchen Antriebes.

F ist der Fräsermotor, *V* der Vorschubmotor. Bei solchen Ausführungen ist es jedoch empfehlenswert, eine gewisse Abhängigkeit zwischen Fräsermotor und Vorschubmotor vorzusehen, eine Art Verriegelung, die darin besteht, daß beim Stillsetzen des Fräsermotors auch gleichzeitig der Vorschubmotor zum Stillstand kommt. Diese Bedingungen müssen eingehalten werden, da sonst eine Beschädigung der Arbeitsmaschine erfolgen könnte. In Abb. 123 ist für einen solchen Antrieb die Schaltung wiedergegeben. Diese ermöglicht ein Anlassen des Fräsermotors, ohne daß der Vorschubmotor läuft. Ebenso kann aber auch der Vorschubmotor angelassen werden, was z. B. beim Verstellen des Tisches für das Einrichten erforderlich ist. Die Gefahr einer Beschädigung ist da nicht gegeben, da ja der Arbeiter beim Einrichten aufpaßt, daß der Fräser nirgends gegenrennt. Laufen jedoch beide Motoren gleichzeitig, dann ist die Verriegelung so getroffen, daß beim Abschalten des Fräsermotors der gesamte Antrieb zum Stillstand kommt. Das Stillsetzen kann durch Zurückdrehen des Anlassers des Fräsermotors in die Nullstellung, oder durch Betätigung eines Druckknopfes bewirkt werden.

In ähnlicher Weise lassen sich auch bei anderen Arbeitsmaschinen Verriegelungsschaltungen anordnen.

72. Kranschaltungen.

Da die Kranantriebe in bezug auf die Anforderung an den elektrischen Antrieb eine gewisse Sonderstellung einnehmen, so sollen die typischen Merkmale der einzelnen Schaltungen gesondert behandelt werden. Im wesentlichen kommen für die Kranantriebe zwei Arbeitsvorgänge in Frage, nämlich das Bewegen der Last in senkrechter und das Bewegen der Last in wagerechter Richtung. Daneben sind für verschiedene Sonderkrane Hilfsvorrichtungen vorhanden (Greifer, Mulden usw.), auf die aber nicht näher eingegangen werden soll.

Für die einzelnen Arbeitsvorgänge werden meist getrennte elektromotorische Antriebe gewählt, wobei das Heben und Senken der Last an die elektrische Ausrüstung meist schwerere Bedingungen stellt als das wagerechte Verfahren. Entsprechend dem jeweiligen Heben und Senken kommt für den Antriebsmotor eine dauernde Umkehrung der Drehrichtung in Frage. Die Anforderungen an den elektrischen Antrieb beim Heben der Last bestehen in der Hauptsache darin, daß der Motor in bezug auf Drehmoment, Leistung und mechanische Festigkeit den gestellten Anforderungen genügen muß. Ist Gleichstrom vorhanden, dann eignet sich zum Antrieb am besten der Gleichstromhauptschlußmotor (vgl. Abschnitt II B). Das Anlassen und Regeln erfolgt mittels Vorschaltwiderständen im Ankerstromkreis. Je nach der Größe des Vorschaltwiderstandes, also der Stellung des Steuerapparates und des von der Last ausgeübten Drehmomentes, ergibt sich die jeweilige Drehzahl. Die oberen Kurven der Abb. 124 zeigen Regelkurven beim Heben der Last. Um die gehobene Last in der Schwebe zu halten, wird meist eine Gewichtsbremse vorgesehen, wobei das Bremsgewicht durch einen Bremsmagneten während des Hebens der Last angehoben wird. Wird der Motor stillgesetzt und vom Netz abgeschaltet, so fällt durch selbsttätiges Abschalten die Bremse ein und hält so die Last in der Schwebe. Für das Senken der Last sind hingegen die Betriebsbedingungen bedeutend schwieriger. Diese Schwierigkeiten liegen darin, daß einerseits

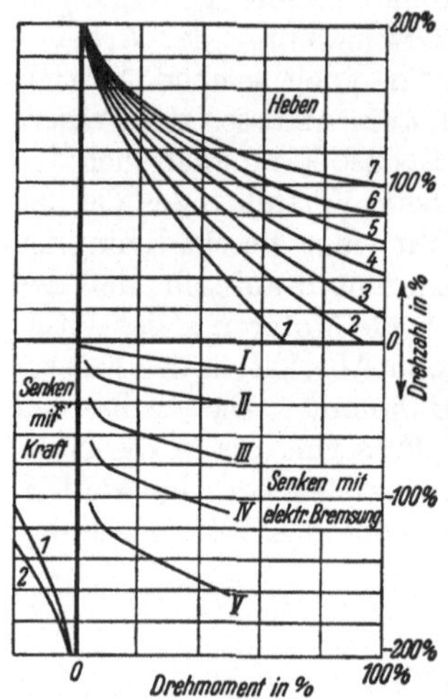

der leere Haken oder nur eine sehr geringe Last gesenkt werden muß, so daß hierbei der Motor, um die Massen zu beschleunigen und die Leerlaufsverluste zu überwinden, im Sinne der Last eingeschaltet (Senken mit Kraft), andererseits aber bei schwerer Last entgegengesetztes Drehmoment entwickelt werden muß (Senken mit Bremsen). Ferner ist es bei vielen Kranen erforderlich, auch die größte Last mit kleiner Geschwindigkeit sanft aufzusetzen. Diese Forderung bedingt eine besondere Durchbildung der Steuerung. Beim Gleichstromhauptschlußmotor kann die Bremswirkung durch den Motor erzielt werden, indem der Anker des Motors über einen Widerstand kurzgeschlossen wird (Ankerkurzschluß-Bremsung). Die Stärke der Bremswirkung kann durch Änderung dieses Widerstandes erreicht werden. Für das Senken mit Kraft wird hingegen der Motor im Sinne der Last unter Vorschalten von Anlaßwiderständen eingeschaltet. Für den Betrieb ergibt sich das in Abb. 125

Abb. 124. Regelkurven einer einfachen Gleichstrom-Kranschaltung.

wiedergegebene Schaltbild. Hierin bedeutet A den Motoranker, B den Bremsmagnet, F die Feldwicklung und W den Widerstand. Bei der Hubstellung wird der Motor allmählich aus der Ruhestellung durch Abschalten des Vorschaltwiderstandes im Ankerstromkreis angelassen.

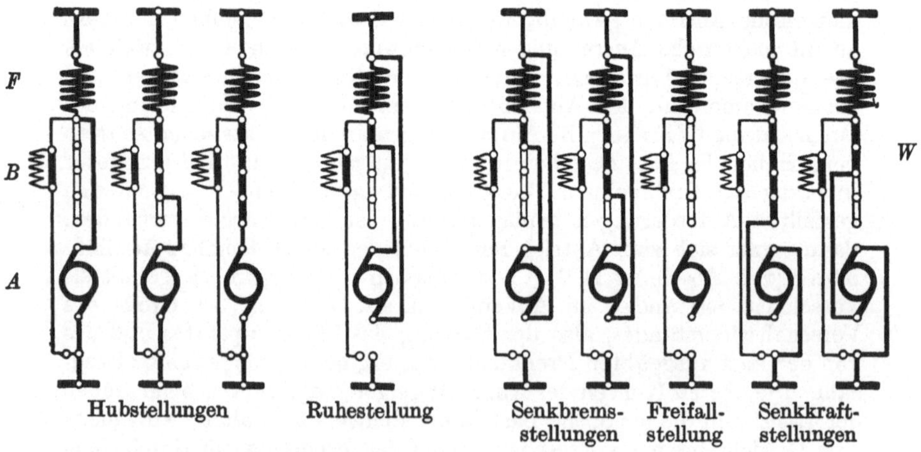

Abb. 125. Schaltbild einer Gleichstromsteuerung mit Freifallstellung.

Beim Zurückdrehen des Anlassers in die Nullstellung wird der Motor abgeschaltet und die Last nach Einfallen des Bremsgewichtes in der Schwebe gehalten. Soll die Last gesenkt werden, so wird der Steuerschalter in die Senkstellung gedreht, wobei das Bremsgewicht angehoben wird. Ist die Last genügend groß, dann wird sie das Getriebe und den Motor so lange beschleunigen, bis das Gegendrehmoment des Motors dem von der Last ausgeübten, abzüglich der Getriebe- und Motorverluste, das Gleichgewicht hält. Ist dieser Gleichgewichtszustand erreicht, dann wird die Senkgeschwindigkeit gleichbleiben. Diese Senkgeschwindigkeit kann daher durch Änderung des Motordrehmomentes, was durch Änderung des Bremswiderstandes erreicht wird, verschieden eingestellt werden. Abb. 124 zeigt die Regelkurven für diese Steuerung. Je nach den Schaltstellungen I bis V ergeben sich bei den einzelnen Lastdrehmomenten die Senkgeschwindigkeiten. Ist keine oder nur eine sehr geringe Last vorhanden, die nicht für die Überwindung der Motor- und Getriebeverluste ausreicht, dann muß zum Senken der Motor im Sinne der Last eingeschaltet werden. Zwischen Senken mit Bremsen und Senken mit Kraft gibt es eine Zwischenstellung, die sogenannte Freifallstellung.

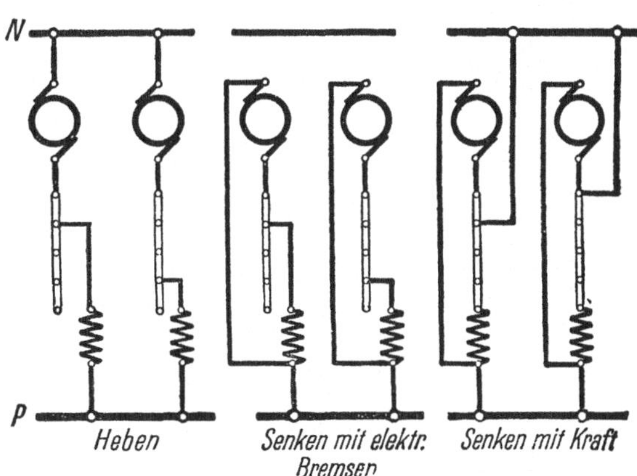

Abb. 126. Schaltbild einer Sicherheits-Gleichstrom-Kranschaltung.

Da dabei die Bremswirkung des Motors aufgehoben, andererseits der Motor noch nicht an das Netz angeschlossen ist, so hat der Kranführer in diesem Augenblick keine Gewalt über den Kran. In den Steuerstellungen „Senken mit Kraft" ergibt sich, wie Abb. 124 zeigt, eine äußerst abfallende Charakteristik der Steuerkurven, so daß bei einem zufälligen oder unvorsichtigen Schalten auf „Senken mit Kraft", besonders wenn eine größere Last an den Haken hängt, ein unverhältnismäßig schnelles und gefährliches Ansteigen der Drehzahl eintreten kann. Dieser Nachteil, verbunden mit dem Nachteil der Freifallstellung, erfordert beim Steuern eine erhöhte Aufmerksamkeit. Natürlich ging das Bestreben dahin, diese Schwächen der Ausrüstung zu beseitigen. Die Lösung dieser Aufgabe ist ein sehr gutes Beispiel dafür, daß durch zweckmäßige Ausbildung und Anwendung der Motoreigenschaften selbst schwierigen Anforderungen entsprochen werden kann. Grundsätzlich besteht die Lösung darin, daß in der Senkkraftstellung die bisherige Hauptschlußcharakteristik des Kranmotors soweit wie möglich in eine Nebenschlußcharakteristik verwandelt und dadurch die Drehzahl des

Motors nahezu vom Drehmoment unabhängig gemacht wird. Dies läßt sich beispielsweise dadurch erreichen, daß die Magnetwicklung des Motors unter Vorschalten eines Widerstandes dem Anker parallel geschaltet wird. Abb. 126 zeigt das Schema dieser Schaltung. Beim Heben arbeitet der Motor als Reihenschlußmotor, ebenso beim Senken mit Bremsen. Für das Senken mit Kraft erfolgt dann der Anschluß des parallel geschalteten Ankers und der Magnetwicklung an das Netz, wobei der Anlaßwiderstand gleich als Vorschaltwiderstand verwendet wird. Die Regelung des Drehmomentes erfolgt dann durch Veränderung des Widerstandes vor dem Anker und vor der Feldwicklung. Abb. 127 zeigt den Drehzahlverlauf in diesen Stellungen. Es ist deutlich zu ersehen, daß z. B. selbst bei einem Lastdrehmoment von 50 v. H. des normalen und beim Senken mit Kraft die Drehzahl 180 v. H. der normalen nicht überschritten wird. Auch die sogenannte Freifallstellung kommt bei dieser Schaltung nicht vor, da ein Abschalten des Motors während des Überganges von Senken mit Bremsen auf Senken mit Kraft nicht erforderlich wird.

Außer dem Antrieb für das Heben und Senken sind bei den meisten Kranen noch Antriebe für die wagerechte Bewegung der Last, also z. B. für das Verfahren der Katze und der Kranbrücke, erforderlich. Die hier zur Anwendung kommenden Antriebe sind in bezug auf die Durchbildung der Steuerung einfacher als die der Hubwerke. Es genügt hier die einfache Umkehrungsschaltung. Ist die Fahrgeschwindigkeit kleiner als 0,4 m in der Sekunde, so wird sich ein genügend genaues Halten auch ohne elektrische Bremsung erzielen lassen. Gegebenenfalls kann man noch eine mechanische Haltebremse anordnen. Bei größeren Geschwindigkeiten ist die Anordnung einer elektrischen Nachlaufbremsung zweckmäßig. Diese wird erreicht durch die bekannte Ankerkurzschlußbremsung. Da die Wirkung der elektrischen Bremsung mit sinkender Geschwindigkeit abnimmt, empfiehlt es sich hier, um genau halten zu können, neben der elektrischen Nachlaufbremsung eine am Ende der Bewegung einfallende Haltebremse vorzusehen. Diese ist auch besonders bei allen im Freien aufgestellten Krananlagen erforderlich, um sie gegen eine Bewegung durch Winddruck zu schützen.

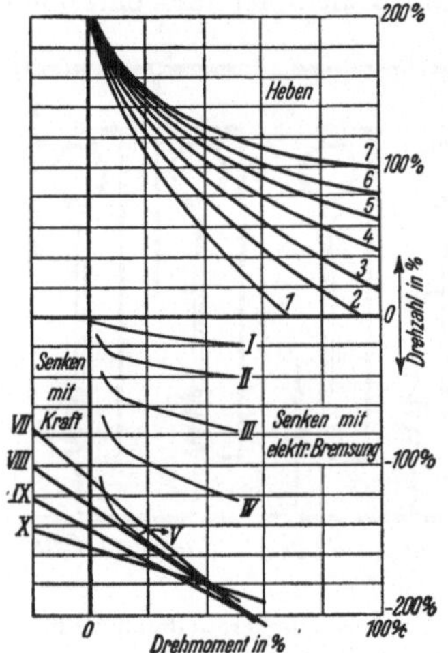

Abb. 127.   Regelkurven einer Sicherheits - Gleichstrom - Kranschaltung.

Ist Drehstrom vorhanden, dann wird zum Antrieb des Hubwerkes fast immer der asynchrone Drehstrommotor verwendet. Da bei asynchronen Drehstrommotoren eine Ankerkurzschlußbremsung nicht möglich ist, so kann eine Bremseinrichtung in der Form wie bei Gleichstrommotoren nicht gewählt werden. Ein elektrisches Nutzbremsen ist bei Asynchronmotoren nur in der Form möglich, daß seine Drehzahl durch das im gleichen Sinne wirkende Lastmoment über die synchrone hinaus gesteigert wird, worauf der Motor als Generator arbeitet und auf diese Weise die Last bremst. Das vom Netz ausgeübte Gegendrehmoment ist dann von der Größe des im Rotorstromkreis eingeschalteten Widerstandes abhängig und am größten, wenn der Widerstand 0 ist. Bei dieser Bremsvorrichtung würde demnach eine Bremswirkung in dem Drehzahlbereich von 0—100 v. H. des normalen nicht möglich sein. Um auch diesen Regelbereich zu beherrschen, muß dann mit Gegenstrom gebremst werden. In diesem Falle wird der Motor im entgegengesetzten Sinne des Lastmomentes eingeschaltet, wobei sein Drehmoment geringer sein muß als das Lastmoment, abzüglich der Verluste. Für eine solche Schaltung ergibt sich das in Abb. 128 wiedergegebene Geschwindigkeitsdiagramm. Die Kurven, die dem Senken mit elektrischer Bremsung, also mit Gegenstrom, entsprechen, sind sehr steil, wodurch bei nicht achtsamem Schalten ein Durchgehen des Kranes leicht möglich ist. So zeigt z. B. die Kurve IV, daß bei 8 v. H. des Lastdrehmomentes sich der Kran im Stillstand befindet, während bei derselben Stellung und einem Lastdrehmoment von 25 v. H. bereits eine Geschwindigkeit erreicht ist, die

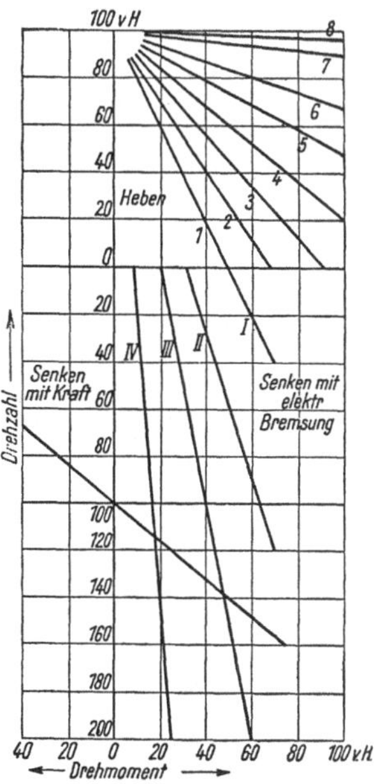

Abb. 128. Regelkurven einer einfachen Drehstrom - Kranschaltung.

das Doppelte der normalen beträgt. Ebenso würde z. B. beim Senken mit voller Last, was etwa 50 v. H. des normalen Hubmomentes entspricht, wenn der Kranführer aus Unachtsamkeit gleich auf Stellung IV schaltet, die Senkgeschwindigkeit in kurzer Zeit auf einen für den Motor als auch für das Krangetriebe gefährlichen Wert ansteigen. Um wenigstens eine gewisse Sicherheit zu haben, ordnet man bei solchen Steuerungen einen Zentrifugalkontakt an, der beim Überschreiten einer bestimmten Motordrehzahl den Regelwiderstand kurzschließt, wodurch dann die Bremswirkung des Motors eine Drehzahlsteigerung nur bis etwa zur synchronen zuläßt. Beim Senken mit Kraft ergeben sich je nach der Zahl der Stellungen Regelkurven, die

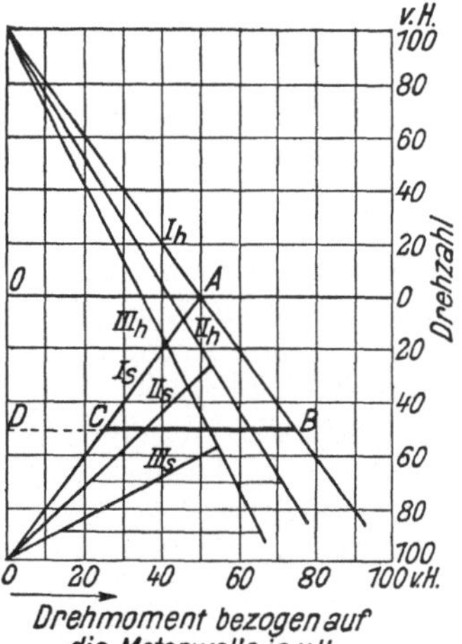

Abb. 129. Darstellung d. Wirkungsweise einer Zweimotoren - Drehstrom-Kranschaltung.

um so schräger verlaufen, je mehr Widerstand eingeschaltet wird.

Sollen aber auch bei Antrieb durch Asynchrondrehstrommotor dieselben günstigen Steuerverhältnisse vorhanden sein wie bei der Gleichstromsicherheitsschaltung, so kann dies z. B. durch die Anordnung von 2 Hubmotoren erreicht werden[1]). Beim Heben des Kranes unterscheidet sich diese Steuerung nur in der Weise von der normalen Hubsteuerung, daß das zu überwindende Drehmoment gleichmäßig auf 2 Motoren verteilt wird. Beim Senken hingegen werden die Motoren so geschaltet, daß der eine Motor im Sinne der Last, der zweite Motor im entgegengesetzten Sinne ein Drehmoment entwickelt. Abb. 129 zeigt dann die sich für einen bestimmten Fall ergebenden Verhältnisse. Dem im Hubsinne geschalteten Motor entspricht die Regelkurve $I\,h$, dem im Senksinne geschalteten die Regelkurve $I\,s$. Ist nun beim Senken ein Lastmoment, z. B. von 50 v. H. des normalen Hubmomentes vorhanden, so addiert sich dieses zu dem im Senksinne geschalteten Motor, so daß nunmehr ein Übergewicht der Last und des im Senksinne geschalteten Motors gegenüber dem im Hubsinne geschalteten Motor entsteht. Dadurch erfolgt eine Beschleunigung und damit eine Geschwindigkeitssteigerung, wobei das Drehmoment des im Hubsinne geschalteten Motors in der Richtung AB und des im Senksinne geschalteten Motors in der Richtung AC verläuft. Eine gleichbleibende Senkgeschwindigkeit wird sich demnach dann einstellen, wenn der Unterschied der Drehmomente gleich dem Lastmoment, also $BD-CD$ gleich dem jeweiligen Lastmoment wird. Für die in Abb. 129 angenommenen Verhältnisse würde bei einem Lastdrehmoment von 50 v. H. des normalen, gegeben durch die Gerade $C-B$, die Senkgeschwindigkeit 50 v. H. betragen. Durch Vergrößerung des Läuferwiderstandes des im Hubsinne geschalteten Motors und Verkleinerung des Läuferwiderstandes des im Senksinne geschalteten Motors läßt sich die Senkgeschwindigkeit erhöhen, und ergeben sich beispielsweise die in Abb. 129 gezeichneten Regelkurven $II\,h$ und $II\,s$ oder $III\,h$ und $III\,s$; sie zeigen deutlich, daß sich bei gleichem Lastmoment erst bei höheren Geschwindigkeiten ein Gleichgewichtszustand ergibt. In

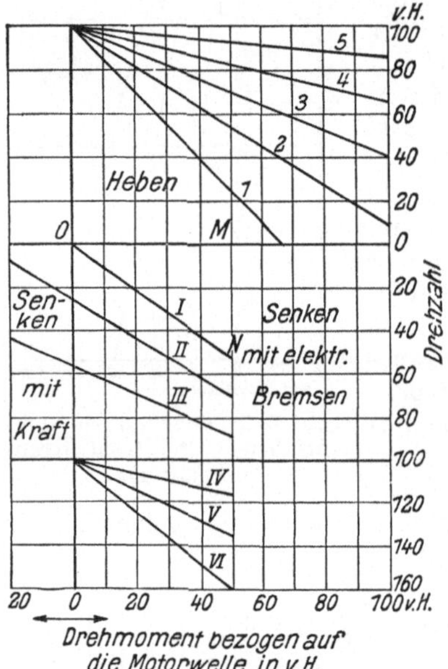

Abb. 130. Regelkurven einer Sicherheits-Drehstrom-Kranschaltung.

---

[1]) Vgl. Ritz: „Eine neue Senkbremsschaltung für Krane" (SSW-Zeitsch. Dezemberheft 21).

Abb. 130 sind die Geschwindigkeitskurven eingetragen, die sich als resultierende der Wirkung beider Motoren und der Last ergeben. Gegenüber der Abb. 128 verlaufen nunmehr die Kurven beim Senken mit elektrischem Bremsen ziemlich wagerecht, so daß ein Absacken der Last auch beim unvorsichtigen Schalten ausgeschlossen ist.

Für die Fahrwerke wird die einfache Umkehrschaltung verwendet. Hierbei ist naturgemäß das Abbremsen des Nachlaufes nur durch Gegenstromgeben möglich, wobei darauf geachtet werden muß, daß der Steuerapparat nach Stillstand des Motors sofort wieder in die Nullstellung zurückgedreht wird.

Bei großen Krananlagen mit großen Leistungen und oftmaligem

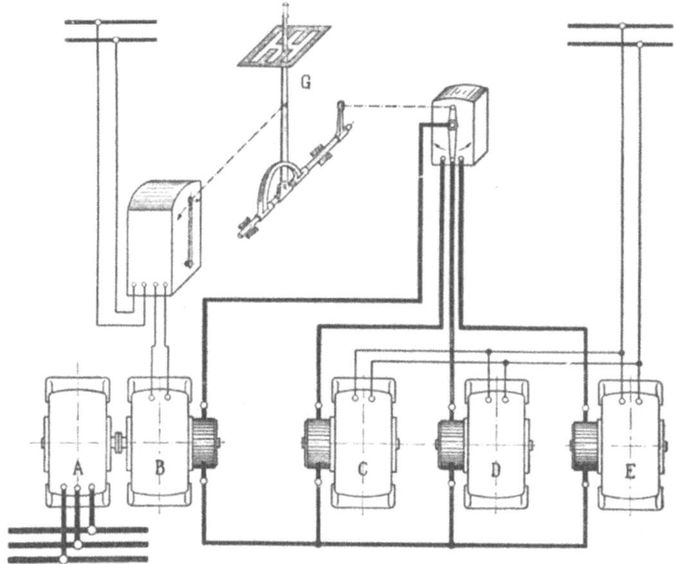

Abb. 131. Schaltbild einer Leonardsteuerung mit mehreren Motoren und einer einzigen Steuerdynamo.

Schalten, besonders dann, wenn es auf ganz genaues Steuern ankommt, wird auch die Leonardschaltung angewendet. Dabei ist es möglich, für die Motoren, die nicht gleichzeitig arbeiten, eine gemeinsame Steuerdynamo zu verwenden. Eine entsprechende Anordnung zeigt Abb. 131, wo A den Motor für das Steueraggregat, B die Steuerdynamo und C, D und E einzelne Motoren der Krananlage bedeuten. Die Steuerung kann von einem Hebel (G) aus erfolgen, wobei für jeden Motor ein besonderer Führungsschlitz für den Hebel vorgesehen ist. Durch das Vor- und Rückwärtsbewegen des Steuerhebels wird die Erregung der Steuerdynamo B beeinflußt und damit die Drehrichtung und Drehzahl der Motoren. Durch die Querbewegung des Hebels erfolgt die jeweilige Umschaltung auf den zu steuernden Motor.

Was die Apparate für die Krananlagen anbelangt, so werden nur für kleine Leistungen gewöhnliche Umschalter verwendet, wogegen für schwerere Betriebe Steuerwalzen in Frage kommen. Diese Steuerwalzen können entweder durch Seil oder Kette, ferner durch Handrad oder Hebel bedient werden. Zur Seil- und Kettensteuerung wird man nur dort greifen, wo die Unterbringung eines besonderen Führerkorbes nicht erforderlich oder nicht möglich ist. Am geeignetsten ist die Handradsteuerung, da hierbei der Kranführer die Walzen am besten in seiner Gewalt hat und jede einzelne Steuerstellung genau erkennt. Die Bedienung des Steuerapparates durch den Hebel ermöglicht keine so feinfühlige Steuerung; sie hat aber dagegen den Vorteil, daß man eine sogenannte sympathische Steuerung einführen kann. Handelt es sich z. B. um Hubwerke, dann wird für die Nullstellung die wagerechte Lage des Hebels gewählt; handelt es sich um Fahrwerke, dann die senkrechte. Die Bewegung des Hebels beim Steuern aus dieser Nullstellung entspricht der Bewegung der Last. Bei der Hebelsteuerung lassen sich auch 2 Motoren durch einen Hebel mittels der sogenannten Universalsteuerung bedienen. Abb. 132 zeigt eine solche Universalsteuerung mit wagerechter Nullstellung. Eine Bewegung des Hebels nach aufwärts oder nach abwärts in den Richtungen B entspricht der Bewegung der Last in derselben Richtung, also im Hub- oder Senksinne, eine wagerechte Bewegung des Hebels in der Richtung A einem Verfahren der Last. In gleicher Weise läßt sich auch eine Universalsteuerung für zwei gleichzeitige wagerechte Bewegungen ausführen, wobei dann, um eine Gleichartigkeit der Bewegung zwischen Hebel und Kran zu erhalten, der Hebel eine senkrechte Nullstellung erhält. Bei größeren Krananlagen, bei denen ein sehr häufiges Steuern verlangt wird und die Steuerwalzen infolge ihrer Größe eine zu schnelle Ermüdung des Kranführers herbeiführen würden, kommt die Schützensteuerung zur Verwendung. Von Hand wird nur die sogenannte Meisterwalze betätigt; es ist dies eine Hilfswalze, durch die dann die Schütze geschaltet werden.

Abb. 132. Einhebelsteuerung für gleichzeitige wagerechte und senkrechte Bewegung.

73. Selbsttätige Leistungsregelung.

Bei vielen Arbeitsmaschinen wird während eines Arbeitsvorganges der Leistungsbedarf unter sonst gleichen Verhältnissen wesentlich von der Zustellung abhängen. Hierbei ist unter Zustellung je nach dem Wesen der Arbeitsmaschine, z. B. der Vorschub bei Werkzeugmaschinen, der Anpressungsdruck bei Schleifmaschinen, insbesondere bei großen

Holzschleifen der Papierindustrie oder die Einstellung der Walzen bei Mahlprozessen, z. B. bei Holländerantrieben, zu verstehen. Ändert sich bei solchen Arbeitsmaschinen die Härte des zu bearbeitenden Materials, oder, wie z. B. beim Arbeiten auf Drehbänken, der Spanquerschnitt infolge der Änderung des Durchmessers, so wird sich dementsprechend auch während des Arbeitsvorganges der Leistungsbedarf ändern. Natürlich wird man mit der kürzesten Zeit dann auskommen, wenn durch Änderung der Zustellung die Leistung der Arbeitsmaschine möglichst gleichmäßig auf dem zulässigen Höchstwert gehalten wird. Erfolgt diese Zustellung von Hand, so wird dadurch ein besonderer Bedienungsmann erforderlich, wobei außerdem nur in seltensten Fällen eine einwandfreie Nachregelung erfolgt, da ja die Nachstellung dauernd zeitlich je nach der Geschicklichkeit und Aufmerksamkeit des Arbeiters den Belastungsschwankungen nachhinken wird. Daher ist es außerordentlich wirtschaftlich, bei allen solchen Antrieben, bei denen während eines Arbeitsvorganges eine gleichbleibende Belastung durch entsprechend rechtzeitige Nachstellung möglich ist, diese selbsttätig zu gestalten. Die einfachste Form einer solchen Anordnung besteht darin, daß in Abhängigkeit von der Strom- oder, noch besser, Leistungsaufnahme des Antriebsmotors selbsttätig eine Beeinflussung der Zustellung er-

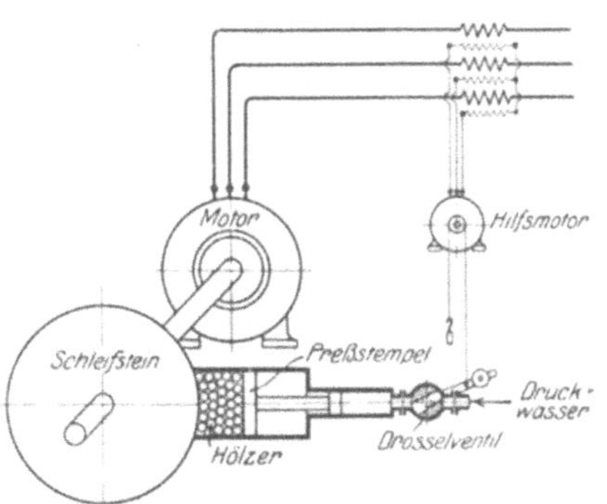

Abb. 133. Selbsttätige Leistungsregelung bei Holzschleifern.

folgt. Ein Beispiel der Ausführung zeigt das Schema der selbsttätigen Schleiferregelung beim Holzschleifer, Abb. 133. Bei diesen Antrieben werden die durch Schleifen zu zerfasernden Hölzer durch besondere Preßstempel, die meist durch Druckwasser betrieben werden, gegen den Schleifstein gedrückt. Der Leistungsbedarf dieses Schleifers, also die erforderliche Antriebsleistung des Motors, ist wesentlich von dem Anpressungsdruck abhängig. Die selbsttätige Regelung kann in diesem Falle durch Einbau eines Drosselventils bewerkstelligt werden. Dieses Drosselventil wird durch einen Hilfsmotor betätigt, dessen Drehmoment von der Leistungsaufnahme des Schleifermotors abhängig ist, und das außerdem durch einen Stufenschalter (in der Abb. 133 nicht eingezeichnet) in bestimmten Grenzen eingestellt werden kann. Dieser Hilfsmotor zur Betätigung des Drosselventils ist so bemessen, daß er dauernd unter Strom stehen kann und Drehbewegungen nur dann eintreten, wenn eine Störung des Gleichgewichts zwischen Drehmoment des Motors und dem Gewicht am Drosselventil eintritt. Nimmt z. B. der Zustellungsdruck ab, wodurch der Schleifermotor entlastet wird, so wird in gleichem Maße wie die aufgenommene Stromstärke sinkt, auch der Strom in dem Hilfsmotor, und dementsprechend auch sein Drehmoment abnehmen. Dadurch erhält

das Gewicht des Drosselventils das Übergewicht und öffnet das Drosselventil der Druckwasserleitung, wodurch so lange eine Druckerhöhung
in der Zustellung erfolgt, bis der Leistungsbedarf, also die Stromaufnahme des Schleifermotors und dementsprechend das davon abhängige
Drehmoment des Hilfsmotors so weit zugenommen hat, daß das Moment
des Motors das vom Ventilgewicht ausgeübte Moment überwiegt und
dadurch ein Schließen des Drosselventils erfolgt.

Die selbsttätige Zustellung kann aber auch so durchgebildet weraen,
daß nicht nur auf gleichbleibende Leistung, sondern auf eine dem Arbeitsprozeß angepaßte Leistungsaufnahme eingestellt werden kann. Zu
diesem Zwecke darf die Steuerung der Zustellung nicht lediglich von
der Leistungsaufnahme erfolgen, sondern zwangläufig noch von der
Arbeitsmaschine selbst in Abhängigkeit von dem Arbeitsvorgang. Das
Schema einer solchen selbsttätigen Regelung, und zwar einer Holländer-
regelung zeigt Abb. 134. Hierbei wird die Zustellung, also die Verstellung der Holländerwalzen (1), durch den Verstellmotor (2) betätigt.

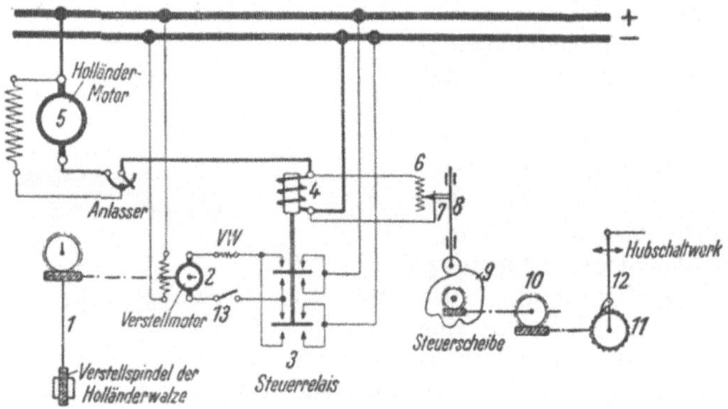

Abb. 134. Schema einer selbsttätigen Holländer-Regelung.

Die Steuerung dieses Verstellmotors erfolgt durch ein Steuerrelais (3),
dessen Einstellung auf Vor- oder Rücklauf durch das Relais (4) erfolgt.
Dieses Relais ist in erster Linie von der Stromaufnahme des Holländer
motors (5) abhängig. Wird der zur Wicklung des Relais (4) vorgesehene
Parallelwiderstand (6) auf einen bestimmten Wert eingestellt, so bedeutet dies, daß dadurch auch die Leistung des Holländermotors auf
einen bestimmten Wert eingestellt wird, indem beim Überschreiten
der Verstellmotor in dem einen Sinne, beim Unterschreiten in dem
anderen Sinne so lange eingeschaltet wird, bis die eingestellte Leistung des Motors wieder erreicht ist. Durch verschiedene Einstellun-
gen der Widerstandsgröße (6) kann der Leistungsbedarf des Holländers,
und dementsprechend die Leistungsabgabe des Motors eingestellt werden.
Soll nun für einen bestimmten Mahlgang die Einstellung und dementsprechend die Leistung nach einem bestimmten Programm eingestellt
werden, so ist es erforderlich, durch eine selbsttätige Änderung des
Widerstandes (6) durch Anpassung an das Arbeitsprogramm diese

Änderung vorzunehmen. Diese Verstellung kann z. B., wie Abb. 134 zeigt, durch eine Steuerscheibe (9) erfolgen, von der aus durch ein Gestänge (8) der Kontakt (7) des Widerstandes verschoben wird. Die Form der Steuerscheibe muß naturgemäß dem Mahlprozeß entsprechen. Der Antrieb kann von einem Hubschaltwerk über ein Klinkenrad (11) und eine Schnecke (10) erfolgen[1]).

74. Selbsttätige Anpassung der Arbeitsgeschwindigkeit.

Die Wirtschaftlichkeit kann bei manchen Arbeitsmaschinen wesentlich erhöht werden, wenn die Drehzahl innerhalb bestimmter Grenzen in Abhängigkeit von dem Arbeitsvorgang selbsttätig geregelt wird. **Dieses läßt sich in besonders einfacher Weise nachweisen beim Abstechen oder Plandrehen auf einer Drehbank. Bei dieser Arbeit ändert sich je nach der Stellung des Stahles der Drehdurchmesser. Wird angenommen, daß der Stahl zuerst am äußersten Umfang (vgl. Abb. 135) angreift, so wird beim fortschreitenden Abstechen oder Abdrehen der Drehdurchmesser immer kleiner und zuletzt 0 sein. Die Überlegung sagt bereits, daß die Schnittgeschwindigkeit bei gleichbleibender Drehzahl mit abnehmendem Drehdurchmesser** immer mehr abnimmt, um beim Durchmesser gleich 0 gleichfalls den Wert 0 anzunehmen. Würde die

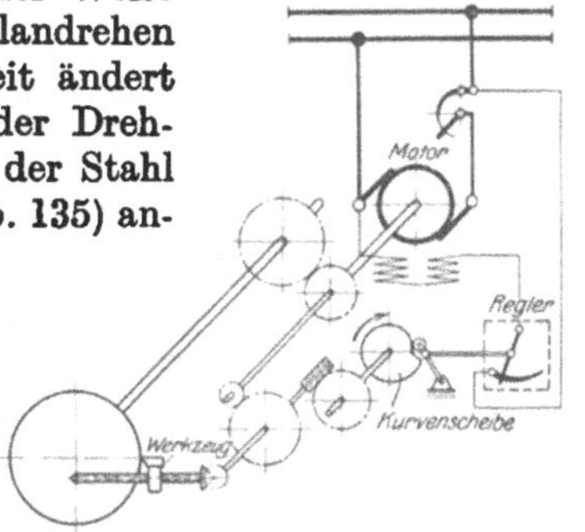

Abb. 135. Selbsttätige Regelung der Schnittgeschwindigkeit.

Geschwindigkeit während des Arbeitsvorganges so geregelt, daß sich auch bei der Verringerung des Drehdurchmessers jeweils die gleiche Schnittgeschwindigkeit ergibt, so müßte sicherlich eine Zeitersparnis erzielt werden. Diese Ersparnis kann wie folgt bestimmt werden:

Bezeichnet D_1 den größten Drehdurchmesser in mm,

$\quad D_2$ den kleinsten Durchmesser, bis auf den gedreht werden soll, in mm,

$\quad s$ den Vorschub je Umdrehung in mm,

$\quad t$ die Zeit für eine Umdrehung in sec. $= \dfrac{60}{n}$,

$\quad T$ die Gesamtzeit für den Arbeitsvorgang in Sekunden,

$\quad v$ die Schnittgeschwindigkeiten in m/min.,

$\quad n$ die Drehzahl in der Minute,

so kann bei gleichbleibender Drehzahl die Gesamtzeit errechnet werden zu

$$T = \frac{D_1 - D_2}{s} \cdot t.$$

---

[1]) Vgl. Dr.-Ing. Stiehl: „Holländerantrieb und selbsttätige Regelung der Holländerarbeit", Wochenblatt für Papierfabrikation 1920, Heft 14 und 15.

Soll beispielsweise $D_1 = 200$ mm, $D_2 = 0$, $s = 2\,mm$ und die Drehzahl 30 betragen, so würde

$$T = \frac{200 - 0}{2} \cdot \frac{60}{30} = 200 \text{ sec.}$$

Bei gleichbleibender Schnittgeschwindigkeit, also bei einer entsprechend dem abnehmenden Drehdurchmesser zunehmenden Drehzahl, würde die Gesamtzeit betragen

$$T = \frac{D_1 - D_2}{s} \cdot \frac{t_1 + t_2}{2}.$$

Für das gewählte Beispiel würde demnach die Gesamtzeit betragen

$$T = \frac{200 - 0}{2} \cdot \frac{\dfrac{60}{30} + 0}{2} = 100 \text{ sec.}$$

Es ergibt sich daraus, daß bei gleichbleibender Schnittgeschwindigkeit, also durch das Anpassen der Drehzahl an den Arbeitsvorgang, eine Zeitersparnis von 50 v. H. erreicht werden könnte.

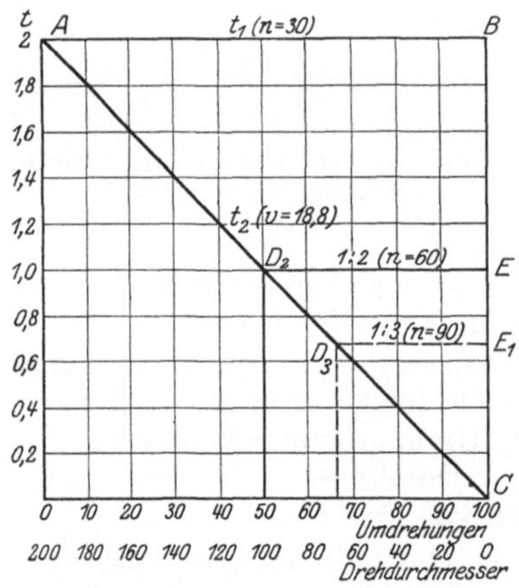

Abb. 136. Schaulinien der Ersparnis durch Anpassung der Schnittgeschwindigkeit.

Diese theoretisch errechnete Ersparnis wird sich unter Berücksichtigung der praktisch möglichen Ausführung nicht vollständig auswerten lassen, da, unter Einhaltung gleicher Schnittgeschwindigkeit, sich bei ganz kleinem Durchmesser sehr hohe Drehzahlen ergeben würden; theoretisch würde z. B. bei einem Durchmesser $= 0$ die Schnittgeschwindigkeit unendlich sein müssen. Wird angenommen, daß der kleinste Durchmesser D_2, auf den mit gleichbleibender Schnittgeschwindigkeit heruntergedreht werden soll, noch 10 v. H. des größten Durchmessers D_1 beträgt, so würde sich der gesamte Regelbereich immer noch wie $D_2 : D_1$, also wie $10 : 100$ oder $1 : 10$ erhalten. Dieser Regelbereich würde aber immer noch einen sehr unwirtschaftlichen Motor bedingen, da, wie bereits erwähnt, nicht gern ein größerer Regelbereich wie $1 : 3$ gewählt wird. Aber schon bei diesem Regelbereich werden ganz erhebliche Zeitersparnisse erzielt. Abb. 136 zeigt z. B. graphisch die erreichbaren Ersparnisse bei verschiedenen Regelbereichen. Als Abszisse sind aufgetragen die für den Arbeitsvorgang erforderlichen Umdrehungen der Arbeitswelle und die dazu gehörigen Drehdurchmesser. Als Ordinate ist aufgetragen die für die Umdrehungen erforderliche Zeit. Ist die

minutliche Drehzahl während des gesamten Arbeitsvorganges gleich
(= 30 Umdr./min.), dann ist auch die Zeit je Umdrehung gleich
$\left(t_1 = \dfrac{60}{30}\right)$ und ergibt sich über den ganzen Arbeitsvorgang für t_1 eine
Gerade. Die Gesamtzeit T wird durch die Fläche des Rechteckes $OABC$
dargestellt. Wird jedoch mit gleichbleibender Schnittgeschwindigkeit
($v = 18,8$ m/min.) bis auf den Drehdurchmesser 0 gedreht, dann nimmt
die Zeit für eine Umdrehung verhältnisgleich ab und verläuft nach der
Geraden t_2. Die Gesamtzeit für den Arbeitsvorgang wird durch die
Fläche des Dreiecks OAC dargestellt und ist halb so groß wie bei gleichbleibender Drehzahl. Soll für einen geringeren Regelbereich die Gesamtzeit ermittelt werden, so ist zuerst der diesem Regelbereich entsprechende Durchmesser, bis auf den mit einer gleichbleibenden Schnittgeschwindigkeit heruntergedreht werden soll, zu bestimmen. Bei einem
Regelbereich von z. B. 1 : 2 würde sich für das gewählte Beispiel ein
Durchmesser D_2 von 100, bei einem Regelbereich von 1 : 3 ein solcher
von 66,6 mm ergeben. Die Zeit je Umdrehung, die diesem Drehdurchmesser entspricht, ist dann durch die Punkte D_2 bzw. D_3 festgelegt. Da
von diesem Durchmesser abwärts mit gleichbleibender Drehzahl weiter-
gearbeitet wird, also die Zeit je Umdrehung sich nicht ändert, so ist
für den Weiterverlauf von D_2 bzw. D_3 eine Wagerechte zu ziehen. Die
Gesamtzeit würde bei einer Regelung von 1 : 2 durch die Fläche OAD_2EC,
bei Regelung 1 : 3 durch die Fläche OAD_3E_1C gegeben. Wertet man
diese Flächen für das nach Abb. 136 gewählte Beispiel aus, so ergibt sich
beim Arbeiten mit einem Gesamtregelbereich von 1 : 2 eine Zeit von
125 Sekunden, bei 1 : 3 von 117 Sekunden. Trotz der beschränkten
Regelung ergibt sich demnach gegenüber gleichbleibender Drehzahl
immer noch eine Ersparnis von etwa 37,5 v. H. bzw. 41,5 v. H. Diese
erheblichen Ersparnisse zeigen, wie wichtig es ist, bei dem Entwurf
jeder Arbeitsmaschine zu prüfen, wie weit durch selbsttätige Anpassung
der Arbeitsgeschwindigkeit an den Arbeitsvorgang eine Zeitersparnis
möglich ist. Bezüglich der Ausrüstung für solche Maschinen ist dort, wo
Nebenschlußverhalten der Motoren verlangt wird, der Gleichstromregel-
motor mit Regelung des Feldes, oder der Drehstromnebenschlußmotor
mit Regelung durch Bürstenverstellung zu verwenden. Handelt es sich
um Antriebe, bei denen das Lastmoment während des Arbeitsvorganges
sich nicht ändert, so kann auch mit Vorteil der Drehstromreihenschlußmotor oder der Repulsionsmotor verwendet werden. In Abb. 135 ist
schematisch die Wirkungsweise der selbsttätigen Drehzahlregelung dargestellt. Die Planscheibe wird durch einen Gleichstromnebenschlußmotor unter Zwischenschaltung eines Zahradvorgeleges angetrieben.
Von der Motorwelle aus erfolgt auch in üblicher Weise der Vorschub des
Werkzeuges. Über eine geeignete Übersetzung (in der Zeichnung ist eine
Schnecke angenommen) wird von diesem Vorschub aus die Kurvenscheibe angetrieben, und zwar in der Weise, daß die Kurvenscheibe etwa
eine Umdrehung macht, wenn das Werkzeug vom äußersten Durchmesser bis zum Mittelpunkt verstellt worden ist. Durch einen Hebel
mittels einer Rolle, der an die Kurvenscheibe gedrückt wird, erfolgt

selbsttätig die Verstellung des Nebenschlußreglers beim Drehen der Kurvenscheibe. Durch entsprechende Ausbildung der Kurvenscheibe kann für jede Stellung des Werkzeuges eine ganz bestimmte Geschwindig-

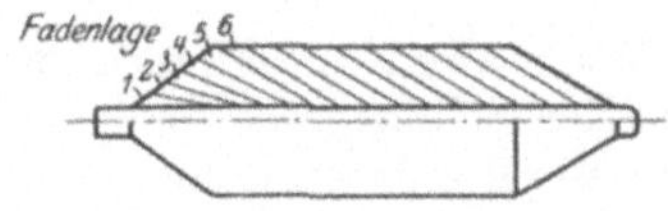

Abb. 137. Fadenlage bei konischer Bewicklung.

keit und demnach für den gesamten Arbeitsgang jeder beliebige Geschwindigkeitsverlauf eingestellt werden. Es ist zweckmäßig, bei der mechanischen Durchbildung die Möglichkeit einer leichten Entkupplung der Kurvenscheibe von dem Schneckenrad vorzusehen, um auch eine beliebige Einstellung des Reglers von Hand zu erreichen.

Ein weiteres Beispiel der Erhöhung der Wirtschaftlichkeit durch Anpassung der Arbeitsgeschwindigkeit zeigt der Antrieb der Ringspinnmaschine. Bei dieser ist die Fadenspannung eine Funktion der Drehzahl und des Spulendurchmessers, und zwar erhöht sich bei gleicher Drehzahl die Fadenspannung mit Abnahme des Durchmessers. Wird ohne Veränderung der Drehzahl gesponnen, so muß, um Fadenbrüche zu vermeiden,

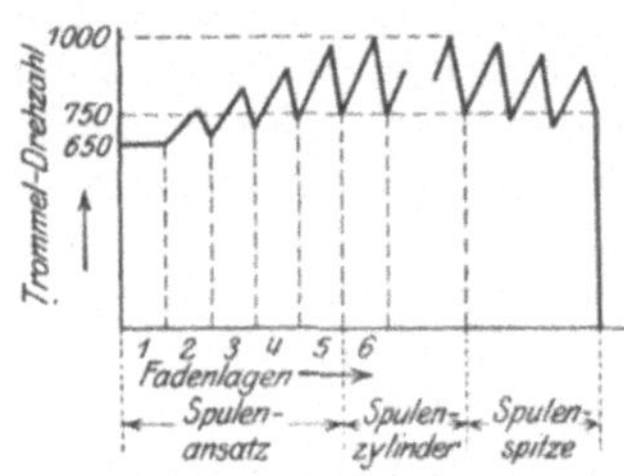

Abb. 138. Drehzahlverlauf bei konischer Bewicklung.

die Drehzahl so niedrig eingestellt werden, daß bei den ungünstigsten Verhältnissen, also bei dem geringsten Durchmesser, die Geschwindigkeit noch so niedrig ist, wie der zulässigen Fadenspannung entspricht. Mit dieser verhältnismäßig niedrigen Drehzahl muß dann auch bei den größten Durchmessern gesponnen werden, obzwar mit einer höheren Drehzahl gearbeitet werden kann. Dies bedingt Zeitverluste, die durch selbsttätige Anpassung der Spindeldrehzahl an den jeweiligen Durchmesser vermieden werden können.

In welcher Weise die Anpassung der Drehzahl an den Arbeitsvorgang erfolgen kann, soll an dem Beispiel einer konischen Bewicklung gezeigt werden. In Abb. 137 sind die einzelnen Lagen des aufgewickelten Garnes angegeben, und zwar wird zuerst der Spulenansatz auf den kleinsten Durchmesser gewickelt, wobei mit etwa 650 Umdrehungen gearbeitet wird. Bei der Spule 2 kann entsprechend dem größeren Durchmesser bereits die Drehzahl erhöht werden, die sich dann dauernd steigert, bis dann beim Wickeln der Parallellage als höchste Drehzahl 1000 gewählt werden kann, wobei während des Aufwickelns einer solchen parallelen Lage die Drehzahl je nach dem Durchmesser von 750—1000 sich än-

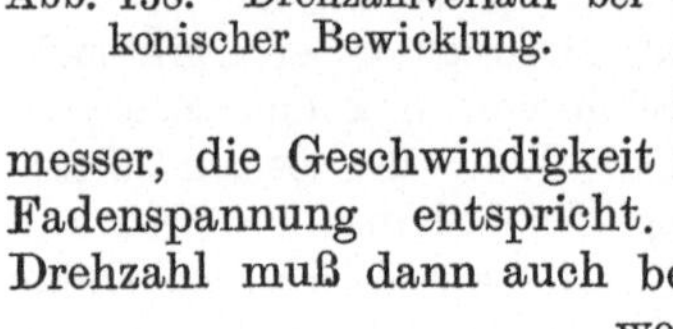

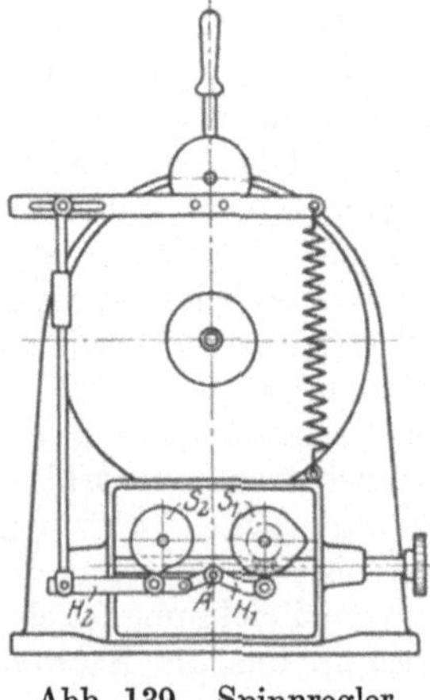

Abb. 139. Spinnregler.

dert. Bei der Bildung der Spulenspitze ist es meistens auch erwünscht, die Drehzahl etwas zu verringern, was, wie aus dem Geschwindigkeitsdiagramm Abb. 138 hervorgeht, ohne weiteres möglich ist. Die Verstellung der Geschwindigkeit erfolgt durch den sogenannten Spinnregler, der in verschiedenen Ausführungen vorhanden ist. Abb. 139 zeigt ein Ausführungsbeispiel. Der wesentliche Aufbau dieses Spinnreglers besteht darin, daß 2 Kurvenscheiben $S1$ und $S2$ von der Arbeitsmaschine aus angetrieben werden. Die Grundgeschwindigkeit wird durch die Scheibe $S1$ eingestellt, indem mittels Kette und Kettenrad der Antrieb von der sogenannten Steigradwelle erfolgt. Der Antrieb erfolgt so, daß die Kurvenscheibe während der Zeit der Vollbewicklung einer Spule nicht ganz eine volle Umdrehung macht. Die Scheibe $S2$ wird hingegen von der sogenannten Hauptwelle der Spinnmaschine angetrieben und macht bei jeder Fadenlage eine volle Umdrehung. Gegen diese beiden Scheiben wird der Hebel $H1$, der in A seinen Drehpunkt hat, durch eine Rolle angedrückt. Das Ende dieses doppelarmigen Hebels wird mit der Bürstenverstellung des Spinnmotors verbunden. Durch entsprechende Formgebung der Scheibe $S1$ und $S2$ sowie durch Verstellung des Anschlages A kann während eines Arbeitsvorganges die Drehzahl des Antriebsmotors in jeder beliebigen Form geregelt und dem jeweiligen Arbeitsvorgang angepaßt werden. Abgesehen davon, daß eine bedeutend bessere Garnqualität erzielt wird, und daß auch viel weniger Fadenbrüche vorkommen, kann durch die richtige Anpassung der Geschwindigkeit an den jeweiligen Arbeitsvorgang eine Leistungssteigerung bis zu 15 v. H. erreicht werden. Zum Antrieb von solchen Spinnmaschinen ist der Repulsionsmotor oder der Drehstromreihenschlußmotor am gebräuchlichsten. Bei beiden Motoren erfolgt die Drehzahleinstellung durch Bürstenverschiebung, wodurch das Zusammenarbeiten des Spinnreglers mit dem Motor wesentlich vereinfacht wird. Die zum Antrieb von Spinnmaschinen durchgebildeten Motoren können gleich mit dem passenden Spinnregler zusammengebaut und so geliefert werden.

75. Anlauf- und Umsteuerzeiten.

Bei der Auswahl und Gegenüberstellung der Antriebe von Arbeitsmaschinen wird es oft von Wichtigkeit sein, die zum Anlassen oder Umsteuern einer Arbeitsmaschine auf elektrischem Wege benötigte Zeit zu kennen. Von Einfluß auf die Anlaßzeit ist in erster Linie die Motorcharakteristik. Unter dieser ist die Abhängigkeit des Motordrehmomentes von der Drehzahl während des Anlaufens zu verstehen. Bei Drehstrom-Asynchronmotoren mit Kurzschlußanker ist diese Abhängigkeit eindeutig durch die Type festgelegt (vgl. Abb. 39). Bei Motoren mit besonderen Anlassern ergibt sich hingegen für jede Anlasserstellung eine besondere Motorcharakteristik. Diese wird im allgemeinen so verlaufen, daß in jeder Anlaßstellung das Drehmoment mit der Drehzahl abnimmt. Abb. 140 zeigt z. B. die Verhältnisse bei der Verwendung eines Gleichstromreihenschlußmotors. Die Kurven 1—4 entsprechen den Motorcharakteristiken bei den einzelnen Stellungen des Anlassers. In der ersten Schaltstellung würde der Motor im Augenblick des Anlaufens etwa das $1^{1}/_{2}$ fache des normalen Drehmomentes entwickeln. Mit zunehmender Beschleunigung nimmt das Drehmoment ab, so daß rechtzeitig, also wenn das Drehmoment des Motors auf einen bestimmten Betrag gesunken ist, durch Schalten auf den zweiten Kontakt dem Motor ein neuer Drehmomentenimpuls gegeben werden muß. Auf der zweiten Stellung wird dann wiederum das Drehmoment des Motors zuerst ansteigen, um nach erfolgter Beschleunigung wieder abzunehmen, worauf dann ein Weiterschalten auf den dritten Kontakt erfolgen muß usw. Beim Anlassen kommt es daher darauf an, rechtzeitig, also nicht zu früh und nicht zu spät, weiterzuschalten, da im ersten Falle unzulässig hohe Anlaufströme, im zweiten Falle eine lange Anlaßzeit in Frage kämen. Das richtige Schalten kann man durch Beobachtung eines Strommessers, oft auch durch das Geräusch, das der Motor beim Anlauf entwickelt, überwachen. Wie Abb. 140 zeigt, wird demnach das Dreh-

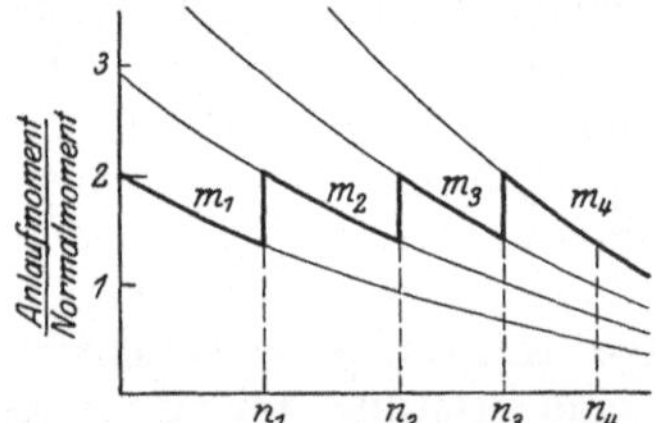

Abb. 140. Drehmomentenverlauf beim Anlassen eines Gleichstromreihenschlußmotors.

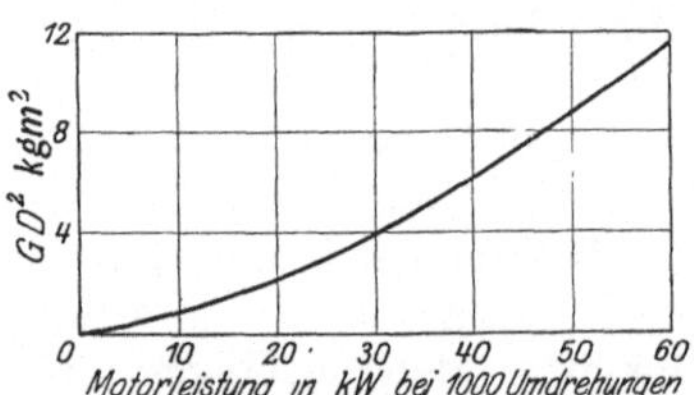

Abb. 141. Ankerschwungmomente für verschiedene Motorgrößen.

moment während der Anlaufzeit nicht gleichmäßig sein. Es wird sich um so mehr einer Geraden nähern, je größer die Zahl der Anlaufstufen ist und je richtiger angelassen wird. Für die überschlägige Rechnung genügt die Annahme eines über die gesamte Anlaßzeit gleichbleibenden Drehmomentes, indem z. B je nach dem verwendeten Motor mit dem 0,5 bis 2fachen des normalen Drehmomentes beim Anlauf gerechnet wird. Läuft der Motor leer an, ist also kein eigentliches Lastmoment während des Anlaufes vorhanden, so ist auf die Anlaufzeit hauptsächlich die Größe der zu beschleunigenden Massen von Einfluß. Daher ist es erforderlich, die Größe der Massen zu bestimmen. Das Schwungmoment des Motorankers wird meistens bekannt sein. Wo es nicht in den Listen angegeben ist, können für die Vorausberechnung die Werte der Kurve in Abb. 141, die die Schwungmomente in Abhängigkeit von der Leistung bei einer Drehzahl von etwa 1000 angeben, zugrunde gelegt werden. Für die Bestimmung der Schwungmomente von anderen Drehzahlen kann bis zu gewissem Grade angenommen werden, daß sich das Schwungmoment quadratisch mit der Drehzahl ändert, und zwar so, daß bei schnell laufenden Motoren dieses im Quadrate abnimmt, bei langsam laufenden im Quadrate zunimmt (vgl. auch Abb. 96). Das Schwungmoment der sonstigen umlaufenden Teile, wie Riemenscheibe, Zahnräder usw., kann gleichfalls den Hilfstabellen entnommen werden, die in den meisten Taschenbüchern vorhanden sind.

Ist das GD^2 des Motorankers bekannt, so errechnet sich das Trägheitsmoment zu

$$J = \frac{GD^2}{4 \cdot 9{,}81} \text{ in kgm sec}^2$$

und daraus das polare Trägheitsmoment zu $\Theta_p = 2\pi J$ in kgm sec². Sind Übersetzungen vorhanden, so muß jeweils das Schwungmoment der langsam laufenden Teile im quadratischen Verhältnis der Drehzahl des Motors (n) zu der der langsam laufenden Teile (n_1, n_2), also im Verhältnis $\left(\dfrac{n}{n_1}\right)^2 \cdot \left(\dfrac{n}{n_2}\right)^2$ usw. auf die Motorwelle reduziert werden. Sind außerdem noch geradlinig beschleunigte Massen vorhanden, dann ist die lebende Energie dieser Masse

$$E = {}^1\!/_2\, mv^2$$

worin

$$m = \frac{\text{Gewicht}}{9{,}81}$$

und $\qquad\qquad v = $ Geschwindigkeit in m/sec.

bedeutet. Um diese Masse auf die Motorwelle zu reduzieren, muß das Übersetzungsverhältnis $a = \dfrac{v}{n}$ eingesetzt werden, wobei immer die sekundliche Drehzahl einzusetzen ist. Das genannte polare Trägheitsmoment der Masse ist dann gleich

$$\Theta_p = 2\pi J + \frac{m}{2\pi}\cdot a^2 \text{ kgmsec}^2.$$

Da zur Vereinfachung angenommen wurde, daß kein Lastmoment während des Anlaufens vorhanden ist, so würde das Motormoment (M) als Beschleunigungsmoment (M_b) dienen, und es ergäbe sich dann die Beziehung

$$M = M_b = \Theta_p \cdot \frac{dn}{dt},$$

worin $\dfrac{dn}{dt}$ die Drehzahlzunahme nach der Zeit darstellt. Wird nun Θ_p und M_b während der Anlaufzeit als gleichbleibend angenommen, so würde sich die Anlaufzeit bis zur Erreichung der normalen Drehzahl n in Sekunden errechnen zu

$$t = \frac{\Theta_p}{M_b}\cdot n.$$

Mit Hilfe dieser Formel lassen sich für kleinere Antriebe annähernd die Anlaufzeiten errechnen. Es empfiehlt sich jedoch, auf die errechneten Werte noch einen Sicherheitszuschlag zu machen, da das ideelle gleichbleibende Drehmoment während der Anlaufzeit selten mit Sicherheit eingehalten werden kann. Als Beispiel sei die Anlaufzeit eines Motors errechnet, der ohne zusätzliche Massen angelassen werden soll. Die

Leistung des Motors soll 5,5 kW, seine Drehzahl $n = 1440/\text{min}$. betragen. Das aus dem GD^2 errechnete polare Trägheitsmoment ist $\Theta_p = 0,0398$ mkg sec², das normale Motormoment beträgt 3,7 mkg. Aus der Motorcharakteristik kann das mittlere Anlaufmoment des Kurzschlußankermotors mit etwa 7 mkg angenommen werden. Die Anlaufzeit ist dann

$$t_1 = \frac{1440}{60} \cdot \frac{0,0398}{7} = 0,136 \text{ sec.}$$

Der Motor wird also nach Einschalten in der außerordentlich kurzen Zeit von 0,136 sec. seine Höchstdrehzahl erreicht haben. Abb. 142 zeigt die oszillographische Aufnahme eines solchen Anlaufvorganges. Die

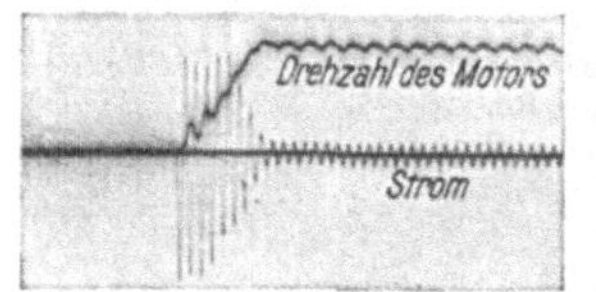

Abb. 142. Oszillographische Aufnahme der Anlaufzeit eines Drehstrommotors.

Wellenlinie gibt die der Periodenzahl entsprechenden Schwingungen des Anlaufstromes wieder, der während des Anlaufvorganges entsprechend höher ist als normal. Die andere Linie ist die Drehzahllinie. Es ist daraus zu entnehmen, daß bereits nach 8 Perioden des Stromes die höchste Drehzahl erreicht ist. Da eine Periode $^1/_{50}$ sec. dauert, so würde nach dem Oszillogramm tatsächlich die Anlaufzeit etwa 0,16 sec. betragen.

Naturgemäß würde sich die Anlaufzeit ganz erheblich verlängern, wenn außer den Schwungmassen des Motors noch Schwungmassen der Arbeitsmaschinen zu beschleunigen wären. Sollten diese zusätzlichen Schwungmassen z. B. das Vierfache des Motorankers betragen, so würde die Anlaufzeit sich verlängern auf

$$t = \frac{1440}{60} \cdot \frac{0,0398 \, (1 + 4)}{7} = 0,680 \text{ sec.}$$

Bisher wurde angenommen, daß während des Anlaufs kein Lastmoment vorhanden ist. Nunmehr soll angenommen werden, daß ein während des Anlaufs gleichbleibendes Lastmoment (L) vorhanden ist. Dadurch würde das Beschleunigungsmoment verringert, und zwar würde

$$M_b = M - L.$$

Danach kann die Anlaufzeit für eine bestimmte Drehzahl errechnet werden zu

$$t = \frac{\Theta_p}{M - L} \cdot n.$$

Etwas schwieriger wird die Rechnung, wenn sich das Lastmoment während der Anlaufzeit ändert (ähnlich der Kurve C in Abb. 39). Ein Lastmoment kann entstehen durch die Reibungsverluste in der Arbeitsmaschine oder auch noch durch eine Nutzleistung, z. B. beim Heben und Senken eines Gewichtes. Ist nur ein Lastmoment vorhanden, so läßt sich die Anlaufzeit am besten auf graphischem Wege ermitteln[1]). Zu

---

[1]) Vgl. Blanc: Über Anlauf und Auslaufverhältnisse von motorisch angetriebenen Massen, Z. V. d. I. 1919, S. 289 ff.

diesem Zweck ist in einem Koordinatensystem in einem beliebigen Maßstab das Motormoment und das der betreffenden Arbeitsmaschine entsprechende Lastmoment eingetragen. Aus beiden ergibt sich das resultierende Beschleunigungsmoment M_b (vgl. Abb. 143). Die Anlaufzeit
bis zu einer beliebigen Höchstdrehzahl ist gegeben durch die Gleichung

$$t = \int\limits_0^n \frac{dt}{dn} \cdot dn$$

$$= \int\limits_0^n \frac{\Theta_p}{M_b} \cdot dn.$$

Da nun Θ_p und M_b bekannt sind, kann für die einzelnen Werte von n
innerhalb des Anlaufs der Wert $\frac{\Theta_p}{M_b}$ errechnet und als Kurve eingetragen
werden. Soll die Zeit errechnet werden, die bis zum Anlauf auf eine bestimmte Drehzahl erforderlich ist, so ist der Inhalt der durch die Kurve
$\frac{\Theta_p}{M_b}$ begrenzten Fläche zu bestimmen, der dann der Anlaufzeit entspricht.

Die Zeit des Anlaufs bis zu beispielsweise 400 Umdr./min. bzw. $\dfrac{400}{60}$
Umdr./sec. würde durch den Inhalt der Fläche $A\,O\,C\,B\,D$ bestimmt,
Dieser Wert entspricht dann dem
Punkt D der Zeitkurve t. Durch
schrittweises Bestimmen des Wertes t läßt sich die Kurve t und damit der Verlauf der Anlaufzeit ermitteln.

Da es gebräuchlicher ist, bei
der Darstellung der Abhängigkeit

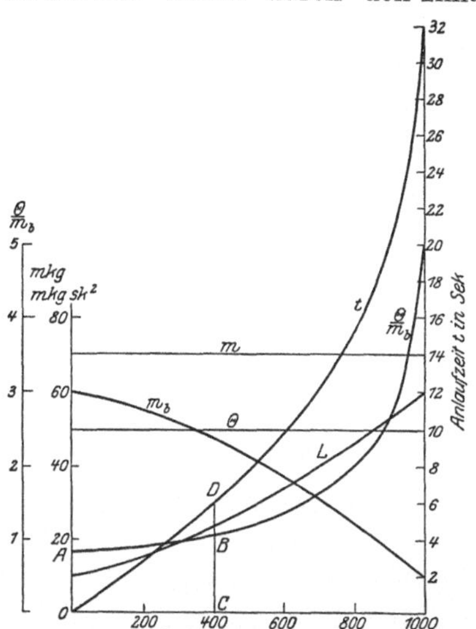

Abb. 143. Ermittlung der Anlaufzeit
auf graphischem Wege.

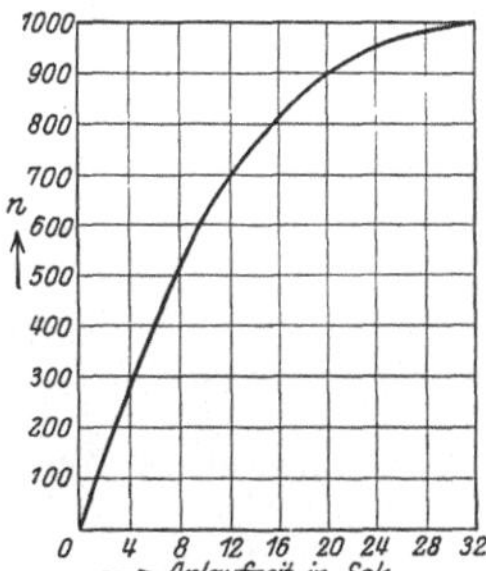

Abb. 144. Drehzahlzunahme während der Anlaufzeit.

der Anlaufzeit von der Drehzahl die Anlaufzeit als Abszisse, die Drehzahl als Ordinate einzutragen, so kann die Kurve t auch entsprechend
umgezeichnet werden (vgl. Abb. 144).

Die Umsteuerzeiten bei kleinem Antrieb lassen sich aus den vorstehenden Richtlinien gleichfalls errechnen, da eine Gesamtumsteuerung aus einer Verzögerungs- und einer Anlaufperiode besteht, wobei sich die Verzögerungszeit in sinngemäßer Weise errechnen läßt wie die Anlaufzeit. Ist kein Last- und kein Bremsmoment vorhanden, so wird die Anlaufzeit naturgemäß sehr groß werden, da dann die in den Massen aufgespeicherte Energie lediglich durch die inneren Reibungsverluste der Maschinen, die verhältnismäßig klein sind, vernichtet wird. Ist ein Lastmoment vorhanden, so wird sich eine kürzere Bremszeit ergeben, da das Lastmoment dem Massenmoment entgegengesetzt wirkt. Am kürzesten wird naturgemäß die Verzögerungszeit, wenn außer dem Lastmoment noch ein Bremsmoment vorhanden ist. Der Verlauf des Auslaufs kann ohne weiteres nach den für die Berechnung des Anlaufs gegebenen Richtlinien berechnet werden, wobei zu berücksichtigen ist, daß das Lastmoment und das Bremsmoment mit gleichen Vorzeichen einzusetzen sind. Die Größe des Bremsmomentes richtet sich naturgemäß nach der Art der Bremsung. Wird elektrische Bremsung angewandt, so empfiehlt es sich, bei der Beanspruchung der Maschinen im normalen Betrieb nicht über das 2—3fache des Normalmomentes hinauszugehen, um eine unzulässig hohe Beanspruchung der Getriebe zu vermeiden. Aus diesem Grunde ist es auch bei mechanischer Bremsung nicht zweckmäßig, über diese Werte hinauszugehen. Eine Ausnahme macht die bei manchen Arbeitsmaschinen vorgesehene Sicherheitsbremse, die im Falle der Gefahr schnellste Stillsetzung der Arbeitsmaschine bezweckt. In solchen Fällen wird man naturgemäß mit der Beanspruchung und daher mit dem zulässigen Höchstdrehmoment bis an die äußerste Grenze gehen müssen.

Als Beispiel für die Berechnung der Umsteuerzeit sei eine durch einen umsteuerbaren Motor angetriebene Blechkanthobelmaschine angeführt. Bei dieser ist sowohl im Vorlauf als im Rücklauf, da in beiden Richtungen gearbeitet wird, die Drehzahl die gleiche. Die in Frage kommende Leistung für den Arbeitsgang soll mit 15 kW errechnet worden sein. Mit Rücksicht auf das Getriebe würde die Drehzahl des Motors mit 970 gewählt. Das GD^2 des Motors ist mit 1,72, das auf die Motorwelle reduzierte Schwungmoment der übrigen Teile der Werkzeugmaschine mit 0,38 kgm² ermittelt. Daraus ergibt sich

$$ J = \frac{GD^2}{4 \cdot 9{,}81} = \frac{1{,}72 + 0{,}38}{4 \cdot 9{,}81} = 0{,}0535 \ \text{mkgsec}^2 $$

und dementsprechend das polare Trägheitsmoment

$$ \Theta_p = 2\,\pi \cdot J = 2 \cdot \pi \cdot 0{,}0535 \cong 0{,}336 \ \text{mkgsec}^2. $$

Wird angenommen, daß der Motor sowohl beim Stillsetzen als auch beim Wiederanlauf etwa das 1,5fache des normalen Drehmomentes entwickelt, so würde demnach das Beschleunigungsmoment

$$ M_b = 1{,}5\,M = 1{,}5 \cdot 716 \frac{15}{970 \cdot 0{,}736} = 22{,}6 \ \text{mkg} $$

betragen. Wird ferner angenommen, daß erst nach dem Anlauf der Stahl schneidet, also nur ein durch die Reibungsverluste bedingtes Lastmoment, das 20 v. H. des normalen Motormomentes beträgt, vorhanden ist, so errechnet sich die gesamte Umsteuerzeit zu:

$$T = t_v + t_a = \frac{\Theta_p}{M_b + 0{,}2\,M_b} \cdot n + \frac{\Theta_p}{M_b - 0{,}2\,M_b}$$

$$= \frac{\Theta_p \cdot n}{M_b} \cdot \left(\frac{1}{1{,}2} + \frac{1}{0{,}8}\right)$$

$$= \frac{0{,}336 \cdot 970}{22{,}6 \cdot 60} \cdot 2{,}085 = 0{,}506.$$

Es ergibt sich demnach für die gesamte Umsteuerzeit ein Betrag von 0,506 sec. Die oszillographische Aufnahme des Drehzahlverlaufs beim Umsteuern an einer solchen Hobelmaschine, die in Abb. 145 wieder-

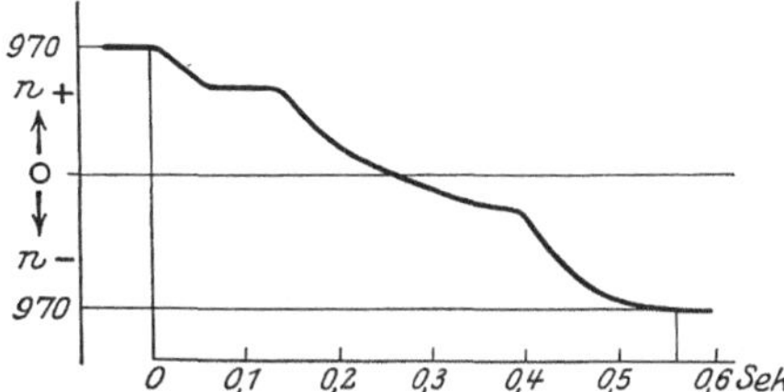

Abb. 145. Oszillographische Aufnahme der Umsteuerzeit eines Hobelmaschinenantriebes.

gegeben ist, zeigt, daß der errechnete Wert ungefähr mit den tatsächlichen Verhältnissen übereinstimmt, da das Oszillogramm eine Umsteuerzeit mit etwa 0,56 sec. angibt.

76. Anbau der Apparate.

Bei einem technisch richtig durchgebildeten Antrieb muß nicht nur auf die richtige Auswahl der Apparate, sondern auch auf deren zweckmäßige Unterbringung geachtet werden. Durch nicht zweckmäßige Anordnung können sonst z. B. ganz erhebliche Zeit- und Energieverluste bedingt werden, dadurch, daß infolge räumlich schlechter Anordnung der Arbeiter seinen Standort verlassen muß, um den Anlasser oder Regler zu betätigen. In solchen Fällen werden die Griffzeiten wesentlich verlängert, oder der Arbeiter unterläßt es aus Bequemlichkeit, den Anlasser oder Nebenschlußregler zu bedienen. Dies hat zur Folge, daß der Motor in den Arbeitspausen durchläuft, also unnötige Leerlaufsverluste entstehen, oder daß die Arbeitsmaschine, z. B. eine Werkzeugmaschine, nicht mit der richtigen Schnittgeschwindigkeit arbeitet, so daß ein erheblicher Leistungsverlust entstehen kann.

Bei den einfachsten Antrieben, die aus einem Hauptschalter für den Motor, einem Anlasser, gegebenenfalls noch aus einem Meßinstrument bestehen, wäre im wesentlichen auf folgendes zu achten: Der Schalter, Sicherungen und Meßinstrument sind zusammen möglichst in einem geeigneten Schaltkasten unterzubringen. Der Schaltkasten ist widerstandsfähig gegen mechanische Beschädigungen, betriebssicher, leicht handlich auszuführen und soll möglichst eine Verriegelung erhalten, bei der das Aufklappen oder Öffnen der Tür nur in der Ausschaltstellung erfolgen kann. Für leichtere Ausführung wird man schmiedeeiserne Schaltkästen, für schwere Beanspruchung gußeiserne Schaltkästen wählen. Handelt es sich um größere Hochspannungsmotoren, bei denen Ölschalter verwendet werden, so sind besondere Hochspannungs-Schaltkästen oder Schaltschränke erforderlich. Dient der Motor zum Einzelantrieb einer Arbeitsmaschine,

Abb. 146.   Anordnung eines gußeisernen Schaltkastens.

dann ist es zweckmäßig, den Schaltkasten unmittelbar an der Arbeitsmaschine in handlicher Nähe des Arbeiters unterzubringen. Dabei werden sich gußeisengekapselte Schaltkästen dem Charakter der Arbeitsmaschine am besten anpassen. Abb. 146 zeigt z. B. eine kleine Stanze mit einem solchen Schaltkasten und läßt auch die Verlegung der Leitung zwischen Motor und Schaltkasten (isolierte Leitung in Gasrohr) erkennen. Der Schaltkasten enthält nur Schalter und Sicherungen.

Die beste Lösung wird man dann erreichen, wenn der Einbau des Schalters, der Sicherungen und gegebenenfalls der Instrumente unmittelbar in die Arbeitsmaschine erfolgt, z. B. in den Ständer einer Werkzeugmaschine. In diesem Falle kann dann eine besonders für den Einbau durchgebildete

Abb. 147.   Schalttafel für versenkten Einbau.

Schalttafel verwendet werden. Abb. 147 zeigt eine solche Ausführung. Die Schalter, im vorliegenden Falle Drehschalter, die Sicherungen und auch ein Steckkontakt sind mit den zugehörigen Anschlußklemmen auf einem Flacheisengestell angeordnet, das an einem gußeisernen Rahmen befestigt ist. Dieser Rahmen wird versenkt in dem Ständer der Arbeitsmaschine in eine entsprechende Öffnung eingebaut. Diese Öffnung

wird dann durch eine an dem Rahmen befestigte gußeiserne Tür abgeschlossen. Der Verschluß dieser Tür kann plombiert werden, um
ein unbefugtes Öffnen zu verhindern. In der Abschlußtür sind Aussparungen für die Griffe der Drehschalter so vorgesehen, daß die Griffe
versenkt sind und daher mechanische Beschädigungen ausgeschlossen
sind. Für den Steckkontakt und für die Kontrolle der Sicherungen
sind in der Tür Öffnungen vorgesehen. Diese Schalttafeln werden für
1, 2 und 3 Abzweige ausgeführt, so daß sie z. B. auch für Werkzeugmaschinen, die außer dem Hauptantriebsmotor noch einen Hilfsmotor
für den Vorschub und einen Pumpenmotor besitzen, verwendet werden
können. Soll der Hilfsmotor umgeschaltet werden, so wird der zugehörige Schalter als Umschalter ausgebildet. Für kleine Hilfsmotoren.

Abb. 148. Hobelmaschinenständer
mit eingebauten Apparaten.

Abb. 149. Hobelmaschinenständer
wie Abb. 148, Tür geöffnet.

die als Hauptstrommotoren unter Verwendung eines kleinen Vorschaltwiderstandes angelassen werden, ist die Unterbringung auch dieses
Widerstandes an dem Rahmen möglich. Für Gleichstrom und Drehstrom haben die Schalttafeln dieselben Abmessungen, was wesentlich
die Lagerhaltung und serienmäßige Fabrikation der Arbeitsmaschinen
erleichtert.

Oft wird es erforderlich sein, neben diesen Schaltern und Sicherungen
auch noch den Anlasser oder den Nebenschlußregler unterzubringen;
dann kann auch eine Anordnung in der Weise gewählt werden, daß diese
Apparate unmittelbar auf der gußeisernen Tür, die die Öffnung in dem
Ständer der Arbeitsmaschine verschließt, angebracht werden, und zwar
auf der Rückseite, wobei naturgemäß die Bedienung von der Vorderseite
aus möglich sein muß. Abb. 148 z. B. zeigt den Ständer einer Hobelmaschine mit den in einer Tür eingebauten Apparaten. Der Steigbügel-

griff ist für die Betätigung des Schalters, das obere Handrad dient zur
Einstellung der Schnittgeschwindigkeit, das untere Handrad dient zur
Betätigung des Anlassers für den Querbalkenantriebsmotor. Der
Drehschalter ist der Umschalter für diesen Motor; außerdem ist noch
ein Haltedruckknopf und ein Steckkontakt für die Handlampe vorhanden. Abb. 149 zeigt die Tür aufgeklappt und läßt die Leitungsführung
auch im Innern des Ständers erkennen. Es wäre noch zu erwähnen, daß
bei solchen Ausführungen auch evtl. sonstige Hilfsapparate, wie Schütze
usw., deren Betätigung nicht von Hand erfolgt, im Innern des Ständers
untergebracht werden können.

Was nun allgemein die Unterbringung des Anlassers anbelangt, so
wird bei allen Antriebsmotoren für dauernd durchlaufende Maschinen,
vor allem also für Trans-
missionen und solche
Antriebe, bei denen nur
ein seltenes Anlassen in
Frage kommt, die Unter-
bringung des Anlassers
mit Rücksicht auf kurze
Leitungsführung mög-
lichst nahe am Motor
anzustreben sein. Be-
sonders zweckmäßig ist
bei der Verwendung von
Drehstrom - Asynchron-
motoren der unmittel-
bare Zusammenbau des
Anlassers mit dem Mo-
tor, wie dies in Abb. 150
dargestellt ist. Dabei ist

Abb. 150.   Drehstrommotor mit angebautem Anlasser.

auch noch die Anordnung getroffen, daß eine zwangläufige Betätigung
in der richtigen Reihenfolge des gleichzeitig angebauten Statorschalters
und der Bürstenabhebevorrichtung durch die Betätigung nur eines
Handrades erfolgt. Wie die Abb. 150 zeigt, läßt sich auch bei dieser
Ausführung ein gußeisengekapseltes Meßinstrument unmittelbar auf
den Anlasser aufsetzen.

Dient der Antrieb für eine Arbeitsmaschine, die sehr oft ein- und
ausgeschaltet werden soll, und die gegebenenfalls auch dauernd geregelt
werden muß, so ist, wie bereits eingangs erwähnt, darauf zu achten,
daß vom Standort des Arbeiters in leichter Weise eine Bedienung möglich
ist. Zu diesem Zwecke kann z. B. der Anlasser bzw. der Anlaßregler
oder der Nebenschlußregler so am Standort des Arbeiters angebracht
werden, daß er unmittelbar oder unter Zwischenschaltung eines kurzen
Gestänges betätigt werden kann. Dies würde z. B. zutreffen für die
Unterbringung der Steuerapparate unmittelbar am Support einer Drehbank oder einer Bohrmaschine usw. Da dessen Stellung sich jeweils
mit dem Standort des Arbeiters ändert, würde dadurch die einfachste Betätigung gewährleistet. Allerdings bedingt die Anordnung die Verwen-

dung von beweglichen Leitungen oder von festverlegten Schleifleitungen für den Anschluß der Apparate am Support. Diese Forderung, verbunden oft mit den zu großen Abmessungen der Apparate, wird deren Unterbringung nicht immer in unmittelbarer Nähe des Arbeiters bzw. auf dem Support der Arbeitsmaschine möglich machen. In solchen Fällen sind die Apparate möglichst in der Nähe des Motors unterzubringen, wobei zwischen dem Standort des Arbeiters und den Apparaten mechanische Gestänge vorzusehen sind. Dabei ist auch darauf zu achten, daß der Anlasser und die Apparate, also vor allem der Anlasser und der Regler, in die Maschine eingebaut werden. Bei der Drehbank der Abb. 91 b ist z. B. der Anlaßregler unterhalb des Motors in den Drehbankfuß des Motors eingebaut. Seine Steuerung kann von 2 Handrädern aus erfolgen, da das eine Handrad unterhalb des Spindelstockes, das zweite unmittelbar am Support angebracht ist. Bei der Unterbringung der Apparate in die Arbeitsmaschine muß unbedingt auf leichte Zugänglichkeit Rücksicht genommen werden. Wo auch mechanische Verbindungen nicht möglich sind, muß dann die Druckknopfsteuerung angewandt werden, bei der dann die Druckknopftafeln sehr gut in handlicher Nähe der Arbeiter untergebracht werden können.

77. Stromart und Spannung.

Für die elektrische Energieübertragung kommt bei dem heutigen Stand der Elektrotechnik für größere Leistungen auf weitere Entfernung lediglich Drehstrom in Frage. Diese Tatsache, verbunden mit den Vorzügen des asynchronen Drehstrommotors in bezug auf Wartung, Anlagekosten und Wirkungsgrad, führt zu einer immer weiteren Verbreitung des Drehstromes und zu dem Bestreben, auch für den Einzelantrieb diese Stromart möglichst zu verwenden.

Bei Antrieben, bei denen infolge der Betriebsverhältnisse der Arbeitsmaschine eine Drehzahlregelung nicht in Frage kommt, ist die Anwendung des Drehstromes dann ohne weiteres zulässig und wirtschaftlich. In solchen Fällen wird man versuchen, größere Motoren unmittelbar an Hochspannung anzuschließen. Für kleinere Antriebe hingegen ist Niederspannung bis zu 380 Volt zu wählen.

Neben diesen Antrieben ohne Drehzahlregelung gibt es aber eine sehr große Zahl, bei denen in irgendeiner Form eine Drehzahlregelung, Umkehrung und Steuerung verlangt wird. Da zeigt sich dann der Übelstand, daß sich der asynchrone Drehstrommotor infolge seiner Eigenart für solche Anforderungen nicht in dem Maße eignet wie der Gleichstrommotor. Diese Tatsache hat leider zur Folge, daß die Vorzüge, die der elektrische Einzelantrieb besonders bei Verwendung des Gleichstromregelmotors bietet, nicht ausgenutzt werden, indem auch für solche Arbeitsmaschinen der normale Drehstromasynchronmotor zum Nachteil der Wirtschaftlichkeit Anwendung findet. Daher ist es besonders bei vorhandenen Drehstromanlagen wesentlich, in weitgehendstem Maße auf die richtige Auswahl des Motors zu achten. Bei Antrieben von großer Leistung, bei denen eine nicht zu große Drehzahlregelung verlangt wird, kann der asynchrone Drehstrommotor in Verbindung mit Regelsätzen verwendet werden. Bei Antrieben mit größerem Regelbereich und dauernder Umsteuerung, wie z. B. Hauptschachtfördermaschinen, Walzenstraßen usw., ist die Leonardschaltung anzuwenden, wobei die Steuerdynamo durch den asynchronen Drehstrommotor angetrieben werden kann. Bei kleineren Regelantrieben wird man versuchen, sobald es sich nicht um große Regelbereiche handelt, und eine Eindeutigkeit der Steuerung unabhängig von der Belastung nicht verlangt wird, mit dem asynchronen Drehstrommotor mit Widerstandsregelung durchzukommen. Dort, wo die Wirtschaftlichkeit eine größere Rolle spielt, ist der Repulsionsmotor vorteilhafter. Eine Anwendung des Drehstromnebenschlußmotors wird wegen der hohen Anschaffungskosten nur selten wirtschaftlich sein. Wo jedoch eine Eindeutigkeit der Steuerung unabhängig von der Belastung verlangt wird und ein größerer Regelbereich in Frage kommt, ist unbedingt der Gleichstromnebenschlußmotor mit Regelung im Felde das gegebene. Steht dabei Drehstrom von einer Überlandzentrale zur Verfügung, oder wird er in eigener Zentrale erzeugt, dann müssen besondere Drehstrom-Gleichstromumformer aufgestellt werden. Dadurch wird zwar der Wirkungsgrad der reinen elektrischen Energieübertragung um mehrere Prozent verschlechtert. Dies spielt aber nur eine untergeordnete Rolle, da bei Anwendung eines regelbaren Gleichstrommotors die Wirtschaftlichkeit der Arbeitsmaschine durch einen vereinfachten und zweckmäßigen Anbau des Antriebsmotors erheblicher gesteigert werden kann, als die zusätzlichen Verluste im Umformer betragen. Dabei ist zu berücksichtigen, daß die Wirtschaftlichkeit noch in anderer Beziehung bei Verwendung des Gleichstrommotors erhöht wird, so z. B. in bezug auf die Produktionssteigerung, Verkürzung der Arbeitszeit, Anpassung an die wirtschaftlichste Geschwindigkeit usw.

Bei der Wahl der Spannung muß man versuchen, mit Rücksicht auf möglichst geringen Leiterquerschnitt, mit dieser möglichst hoch hinaufzugehen. Nun lassen sich aber kleinere Motoren bei Drehstrom nur für Niederspannung bauen. Man wählt daher für kleinere Antriebe als Verteilungsspannung möglichst die höchste Grenze der Niederspannung, nämlich 380 Volt; bei größeren Motoren ist naturgemäß eine höhere Spannung zulässig. Als oberste Grenze dürfte etwa für die Verteilung, wenn es sich nicht um ganz große Anlagen handelt, etwa 5000 Volt in Frage kommen.

In der Auswahl der Gleichstromspannung ist man wesentlich beschränkt. Am zweckmäßigsten ist bei kleineren Anlagen 220 Volt, bei größeren Anlagen 440 Volt bzw. 2 × 220 Volt. Bei diesen Dreileiter-Anlagen können dann die kleineren Motoren an 220 Volt, die größeren an 440 Volt angeschlossen werden.

78. Wirtschaftlichkeit.

Oft ist es erwünscht, sich über die Wirtschaftlichkeit eines Antriebes noch vor der Ausführung oder Bestellung ein Bild zu machen.

Auf die Wirtschaftlichkeit sind die direkten und indirekten Betriebskosten von Einfluß. Die direkten Betriebskosten sind durch die Kosten
für die benötigte Energie, für das Bedienungspersonal sowie für Putz-
und Schmiermaterial im wesentlichen bestimmt, die indirekten durch
Verzinsung und Tilgung der Anlagekosten. Einen richtigen wirtschaftlichen Antrieb wird man nur dann erhalten, wenn schon bei dessen
Durchbildung auf alle diese Faktoren weitgehendst Rücksicht genommen wird. Die direkten Betriebskosten sind wesentlich von dem Wirkungsgrad der Maschine abhängig. Unter der Annahme einer sonst
gleichen Durchbildung der Arbeitsmaschine wird der Gesamtwirkungs-

grad davon abhängen, ob
der richtige Motor in be-
zug auf Drehzahl und Lei-
stung gewählt worden ist,
und ob der Zusammenbau
vor allem so erfolgte, daß
die Zahl der Getriebe und
der Zwischenübertragungen
auf das Mindestmaß be-
schränkt worden ist. Be-
sonders ist auch bei der
Ausführung darauf zu ach-
ten, daß Leerlaufverluste
in den Arbeitsmaschinen
vermieden werden, und daß
sich die Geschwindigkeit
weitgehendst der verlang-
ten wirtschaftlichsten Ar-

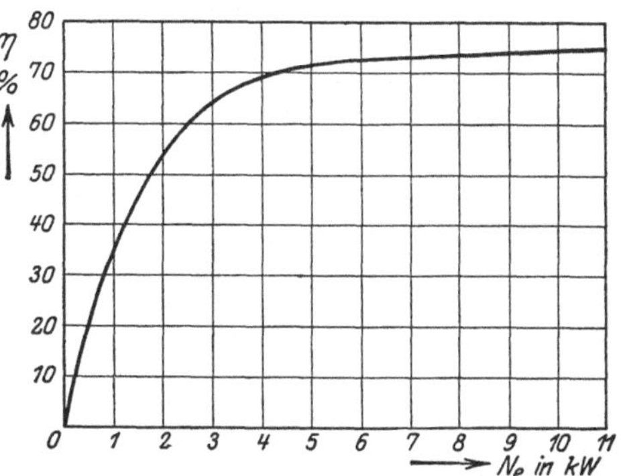

Abb. 151. Wirkungsgrade einer Drehbank ein-
schließlich der Verluste im Motor in Abhängigkeit von der Belastung.

beitsgeschwindigkeit anpassen läßt, und daß die Einstellung, Umsteuerung und sonstige Bedienung der Maschine bei kürzesten Griffzeiten möglich ist. Handelt es sich um Arbeitsmaschinen, bei
denen die Leistung rechnerisch ermittelt werden kann, z. B. bei
Fördermaschinen, Wasserhaltungen usw., so kann der Gesamtwirkungsgrad mehr oder weniger genau bestimmt werden. Bei Arbeitsmaschinen, die ein Produkt liefern, z. B. bei Spinnmaschinen, Webstühlen, Papiermaschinen ist eine solche Berechnung nicht möglich.
Es kann sich dann die Berechnung nur auf die ungefähre Bestimmung des
Energiebedarfs je hergestellten Einheitswert beziehen. Wichtig ist es
aber, eine dauernde Kontrolle des Wirkungsgrades bereits ausgeführter
und in Betrieb befindlicher Anlagen vorzunehmen. Diese Kontrolle
kann entweder in unmittelbarer Bestimmung des Gesamtwirkungs-
grades durch Messen der zugeführten Energie und der geleisteten Arbeit
bestehen, oder sie kann sich unter Umständen nur auf die Bestimmung
der Leerlaufverluste beschränken. Auch in solchen Fällen werden
die Messungen als Anhaltspunkt für die Ermittlung des Gesamtwir-
kungsgrades dienen können. Eine große Rolle spielt die Frage nach
dem zweckmäßigsten Antrieb kleinerer Arbeitsmaschinen, also die Ent-
scheidung, ob Gruppen- oder Einzelantrieb zu wählen ist. Bei einem ent-

sprechenden Vergleich ist der mechanische Wirkungsgrad allein nicht maßgebend. Es müssen vielmehr die gesamten Vorteile des Einzelantriebes, wie sie auf S. 83 aufgezählt sind, mit den Vorteilen des Transmissionsantriebes verglichen werden. Aber selbst bei einem Vergleich, der sich auf den rein mechanischen Wirkungsgrad erstreckt, werden sich immer, allerdings nur für den technisch richtig durchgebildeten Einzelantrieb, bessere Werte ergeben als für den Gruppenantrieb.

Die Tabelle auf S. 159 gibt die gemessenen Wirkungsgrade an verschiedenen Gruppenantrieben wieder. Die Ermittlung erfolgt in der Weise, daß die Leerlaufverluste von Motor, Transmission und Arbeitsmaschinen zuerst gemessen wurden. Werden diese Werte von der gesamten Aufnahme während des Arbeitens in Abzug gebracht, so ergibt sich angenähert die mechanische Nutzleistung. Diese so errechneten

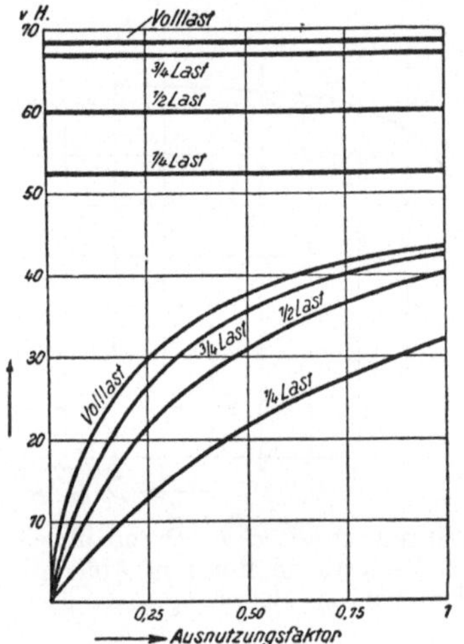

Abb. 152. Vergleich der Wirkungsgrade zweier Radialbohrmaschinen in Ausführung nach Abb. 90.

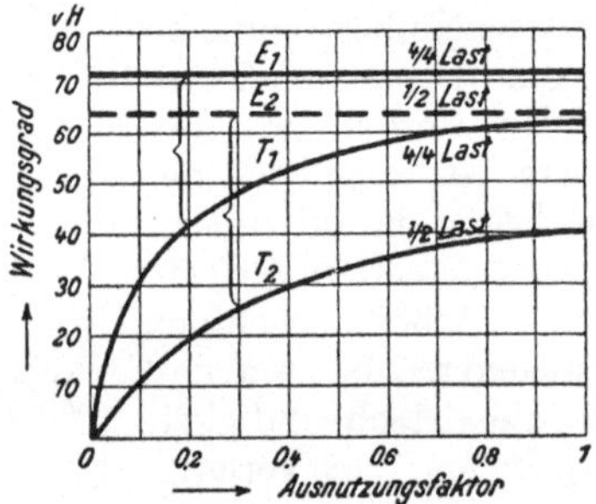

Abb. 153. Vergleich der Wirkungsgrade zweier Drehbänke mit Einzelantrieb (E) und Transmissionsantrieb (T).

Werte sind aber noch zu hoch, da die zusätzlichen Übertragungsverluste nicht berücksichtigt wurden. Bei Annahme von 20 v. H. zusätzlichen Verlusten ergeben sich dann die Wirkungsgrade der letzten Spalte. Diese Werte zeigen, daß auch hier die Wirkungsgrade erheblichen Schwankungen unterworfen sind, daß also auch hier von Fall zu Fall eine genaue Prüfung der Verhältnisse unbedingt erforderlich ist. Demgegenüber zeigt die Abb. 151 den Wirkungsgrad einer Drehbank mit Einzelantrieb in Abhängigkeit von der Belastung. Die Werte wurden durch Bremsversuche genau ermittelt. Der Verlauf der Kurve ergibt selbst bei geringer Teilbelastung noch hohe Werte. Abb. 152 zeigt den Vergleich der Wirkungsgrade bei verschiedener Belastung und verschiedener Ausnutzung einer Radialbohrmaschine in den beiden Ausführungen nach Abb. 90a und b. Dabei ist die weitgehendste Überlegenheit des technisch richtig durchgebildeten Einzelantriebes besonders bei geringem Ausnutzungsfaktor zu erkennen. Ebenso zeigt Abb. 153 den Vergleich der Wirkungsgrade einer Drehbank

Wirkungsgradmessungen an Transmissionen

| Transmission | Länge der Transmission | Anzahl der angeschlossenen Werkzeugmaschinen | Anzahl der arbeitenden Werkzeugmaschinen | Energiebedarf | | | | | | | | Nutzbare Arbeit | Gesamtwirkungsgrade bei Berücksichtigung | |
| | | | | Motor allein | | Transmission mit Motor | | Maschinen leer mit Transmission und Motor | | Maschinen in Arbeit | | | nur der Leerlaufverluste | der zusätzlichen Belastungsverluste (20 v. H. der nutzbaren Arbeit) |
Nr.	m			kW	v. H.	kW	v. H.	kW	v. H.	kW	v. H.	kW	v. H.	v. H.
1	30	34	13	0,6	6	4,4	44	7,7	77,0	10,0	100	2,3	33,0	18,4
2	15	9	3	0,6	9	2,0	30	4,4	66,2	6,65	,,	2,25	33,8	27,0
3	15	17	7	0,67	6	2,2	19,8	8,4	75,6	11,1	,,	2,7	24,4	19,5
4	15	18	12	0,58	4,5	1,99	15,4	10,7	83,0	12,9	,,	2,2	17,0	13,6
5	15	19	10	0,55	4,9	2,2	19,8	10,0	90,0	11,1	,,	1,1	10,0	7,9
6	28	25	14	0,72	2,6	4,62	17,0	10,23	37,7	27,2	,,	16,97	62,3	49,6
7	37	19	8	0,55	6,9	2,64	33,3	4,4	55,5	7,92	,,	3,52	44,5	35,6
8	23	23	10	0,55	5,9	3,96	42,8	7,92	85,7	9,24	,,	1,32	14,3	11,3
9	36	16	4	0,55	6,9	3,74	47,25	6,6	83,4	7,92	,,	1,32	16,6	13,3
10	15	13	10	0,66	13,6	2,0	41,2	3,96	81,7	4,84	,,	0,88	18,3	14,5
Im Mittel					6,63		31,0		73,5				26,4	21,07

mit technisch richtigem Einzelantrieb und mit Transmissionsantrieb[1]). Alle diese Vergleiche zeigen, daß bei gleichen Arbeitsmaschinen je nach der technischen Durchbildung des Antriebes ganz verschiedene Werte vorkommen können, und daß daher alle für die Durchbildung eines elektromotorischen Antriebes in Frage kommenden Faktoren genau geprüft und bei dem Entwurf weitgehendst berücksichtigt werden müssen unter voller Ausnutzung der durch die richtige Anwendung des Elektromotors erreichbaren Vorteile.

---

[1] Vgl. „Wirkungsgrad und Brennstoffverbrauch von Fabrikanlagen", Werkstechn. 1921, S. 565 ff.